国家出版基金项目
NATIONAL PUBLICATION FOUNDATION

U0864038

警犬良种保纯与高效繁育

编写委员会成员

主　编　夏咸柱　叶俊华　杨前勇

编　委（按姓氏笔画排序）

马长书　叶俊华　杜蔚安　李川武　杨前勇

夏咸柱　徐　黎　方乐民　唐树生　麻骏武

刘书明

江西科学技术出版社

2017年·南昌

图书在版编目(CIP)数据

警犬良种保纯与高效繁育 / 夏咸柱, 叶俊华, 杨前勇主编. —南昌：江西科学技术出版社, 2017.12

ISBN 978-7-5390-6156-6

Ⅰ. ①警… Ⅱ. ①夏… ②叶… ③杨… Ⅲ. ①警犬-良种繁育 Ⅳ. ①S829.22

中国版本图书馆CIP数据核字（2017）第287996号

国际互联网(Internet)地址：
http://www.jxkjcbs.com
选题序号：ZK2017003
图书代码：D17112-101

警犬良种保纯与高效繁育 夏咸柱 叶俊华 杨前勇 主编

出版发行	江西科学技术出版社
社址	南昌市蓼洲街2号附1号 邮编：330009 电话：(0791)86623491 86639342(传真)
印刷	江西千叶彩印有限公司
经销	各地新华书店
尺寸	185 mm × 260 mm
字数	200千字
印张	16.5
版次	2017年12月第1版 2017年12月第1次印刷
书号	ISBN 978-7-5390-6156-6
定价	88.00元

赣版权登字-03-2017-399

前言

《警犬良种保纯与高效繁育》一书是基于2015年度国家科技进步二等奖——《警犬良种保纯与高效繁育关键技术研究与推广应用》项目编写。该项科研成果由公安部南昌警犬基地牵头，联合5家单位共同完成。这是全国警犬技术工作者的光荣。这项崇高荣誉的获得，应归功于《警犬良种保纯与高效繁育关键技术研究与推广应用》项目组（以下简称项目组）全体科技人员的辛勤工作，归功于各级领导的大力支持和亲切关怀，归功于所有关心支持该项目研究和推广应用的同仁们。现就该项目研究及推广应用的有关情况概述如下。

一、面向公安实战需要，选准科研攻关目标，扎实开展研究，取得系列成果

20世纪90年代以来，随着我国改革开放进入深水区和攻坚期，各种社会矛盾凸显，公安工作面临新的挑战，国家安全形势日益严峻。刑事案件居高不下，暴恐势力抬头，群体事件频发，安保任务繁重，毒品犯罪猖獗。警犬成为公安机关的特殊装备，在维护国家安全、社会稳定中发挥着越来越重要的作用。它被广泛应用于刑事侦查、治安防范、反恐制暴、维稳处突、毒品缉查、安全保卫及灾害搜救等公安工作中。因此，在1998年公安部警犬技术工作体制调整后，公安部要求将警犬作为装备配发到各警种中，服务于公安工作，并多次从国外引进种犬。然而，由于我国警犬良种保纯与繁育技术研究起步较晚，研究滞后，导致我国警用犬的种质资源不清，血统混乱，我国唯一的本土工作犬品种——昆

明犬，出现繁育与警用性能明显减退，群体萎缩等严重问题。同时，进口的警用种犬退化严重，我们又没有培育出理想的本土化进口警用犬品种品系。

多年来，我国的警犬繁育一直走着一条“引进—退化—再引进—再退化—再引进”的老路。特别是犬瘟热等严重的犬传染病的暴发和流行，每年都造成大批警犬死亡和淘汰，损失十分惨重。我国警犬繁育的效率极低，繁育的受训犬远远不能满足各级公安机关的实战需求，严重制约了警犬技术及其应用的健康发展。

这些问题迫切需要解决。

面对以上重大科技难题，公安部南昌警犬基地、相关警犬技术单位及有关科研机构组成科研项目组，以调查警用犬遗传资源、组建核心种犬群、制定品种标准、设计育种策略为基础，以开发和应用警犬良种保纯技术、高效繁育技术和疫病防控技术为保障，以实现繁育量足质优的警用犬为目标，开展了联合科技攻关。在各级领导的高度重视下，特别是在公安部刑侦局强有力的领导下，在公安部装备财务局、科技信息化局、江西省科技厅及江西省公安厅等相关业务领导机构的关心下，该项目的研究及推广应用得到了全国工作犬一、二级繁育单位、中国工作犬管理协会和中国畜牧兽医学会养犬学分会的大力支持。历经近20年的奋力拼搏，项目组攻克了一个个科技难关，解决了警犬繁育工作中的一系列关键技术问题，取得了多项创新性科研成果。整个项目的研究成果包括公安部科技进步二等奖2项、江西省科技进步二等奖1项、公安部科学技术奖三等奖4项、国家发明专利3项、专著4部、国家软件著作权1项、行业标准规范6项、国家畜禽新品种审定1项，在国内外专业期刊上发表学术论文48篇。

这些成果经推广应用于公安、军队及相关工作犬工作机构后，繁育出一大批警用犬和各类工作犬，为打击、预防犯罪，维护国家安全和社会稳定做出了应有贡献。

二、首创了我国警犬良种遗传基因资源库和DNA信息平台，为警犬良种保纯与高效繁育打下了坚实基础

为全面掌握我国警用犬及地方犬种基因资源现状，建立我国警用种犬DNA资源库和综合信息数据库，项目组组织相关科技人员，先后采集了全国28个省区各品种警犬和我国具有代表性的地方犬的DNA样品10025份。项目组科技人员不辞辛劳，克服了重重困难，利用这些宝贵的样本资源，建立了我国第一个也是唯一一个包含我国所有警犬品种和优良地方犬种的DNA资源库，为深入开展相关研究打下了坚实的基础。

为全面掌握我国警用种犬核心种群遗传多样性，项目组科技人员利用STR技术和高密度SNP基因芯片技术，系统地调查了我国优秀地方犬遗传资源。经过8年的艰辛努力、

2000多次的反复实验，项目组完成了全国警犬核心群和地方有代表性良种犬的基因频率和基因型频率分布研究，制作了准确的DNA系谱结构图。根据本土犬开发利用的需要，项目组比较了国内外犬种的遗传关系，构建了我国首张32个国外名犬、16个我国地方犬种的系统发育树，揭示了品种间的进化关系、比较了各品种犬的警用价值，为警犬新品种（系）的培育提供了准确的技术支持。项目组还开发了警犬DNA数据库和综合信息管理系统，建立了我国警犬DNA综合信息数据库，实现了警犬良种资源数据化分析，应用于育种值估计、配合力计算和世代间遗传多样性检测等，为辅助警犬选种选配提供了准确有效的技术支持，显著提高了工作犬的综合质量。相关研究成果发表在英国剑桥大学权威的SCI源刊《Animal》和《Asian-Australasian Journal of Animal Sciences》等国际学术刊物上，这些研究成果在美国圣地亚哥召开的第十九届国际动植物基因组学大会（PAG XIX）上也受到了关注，相关行业专家对这些研究成果给予高度肯定。这些成果大大提高了我国警犬繁育的科技水平，填补了国内法庭科学犬类DNA检验鉴定的空白，促进了我国犬业科技的发展，丰富了分子生物技术内容。

三、成功研发了技术水平明显优于国外同类产品的犬DNA鉴定检测试剂盒，打破了发达国家对这一技术的垄断

犬DNA试剂盒是建设犬DNA数据库、开展良种保纯和繁育的关键试剂，其研发难度大、技术要求高。过去，这项技术一直被美国等少数发达国家垄断，我国开展相关工作所需要的试剂盒只能依赖进口，不仅价格十分昂贵，而且常有供货不畅等现象。科技人员经过多年使用，还发现这些进口试剂盒存在技术缺陷。因此，开发国产犬DNA鉴定检测试剂盒显得尤为迫切。

为了开发出高效优质、准确度高、多态性好、使用便捷的犬DNA检测试剂盒，公安部南昌警犬基地科技人员与无锡中德美联生物技术有限公司、南昌大学中德研究院及江西农业大学等单位的科技人员开展了联合攻关，于2004年8月启动了国产犬DNA检测试剂盒的研发工作。经过大量实验比对，并参考国际研究最新成果，项目组终于在3000多个STR候选基因座中优选了17个多态性好的基因座，作为复合扩增试剂的基因座。历经6年多2000多个日日夜夜的努力，项目组最终成功攻克了五色荧光标记、高效热启动*Taq*酶和犬STR多重免提取复合扩增三大关键技术难关，打破了某些国家对犬DNA检测试剂盒技术的垄断和技术壁垒，成功研发出技术水平显著优于国外同类产品的犬17A STR DNA 5色荧光检测试剂盒。该试剂盒的3项关键技术分别获得了3项国家发明专利。我国著名动物遗传学家中国科学院黄路生院士认为："该项成果达到了国内领先、国际先进水平。"犬17A STR

DNA 5色荧光检测试剂盒和相关技术，在公安机关侦破的多起涉犬案件中均起到辅助作用，并为涉犬民事纠纷的解决提供了关键的技术支持。仅近两年，该试剂盒就已为全国公安机关及民间犬业组织提供检测鉴定达10312例。

在此基础上，项目组还率先在我国研发了犬亲缘关系鉴定技术、犬DNA性别鉴定技术和犬基因身份证制作技术，为警犬良种保纯和个体识别提供了关键的技术支持。同时，项目组还构建了全国1730头警用种犬DNA系谱结构图，严把血统关，确保良种犬的纯种繁育。

四、成功实现了中国昆明犬的复壮与改良

昆明犬是我国20世纪80年代育成的，是具有我国自主知识产权的唯一工作犬品种。自20世纪90年代中末期以来，由于种种原因，昆明犬出现了种群明显缩小、“草黄”品系濒临缺失、“狼青”品系血缘关系过密、警用性能明显下降、体形外貌差异显著以及后裔品质不稳定等品种退化现象，训练和使用效果均较差。因此，昆明犬的复壮改良迫在眉睫。针对这一严重问题，以公安部昆明警犬基地科技人员为主体的项目组成员开展了昆明犬复壮与改良研究。历经十几年的努力，项目组通过制定选育流程和标准，应用DNA辅助育种技术，导入比利时马里努阿犬血统，最终成功复壮和改良了昆明犬，恢复了昆明犬的3个品系。昆明犬种群规模由1999年的68只提高到2010年的710只；窝产仔数、仔犬成活率分别提高了23%和22.98%；后裔品质体貌特征的整齐度提高了15.5%；环境适应性、衔取能力和依恋性等重要警用性能指标分别提高了9.6%、26%和23.7%。该项成果目前已在全国31个省区推广应用。

昆明犬的使用范围由原来单一的刑侦领域拓展到治安、缉毒、搜爆、缉私、探雷和地震救援等领域。2007年，经复壮和改良的昆明犬通过了国家畜禽品种审定，成为新中国成立以来唯一获得国家畜禽新品种（配套系）证书的工作犬品种。

复壮改良后的昆明犬受到国际同行的广泛关注，新加坡、古巴、越南、巴基斯坦和朝鲜等10余个国家和地区派员前来合作、交流、引种和培训。该项成果荣获2011年度公安部科技进步二等奖。

五、利用国外引进种犬成功培育了我国本土化罗威纳犬工作型品系

罗威纳犬是原产于德国的优秀工作犬品种。我国从20世纪80年代初就开始引进该犬

种，但引进后该犬种表现出适应性不强，繁殖性能较差，训练合格率低等问题，其警用品质退化严重。因此，该犬种在国内曾一度被认为价值不高，难以训练，难以投入使用。做好罗威纳犬的良种保纯工作，保持其优良品质不退化，提高繁育效率和训练合格率，解决本二化等一系列难题，摆在项目组科技人员面前。

项目组于20世纪90年代中期开始开展调研，在掌握大量第一手资料的基础上，于1997年向公安部提交了科研项目立项报告，立项于次年获批。科技人员密切结合我国公安实战需要，制定培育目标，采用系祖建系技术、DNA辅助育种技术和群体继代选育技术，进行了罗威纳犬的本土化培育。经过16年的时间，项目组利用4个世代间隔的培育，获得了近万个科研数据，终于培育出了适合我国国情的罗威纳犬工作型品系。本土化培育后的罗威纳犬威慑力大、适应性好、抗病力强、兴奋灵活、持久耐劳，繁育的仔犬成活率较引进前提高了14%。创新的母犬发情鉴定技术，使本土化培育后的罗威纳母犬受孕率和胎产仔数分别提高了16%和19%。最新研究的警犬早期感觉统合培育技术和幼犬培育技术，使幼犬训练合格率和成犬训练合格率分别提高了23.85%和24.4%。该罗威纳品系经全国推广应用后，受到一线带犬民警的一致好评。该罗威纳品系能广泛适应高温、潮湿、寒冷、干燥、高原、沙漠等各种气候地形，抗病力明显增强，在社会治安防范、打击预防犯罪中发挥了特殊作用，特别是在新疆等地，本土化培育后的罗威纳犬已成为维稳处突、反恐制暴、治安防范的首选用犬。该项成果荣获2012年度公安部科技进步三等奖。

六、研发了犬瘟热病免疫防控关键技术，有效提高了幼犬成活率

犬瘟热病在民间又称“狗瘟病”，是一种由RNA病毒感染引起的严重传染病。易感犬发病率可高达100%，发病犬症状严重，治愈率极低，即使部分病犬能够治愈，也会出现严重后遗症。犬瘟热病导致繁育的警用犬死亡率和淘汰率均超过50%，繁育效率极低。有的警犬工作单位因该病的流行，无法正常开展警犬繁育工作，严重影响警犬技术工作的开展。有效解决该病的免疫防控问题，提高繁育效率，是项目组科技人员面临的极大挑战。攻克这一科技难题，成了项目组面临的一项十分重大而紧迫的任务。

从20世纪90年代中期开始，公安部南昌警犬基地联合中国人民解放军军事医学科学院军事兽医研究所等科研机构，于1995年8月分别向江西省科学技术委员会和公安部提出了科研立项申请，并于当年分别获得批准。项目组科技人员在全国27个省区进行了犬瘟热病流行病学调查，证实多种动物对犬瘟热的易感，成功开发了该病的早期诊断技术。项目组科技人员从大量的检测样本中分离获得9株犬瘟热病毒，通过基因比较分析，从中筛选了强毒株LPV$_9$，经交叉培养传代至第70代，成功驯化并获得了弱毒疫苗株，研发了犬瘟

热中试疫苗。经免疫研究证明，该中试疫苗免疫效果良好，免疫保护率达到94.5%，能使患病幼犬成活率有极大提高。随后，又通过多年的不断深入研究，优化免疫程序，项目组成功研发出多联复合免疫技术，使犬瘟热病、狂犬病、犬细小病毒病及犬传染性肝炎等多种重大传染病的免疫防控问题得到彻底解决，免疫保护率达98%以上。我国知名免疫预防学专家、华中科技大学同济医学院教授沈关心认为："该项成果在分子病毒学研究领域已达到国际先进水平。"该中试疫苗高效、安全、稳定，为提高警犬繁育效率提供了有力的保障，因此，该项成果荣获2003年度江西省科技进步二等奖。

《警犬良种保纯与高效繁育关键技术研究与推广应用》项目历经近20年的联合攻关，研究开发与推广应用了一系列我国警犬良种保纯与繁育及疫病防控的关键技术，培育的优良种犬总数比之前翻了近十番，繁育优质警犬数增加了10倍，为公安机关警犬实战应用提供了有力的犬源保障，节省了大量外汇，为警犬技术可持续发展提供了重要科技支撑，为打击预防犯罪，维护国家安全和社会稳定做出了应有的贡献。

该项目的主要完成单位：公安部南昌警犬基地、公安部昆明警犬基地、中国人民解放军军事医学科学院军事兽医研究所、江西农业大学、无锡中德美联生物科技有限公司。

主要完成人：叶俊华、杨前勇、马长书、夏咸柱、唐树生、麻骏武、杜蔚安、徐黎、方乐民、李川武。

目录

1

警犬DNA资源库建设及应用

1.1 我国警用种犬DNA资源库建设

1.1.1 基因组DNA样本采集和提取

为进行各类DNA（deoxyribonucleic acid，脱氧核糖核酸）检测和研究需要，DNA样本采集是关键的第一步，尤其是高密度SNP（single nucleotide polymorphism，单核苷酸多态性）芯片的检测或全基因组测序时，需要获得纯度高、完整性好的基因组DNA样本。考虑到采集基因组DNA样本时对犬不造成损伤，因此，我们采用抽取外周静脉血来获得白细胞核中足量的完整基因组DNA样本。而进行STR（short tandem repeat，短片段重复序列）检测时可以采取直扩的方式，对DNA样本的要求不会很苛刻，因此，只要采集到毛发、血液、唾液或口腔黏膜脱落细胞中的任意一种微量基因组DNA就能完成检测。同样，DNA提取也包括很多方法，会根据不同需求采用不同的方法。通常，破坏性强纯度低的Chelex-100提取，但是速度快损失少；酚氯仿提取的DNA纯度高、完整性好，但是速度慢、丢失比较大。几种方法各有优缺点，随着DNA提取方法的产业化，现在市场上有许多很成熟的DNA提取试剂盒，可根据不同样品和质量要求进行选择。

1.1.1.1 基因组DNA样本采集

1.采样准备

（1）血液样本采集的材料和试剂

每只犬准备送样袋1个（内有EDTA抗凝真空管1套，一次性针管1个，滤纸2张），酒精棉球3个。

（2）口腔脱落细胞样本采集的材料和试剂

每只犬准备1张唾液采集卡和1支一次性采样棒。

2.采样方法和步骤

（1）血液DNA样本采集

①采样部位

采样部位为犬前肢静脉。

②采样体积

采血3 ml，滤纸血斑直径保证在1 cm以上。

③采样步骤

酒精棉球消毒犬采血部位，先用真空管从犬前肢静脉抽取3 ml全血，充分晃动后，再用一次性针管从真空管中取0.5 ml抗凝血滴到滤纸片上，同时，按要求登记详细信息（在真空管壁标明样本编号、犬名、犬的耳号或芯片号，在滤纸片边缘标注犬名和耳号或芯片号），晾干后封入送样袋。滤纸片封入送样袋后，在送样袋背面按对应位置登记详细信息。

④注意事项

采血动作应迅速，注意防止凝血和溶血，拔下针头后充分摇晃采血管，将血液与抗凝剂混匀。整个过程避免交叉污染。采血后立即将送样袋置于-20℃冷藏保存。

（2）口腔DNA样本采集

①填写信息

取出唾液卡，填写被采集犬的详细信息，包括犬名、性别、品种、产地、出生日期、芯片号、犬主人姓名、送检人姓名（单位）和照片编号。所采集的多头犬样本中，纯繁后代如有亲缘关系，还应标明所采个体的三代以内相互亲缘关系。

②擦拭

取出一次性无菌泡沫头采样棒，一手按住犬的头部，另一手持泡沫头适当用力擦拭嘴唇内侧30 s以上，并在嘴唇内侧三个以上部位擦拭（见图1-1）。

图1-1　口腔拭子采样图例

③转移

泡沫头一面居中盖住唾液卡上指示采样区内，用力按压10 s，将泡沫头内擦拭到的含有口腔上皮细胞的唾液转移到唾液内卡上。

④干燥

样本采集完成后，将采集卡支起，完全干燥后再收起。

⑤注意事项

整个操作过程不要用手触摸采样棒泡沫头，采样棒为一次性使用。唾液卡和保存袋上基本信息填写字迹要工整规范，易于辨认，不得涂改。认真核准检验犬的相关信息，防止错填、错采的情况发生。

3.采样群体、范围要求

（1）采样群体

警犬种犬、优秀工作犬和根据工作需要进行检测的特色民间犬种，要求进行DNA检测的涉案犬。

（2）采样范围

符合种用警犬认证标准的种犬、准予繁殖犬、优秀工作犬、需要检测的其他犬，各地公安机关及相关机构请求进行DNA检测的涉案犬。

（3）电子档案

所有采集样本个体要建立电子档案，内容包括样本采取卡片中规定的所有信息及检测过程与结果。所有采集样本个体要求附犬只全身、侧面及头部正面数码照片各一张（像素要求100万以上）。照片号要与登记表上的号码保持一致。

4.样本运输要求

（1）血液样本

要求盛放样本的保温瓶或保温泡沫盒内置冰袋或者冰块，保持容器内0℃。摆放样本时应始终保持采血管垂直放置。运输过程中也应避免倒置，防止样本渗漏。包装要牢固，并在包装盒上注明相关信息。

（2）口腔脱落细胞样本

口腔DNA样本要密封常温保存和运输，避免交叉污染和遗失。

5.样本采集时间要求

犬只大宗样本采样时，应安排时间集中采集，样本采集后存放时限应不超过一周。

1.1.1.2　基因组DNA提取和完整性检测

1.酚氯仿DNA提取

（1）所需试剂及其作用（见表1-1）

表1-1　酚氯仿DNA提取相关试剂及其作用

试剂名称	作用
EDTA（乙二胺四乙酸）	抗凝剂、螯合剂，可结合Mg^{2+}，抑制核酸酶的活性
SDS（十二烷基硫酸钠）	裂解剂、去污剂，破坏膜蛋白
Na^{+}（钠离子）	使DNA形成钠盐，促进沉淀
无水乙醇	使DNA形成沉淀，并悬浮
苯酚	使蛋白质变性
氯仿	去掉残余苯酚，且进一步使蛋白质变性（不同于苯酚的蛋白质变性剂）
异戊醇	消除抽提过程中出现的泡沫，有利于有机相的分开

（2）DNA提取步骤

①取3 ml裂解的全血置于7 ml离心管中，加入蛋白酶K至终浓度100 μg/ml，混匀，55℃消化12～24 h。

②向消化好的血样中加入等体积的平衡酚，缓慢颠倒离心管10 min，使溶液的两相充分混匀，4℃，10000 r/min离心10 min，转移上清液至另一干净的离心管中。

③再分别用等体积的平衡酚、苯酚/氯仿/异戊醇（25：24：1）、氯仿/异戊醇（24：1）重复上述抽提步骤（4℃，10000 r/min离心10 min）。

④向最后获得的上清液中加入1/10体积的3 mol/L NaAc（pH=5.2）和2倍体积的无水乙醇，使DNA形成沉淀，并悬浮。

⑤用小钩针将DNA沉淀挑出，置于1.5 ml离心管中，用70%乙醇洗涤两次。

⑥DNA自然晾干至无乙醇味后，加入适量的TE（Tris-EDTA，一种缓冲液，主要用于溶解核酸，能稳定储存DNA和RNA。）或灭菌双蒸水，-20℃保存待用。

（3）注意事项

①如果血样凝结，除去凝结块，用剩余未凝结血样提取DNA。

②如果血样未能充分裂解，不要继续提取操作，检查是否忘记加入SDS并摇匀试管。如果发现没有气泡形成，同时加入50 μl 蛋白酶K（10 mg/ml）与500 μl 10% SDS，如果有气泡，则加入50 μl 蛋白酶K（10 mg/ml），于55℃消化尽可能长的时间。

③用巴斯德吸管吸取血样时，吸管底部口径大于3 mm，口径过细，反复吸取抽提液时易折断DNA，使DNA降解。一支吸管只能用于一份血样，避免DNA交叉感染。

④酚抽提吸取上清液时，不能吸取位于两相界面之间的蛋白质。若蛋白质悬浮于上清液中，可增大离心速率，延长离心时间，或多用酚提取一次。

⑤氯仿抽提时，因氯仿渗透性极强，颠倒离心管时切记把管盖紧，以防氯仿渗透。

⑥晾干DNA时，不能干透，否则极度难溶于TE溶液中。

⑦对浓度大于0.1 μg/ml的DNA液，用无水乙醇和NaAc悬沉后，不需放置冰箱1～2 h，对回收

极度微量DNA（<10 μg）时，需加入无水乙醇置冰箱过夜，再高速离心30 min收集DNA。

2.基因组DNA完整性的琼脂糖电泳检测

（1）所需试剂及其作用（见表1–2）

表1–2　琼脂糖电泳相关试剂及其作用

试剂名称	作用
EB（溴化乙锭）	染色作用，染料进入DNA分子中，在紫外线的照射下发红光
Agarose（琼脂糖）	支架和溶剂作用
TAE	缓冲液
溴酚蓝	显色

（2）步骤

①配制1%琼脂糖胶：称1 g琼脂糖，用TAE缓冲液100 ml，溶解后放入微波炉中煮沸，加入4 μl EB（加入时蒸汽勿朝向自己）。

②取配好的琼脂糖胶倒入电泳框架中，插上梳子，待凝固。

③把凝固好了的胶连同底板一同放入电泳槽中，注意正负极，有点样孔的放在负极这边，由于DNA分子是带负电的，电泳通电后向正极移动。

④用移液枪头吸取溴酚蓝，点在一张洁净的薄膜上，排列整齐，再用移液枪头吸取DNA液3 μl，与薄膜上1/5体积的溴酚蓝混合，反复吸取，最后将混合液点在胶中的点样孔中。

⑤操作

步骤一：点完样后，将盖子盖好，插好电极，注意正负极。

步骤二：取出琼脂糖胶，放在紫外线灯下观察结果。

步骤三：打开暗室的门，戴上手套，把琼脂糖胶置于玻璃板上，调整位置，关好门，调节光圈和焦距，直到显示图像最清晰为止，拍照存盘（见图1–2）。

图1–2　基因组DNA琼脂糖电泳图

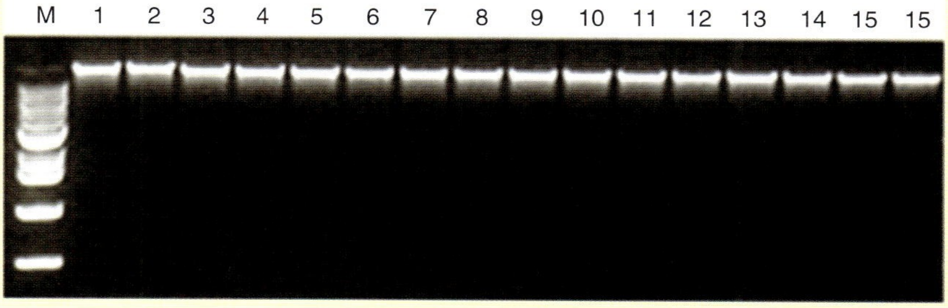

(3) 注意事项

①EB具有高度致癌性，操作过程中要注意安全。实验区要严格分为污染区和非污染区。

②琼脂糖胶易于滑胀和破裂，操作时应小心。

③琼脂糖胶的浓度会影响DNA的移动速度，因此，应根据具体需要配制。

④点样时，样品不能流到其他的地方和缓冲液的表面。

⑤胶的厚度、电流大小和电泳时间等都会影响电泳结果。

1.1.2 遗传参数统计

1.1.2.1 基因频率（gene frequency）

基因频率为观察到的等位基因数除以该基因座位上等位基因总数的值。

计算公式：

$$p = {}^{n}\!/_{T}$$

n为等位基因数。T为该基因座位的等位基因总数。

1.1.2.2 杂合度（heterozygosity，H）

计算群体内某一位点的杂合度的公式：

$$H = 1 - \sum_{j}^{r} p_i^2$$

i为位点数。p_i为等位基因频率。

1.1.2.3 多态信息含量（polymorphism information content，PIC）

$$PIC = 1 - \sum_{j=1}^{r} p_i^2 - \sum_{j=1}^{n} \sum_{j=i+1}^{n} 2(p_i p_j)^2$$

p_i，p_j分别为群体中第i个和第j个等位基因频率。n为等位基因数。r为基因座个数。

1.1.2.4 个体识别力（power of discrimination，DP）

$$DP = 1 - \sum_{i=1}^{n} p_i^2$$

p_i为基因频率。

累计个体识别力（cumulate DP，C_{DP}）：

C_{DP}=1-（1-D_p1）（1-D_p2）…（1-$D_p n$）

D_P1、D_P2 和D_Pn 分别表示第1个、第2个和第n个STR基因座各自的个体识别力。

1.1.2.5 非父排除概率（probability of paternity exclusion，PE）

非父排除概率计算公式为：

$$P_E=\sum_{i=1}^{n}p_i(1-P_i)^2+\sum_{i=1}^{n-1}\sum_{j=i+1}^{n}(p_ip_j)^2(3p_i+3p_j-4)$$

p_i、p_j 分别表示第i个和第j个等位基因频率。n为等位基因数。累积非父排除概率（cumulate PE, C_{PE}）

C_{PE}=1-（1-P_E1）（1-P_E2）…（1-P_En）

P_E1、P_E2 、P_En分别表示第n个STR基因座各自的非父排除概率。

1.1.2.6 遗传距离(distance of genetic)

遗传距离计算公式为：

$$D_A=(1/r)\sum_{j=1}^{r}(1-\sum_{j=1}^{mj}\sqrt{X_{ij}Y_{ij}})$$

X_{ij}和Y_{ij}是指在X群体和在Y群体中，第j个位点，第i个等位基因的频率。mj是指第j个基因座的等位基因数。r 是指有基因座个数。

1.1.2.7 相似系数

STR相似系数计算公式为：

$$C_{STR}=(\sum_{i=1}^{j}x/2)/R$$

R为标记位点数。j为第j个位点。x为两个个体在第j个位点上的两个等位基因的相同数（0、1或2的三种可能）。

1.1.3 DNA资源库在警犬良种保纯中的应用

1.1.3.1 技术路线

工作犬DNA资源库建立方法如下图1-3。

自行设计开发犬用STR DNA检测试剂进行研究的具体方法如图1-4。

图1-3 工作犬DNA资源库建立方法

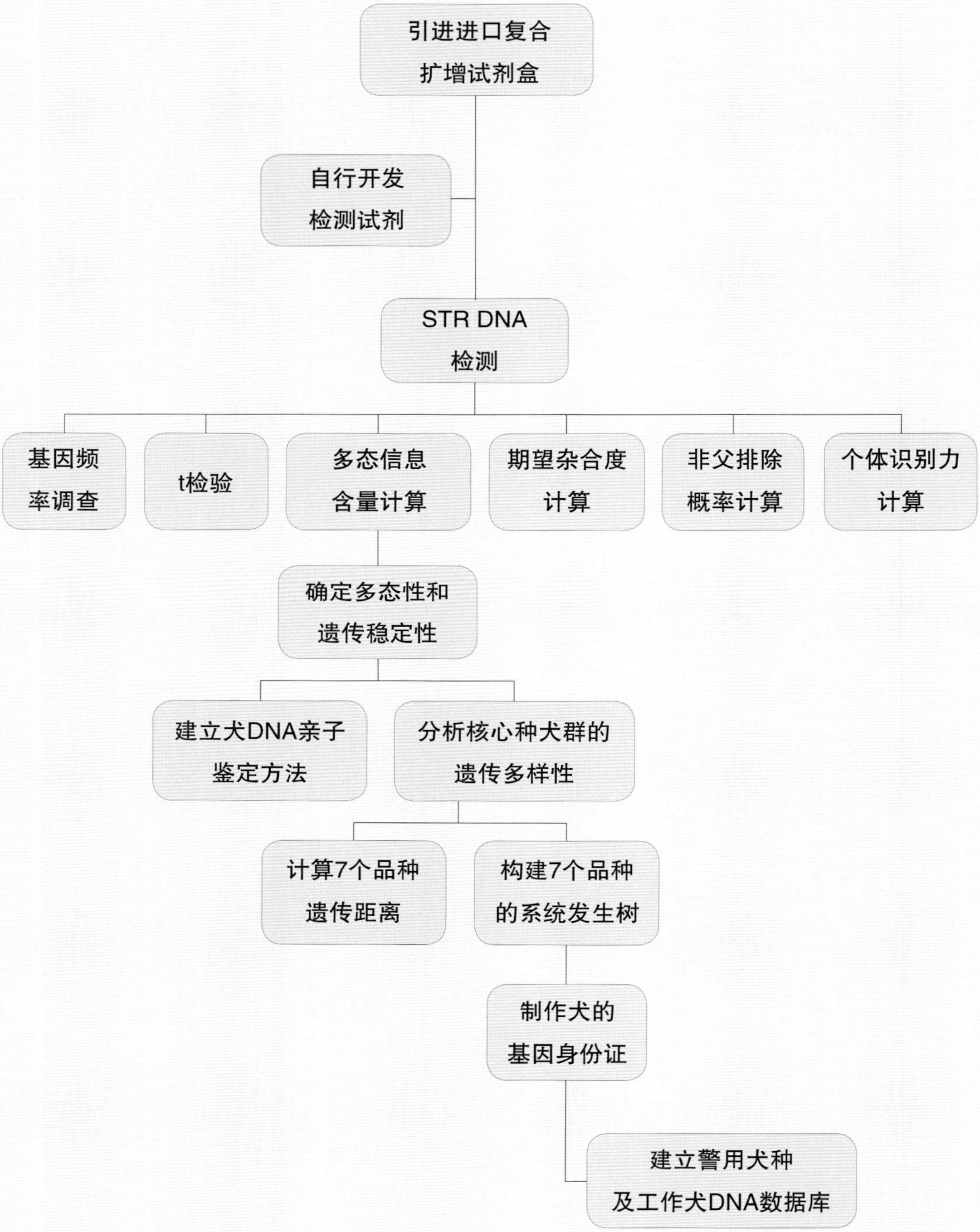

图1-4　研发犬用STR DNA检测试剂流程图

1.1.3.2 利用DNA数据，制作个体基因身份证

纯种繁育的目的是增加和固定优秀基因频率，降低劣质基因频率，甚至将其清除。因此，要使警用犬质量稳定提高，最重要的就是有效的纯种繁育的技术措施。根据犬基因的个体差异性，制作犬基因身份证，明确血统来源，是进行犬纯种繁育的基础。

DNA是每个生物独一无二、终身不变的遗传信息。同一只犬无论在何地何时，由何人在犬只的何部位采样，其检测的DNA数据都是一样。

犬基因身份证的具体制作方法和功用介绍如下。

1.制作方法

借鉴美国养犬俱乐部的DNA检测证书的成功经验，我们将10 ~ 15个基因座DNA检测等位基因转换成对应的彩色条形码，条形码下方是其等位基因名字（A、B、C···），简单而直观（见图1–5）。再加上犬的基本档案信息，和证书的编号、签名、盖章就是全部的证书信息。

图1–5　犬DNA检测数据转化成彩色条形码的示意图

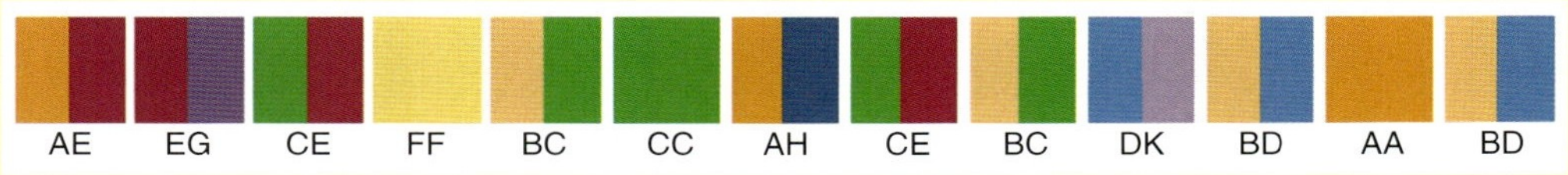

2.功用

（1）用于识别其身份特征。经计算累积个体识别力（C_{DP}）可达到0.999999999997。

（2）用于犬只同一性鉴定。比如具有犬基因身份证的犬丢失、被偷盗或其他原因，需要鉴定不同时段的两只犬是否一致，可采用检测DNA信息进行比对来确定。DNA检测还可鉴定不同地点和时间获得的两个犬样本是否来自于同一只犬，比如犬被偷后或者犬咬人后，第一现场留下的犬DNA和嫌疑犬DNA进行同一性鉴定。

（3）用于亲子鉴定。

（4）利用两头配对种犬DNA预测后代杂合度来进行标记辅助选择。

（5）利用功能性标记进行基因辅助育种。

（6）利用群体DNA数据进行遗传多样性分析。

1.1.3.3 利用引进及自行设计的犬用DNA STR试剂盒建立犬DNA亲缘鉴定方法

1.利用引进犬用STR荧光复合扩增商业试剂盒建立犬DNA亲缘鉴定方法

美国应用生物系统公司（ABI，Applied Biosystems）主要生产基因研究、蛋白质研究和新药开发等领域的仪器、试剂和软件，同时提供相关技术服务，是一家世界知名的生物公司，其生产的DNA测序仪（310型、3100型、3130型等）被全世界许多大型实验室普遍使用。我们经过调查研究，发现其生产的犬用STR DNA荧光复合扩增试剂盒已被美国养犬俱乐部用于犬籍注册中的DNA检测。根据该生物公司所公布的统计数据，该试剂盒中使用的10个STR基因座多态性适合各个犬品种的亲子鉴定和个体识别的需要。因此，我们于2003年和2004年先后购买了两个试剂盒，用于我们的研究和种犬DNA检测。

根据试剂盒使用说明和对具体实验条件的摸索，第一个试剂盒共检测了266只种犬，29只幼犬，计算了10个基因座的期望杂合度（H）、多态信息含量（PIC）、非父排除概率（PE）、累积非父排除概率（C_{PE}）和累积个体识别力（C_{DP}）（见表1–3）。

表1–3 进口的犬STR DNA荧光复合扩增试剂盒检测10个基因座多态性

基因座名称	期望杂合度（H）	多态信息含量（PIC）	非父排除概率（PE）
PEZ1	0.55043	0.52929	0.32983
FHC2054	0.82532	0.80376	0.65597
FHC2010	0.67289	0.61640	0.34724
PEZ5	0.74169	0.70808	0.57286
PEZ20	0.39894	0.36636	0.23903
PEZ12	0.60984	0.57644	0.36146
PEZ3	0.76600	0.73273	0.49187
PEZ6	0.76692	0.73097	0.52852
PEZ8	0.74948	0.71607	0.47514
FHC2079	0.58913	0.54180	0.30925
平均值	0.66706	0.63219	0.43112
累积非父排除概率（C_{PE}）		0.99729	
累积个体识别力（C_{DP}）		0.99999	

图1-6　三联体亲子鉴定峰值图（上层为母犬、中层为父犬、下层为子犬）

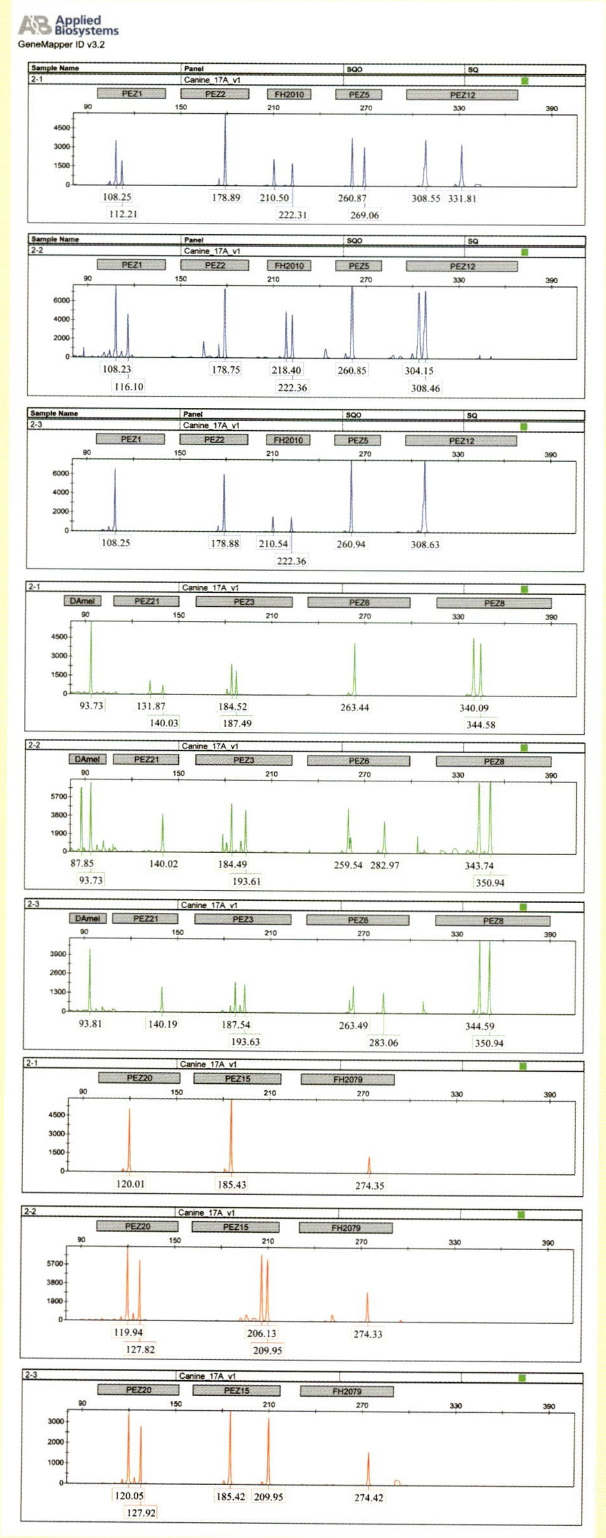

表1-3中显示虽有个别基因座，如PEZ20多态信息含量比较低，只有0.36636，但是累积非父排除概率达0.99729，累积个体识别力达0.99999。实验结果达到了预期的犬亲子鉴定非父排除概率99%以上。

29只幼犬与有亲缘关系种犬的检测数据的比较结果显示，这29只幼犬都符合亲子遗传关系，从而建立了犬亲缘鉴定方法。三联体亲子鉴定缝制图见图1-6。

2.利用自行开发设计的STR DNA检测试剂建立了犬DNA亲缘鉴定方法

2004年8月，犬用15个微卫星基因座复合扩增体系研究开发项目启动。我们将15个微卫星基因座分为5组，每组3个基因座，其中10个基因座与进口的试剂盒相同。利用这一自行设计开发的15个STR基因座复合扩增体系，我们检测了151只种犬，其中，88只又用进口试剂盒进行了检测。两者结果比较发现，自行设计开发的复合扩增体系检测的累积非父排除率及累积个体识别力高于进口试剂盒所测的结果。相同的10个基因座检测结果一致。

15个基因座的基因频率、多态信息含量（PIC）、期望杂合度（H）、非父排除概率（PE）、累积非父排除概率（C_{PE}）和累积个体识别力（C_{DP}）见表1-4。

表1-4　自行筛选和引物设计的15个基因座多态性

基因座名称	等位基因数（n）	期望杂合度（H）	多态信息含量（PIC）
PEZ1	8	0.554	0.523
FHC2054	12	0.749	0.715
FHC2010	6	0.656	0.595
PEZ5	8	0.741	0.705
PEZ20	6	0.213	0.195
PEZ12	12	0.606	0.558
PEZ3	12	0.801	0.772
PEZ6	9	0.729	0.689
PEZ8	11	0.525	0.502
FHC2079	8	0.319	0.307
PEZ2*	7	0.764	0.727
PEZ15*	4	0.523	0.468
FH2087*	3	0.614	0.575
FH2132*	14	0.901	0.893
FH2611*	5	0.742	0.704
累积非父排除概率（C_{PE}）	0.9999		
累积个体识别力（C_{DP}）	0.999999999		

注：*为自行筛选的基因座

新增的5个基因座PEZ2、PEZ15、FH2087、FH2132、FH2611的多态性都比较好。尤其是FH2132多态信息含量达到0.893。15个基因座累积非父排除概率达0.9999，累积个体识别力0.999999999。根据检测基因频率分布，我们制作了标准分型物，PEZ8银染分型图见图1-7。15只幼犬与有亲缘关系种犬的检测数据的比较结果都符合亲子遗传关系（见图1-8）。

图1-7　PEZ8银染分型图

图1-8　藏獒二联体亲子鉴定条形图（左边为父犬、右边为子犬）

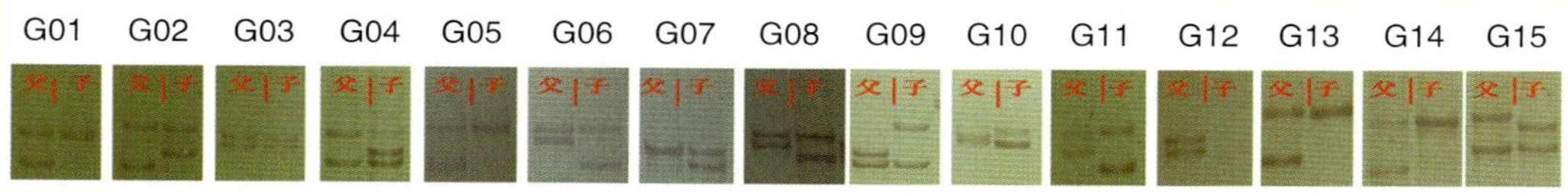

3.制作亲子鉴定证书

每一例犬亲子鉴定结果都将颁发犬亲子鉴定证书，使DNA检测工作规范化，使该研究成果能够面向社会推广应用，发挥更大的作用（亲子鉴定证书样本见图1-9）。

1.1.3.4　构建DNA系谱结构

通常，一个有几个世代的犬群，因各种亲缘关系会有一个复杂的血统系谱结构，通过一代代的亲缘鉴定，能建立一个准确的DNA系谱结构，避免无目的的近交和杂交所造成的整个群体的退化，为良种犬的选种选配打下基础。

自1998年警犬技术体制调整以来，公安部从欧洲引进6批共400多只种犬。这些种犬大多是优秀种犬的后代，具有一定的血统关系。这些进口种犬中的继代种犬被挑选加入种群，进而组成了中国警犬种犬错综复杂的系谱结构。以罗威纳犬为例，我们根据血统表制作出庞大的系谱结构图（见图1-10）。随着更多世代的产生，这种系谱结构将更为复杂。使每一个加入种群的种犬系谱结构都准确无误，对纯种繁育至关重要。只有通过对各世代有亲缘关系的种犬都进行DNA亲缘鉴定，才能保证系谱结构的准确性。

图1-9　犬亲子鉴定证书

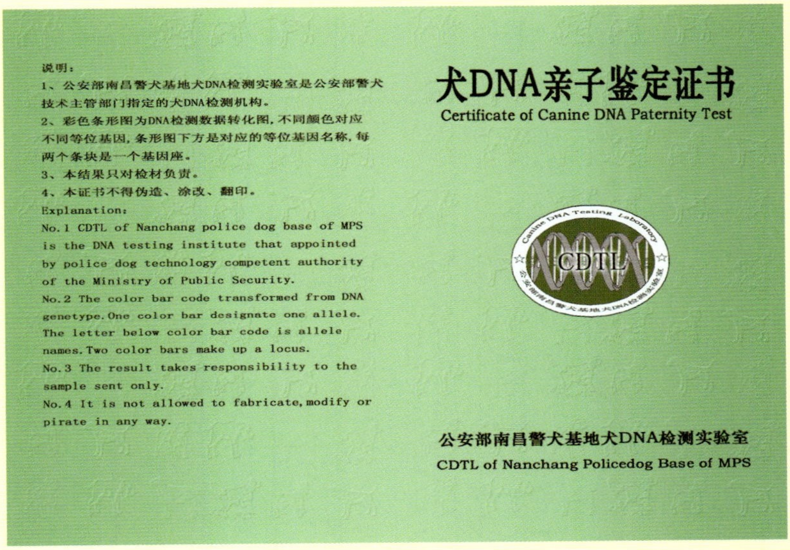

说明：

1、公安部南昌警犬基地犬DNA检测实验室是公安部警犬技术主管部门指定的犬DNA检测机构。

2、彩色条形图为DNA检测数据转化图，不同颜色对应不同等位基因，条形图下方是对应的等位基因名称，每两个条块是一个基因座。

3、本结果只对检材负责。

4、本证书不得伪造、涂改、翻印。

Explanation:

No.1 CDTL of Nanchang police dog base of MPS is the DNA testing institute that appointed by police dog technology competent authority of the Ministry of Public Security.

No.2 The color bar code transformed from DNA genetype. One color bar designate one allele. The letter below color bar code is allele names. Two color bars make up a locus.

No.3 The result takes responsibility to the sample sent only.

No.4 It is not allowed to fabricate, modify or pirate in any way.

犬DNA亲子鉴定证书

Certificate of Canine DNA Paternity Test

Canine DNA Testing Laboratory

CDTL

公安部南昌警犬基地犬DNA检测实验室

CDTL of Nanchang Policedog Base of MPS

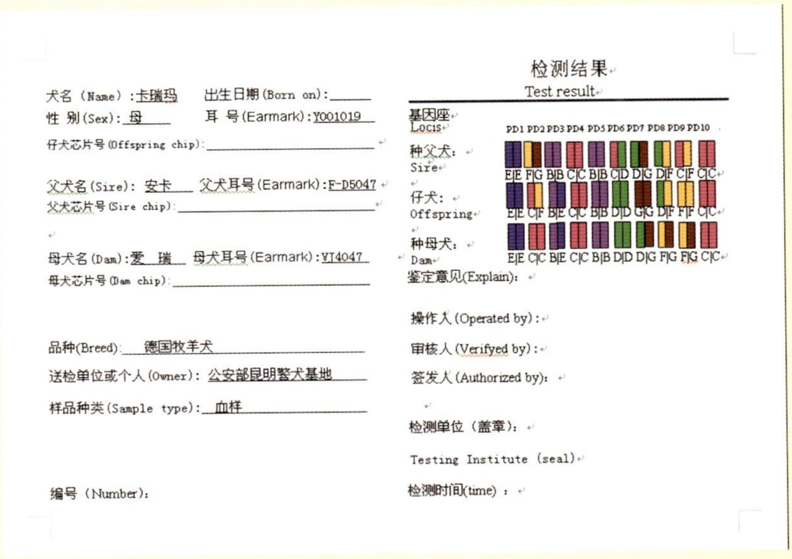

犬名（Name）:卡瑞玛　出生日期(Born on):______

性 别(Sex):母　耳 号(Earmark):Y001019

仔犬芯片号(Offspring chip):______

父犬名(Sire): 安卡　父犬耳号(Earmark):F-D5047

父犬芯片号(Sire chip):______

母犬名(Dam):爱 瑞　母犬耳号(Earmark):VI4047

母犬芯片号(Dam chip):______

品种(Breed): 德国牧羊犬

送检单位或个人(Owner): 公安部昆明警犬基地

样品种类(Sample type): 血样

编号（Number）:

检测结果

Test result

基因座 Locis	PD1	PD2	PD3	PD4	PD5	PD6	PD7	PD8	PD9	PD10
种父犬: Sire	E|E	F|G	B|B	C|C	B|B	C|D	D|G	D|F	C|F	C|C
仔犬: Offspring	E|E	C|F	B|E	C|C	B|B	D|D	G|G	D|F	F|F	C|C
种母犬: Dam	E|E	C|C	B|E	C|C	B|B	D|D	D|G	F|G	F|G	C|C

鉴定意见(Explain):

操作人(Operated by):

审核人(Verifyed by):

签发人(Authorized by):

检测单位（盖章）:

Testing Institute (seal)

检测时间(time):

图1-10 罗威纳犬种群结构系谱图（2006年）

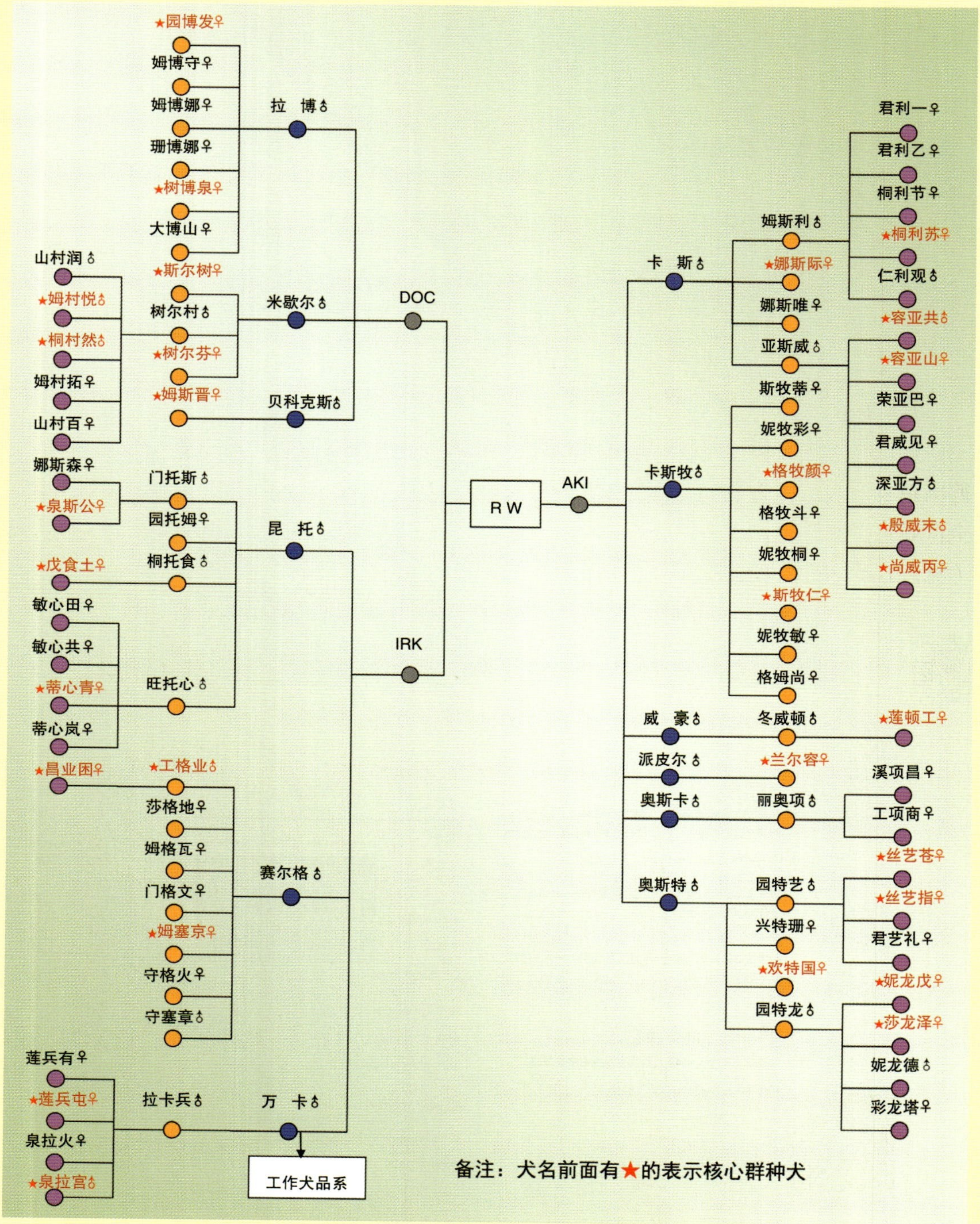

1.2 我国警犬核心种群和优秀地方犬遗传资源调查

1.2.1 我国主要警用犬品种简介

1.2.1.1 德国牧羊犬

德国牧羊犬（German Shepherd Dog），别名德国黑背（贝），也就是人们常说的——德国狼犬，是世界著名犬种。由于其体形高大威猛，且具备极强的工作能力，因此，它在全世界范围内被用作军犬、警犬、搜救犬、导盲犬、牧羊犬、观赏犬，以及家养宠物犬等（见图1–11和图1–12）。

图1–11 训练中的德国牧羊犬

图1–12 训练中的德国牧羊犬

1.品种历史起源

繁育一种理想的多用途工作犬是Von Stephonitz（冯•斯特凡尼茨）毕生的追求和信念。他于1899年4月22日成立德国牧羊犬协会，并任协会主席。德国牧羊犬协会的指导思想就是德国牧羊犬的繁育应该是工作犬的繁育。在斯特凡尼茨的领导下，德国牧羊犬协会将德国南方和北方的牧羊犬杂交，期望培育一种集南德至北德所有牧羊犬优良品质特征的综合产物——德国牧羊犬。为此，德国牧羊犬协会制定了各项严格的繁育制度和近乎苛刻的犬体形标准，经过后人的不断修改和完善，直至1902年4月17日，德国牧羊犬正式诞生于德国西部的卡尔斯鲁厄，并作为牧羊犬使用。

2.体形外貌特征

德国牧羊犬体形适中，有轻微的延展性；强壮，有强健和发达的肌肉，以及强壮的骨骼；通体紧凑和谐。通常，公犬的身高为60～65 cm，母犬的身高为55～60 cm。德国牧羊犬的体长略大于体高，理想的体长、体高比例为10：8.5。

3.性情特点与工作性能

该品种犬感觉极为敏锐，警惕性高，素有“天然警犬”之称。它的听觉灵敏，通常比人强16倍。它行动时胆大凶猛，机警灵活，敏捷轻快，追踪衔物欲高，奔跑的速度可达60 km/h；静态时安稳沉着，富于耐性，刚柔相济，依恋性强，易于训练。它聪慧、忠诚，与主人配合默契。因此，现在德国牧羊犬已被广泛地应用于各个领域，特别是军、警用德国牧羊犬，在追踪、救护、搜毒、护卫等方面屡建奇功。

1.2.1.2　罗威纳犬

罗威纳犬（Rottweiler）是世界著名的犬种（见图1–13和图1–14），由于其体形高大，强悍，结构匀称，性情稳重，服从性好，而广受世界各国养犬者青睐。其机警聪慧，力大威猛，耐力持久，易于训练，工作性能好，被各国警方广泛用于护卫警戒，巡逻执勤，防暴治暴等工作领域。

1.品种历史起源

罗威纳犬的历史可追溯到古罗马时代。当时，古罗马军队通过阿尔卑斯山入侵北欧时，随军带着一种体形高大、黑棕色的犬，这种犬被认为是今天的罗威纳犬。这种犬的繁育要归功于德国的繁育者们。他们用了很长时间来培育这个犬种。罗威纳犬的名称是根据地名取的，即该犬真正的起源地是德国北部的一个叫作罗威纳的小镇。当时德国、法国、瑞士和匈牙利的牲口商人在这个地区用这种犬来驱赶和控制牲口，保护牲畜和财物免受抢掠。第二次世界大战期间，罗威纳犬成功地被德军用于军事。此后，作为警用犬、护卫犬、牧畜犬、伴侣犬，甚至是全能犬，罗威纳犬得到了全世界的普遍认可。

图1–13　罗威纳犬

图1–14　罗威纳犬

2.体形外貌特征

罗威纳犬体形中等偏大，强健有力，结构匀称，肌肉发达。公犬比母犬体形高大，且骨骼粗壮，雄性特征明显；母犬清秀，雌性特征明显。

公犬体高61～68 cm，体长67～75 cm，体重45～50 kg；母犬体高56～63 cm，体长62～70 cm，体重35～40 kg。体长略大于体高，体高与体长最佳比例为9：10。胸深约为体高的1/2。

3.性情特点与工作性能

罗威纳犬兼有工作犬和伴侣犬的性格特点，可担任多种角色，由于体形较高大，强健有力，忍耐性和韧性好，能拖拉重物，曾用作挽力犬。它威慑力强，警觉性高，随时准备迎接来自各方面的挑战，领地意识强，不让任何陌生人或动物进入其领地，能很好地履行其看护守卫的天职。同时，它又具有忠诚和爱心，一旦与其他动物和人们交上朋友，会真诚相待，能爱护各种动物，特别是小犬，很亲近人，喜欢与主人玩耍逗乐，形成友好亲密的关系。

1.2.1.3　杜伯文犬

杜伯文犬（Doberman Pinscher）又名杜宾犬，是世界著名的犬种，原产德国。它是根据培育这一品系人的名字路易斯·杜伯尔曼而命名的，是所有犬品种中最具有智慧的一种。因其强壮有力、胆大敏感、坚决果断而被各国警方用于护卫警戒，防暴治暴等方面（见图1–15和图1–16）。

图1–15　杜伯文犬

图1–16　杜伯文犬

1.品种历史起源

杜伯文犬于1860年出现于德国，它可能是由许多品种杂交而成。它作为一个确定的品种存在时间较短，其外貌和气质使它在不少国家和地区流行。1900年，杜伯文犬正式被官方承认。

2.体形外貌特征

杜伯文犬体形中等，外貌纤细，结构紧凑匀称，线条优美清晰。该品种犬通常需要进行断尾手术。

公犬体高66 ~ 71 cm，体长66 ~ 71 cm，体重30 ~ 40 kg；母犬体高61 ~ 66 cm，体长61 ~ 68 cm，体重28 ~ 40 kg。体高和体长比为1∶1。该品种犬毛短、硬、粗而贴身，毛色为黑色、红色、蓝色和栗色。

3.性情特点与工作性能

杜伯文犬强壮有力，主要用于警卫工作。经过训练后，该品种犬可成为搜索犬、狩猎犬和牧羊犬。该品种犬胆大敏感，坚决果断，好撕咬。它是天生的警卫犬，聪明，强壮有力，具有攻击性。饲养者严加管理，可成为忠实、富有感情的伴侣犬。杜伯文犬拥有惊人的体重和力量，为了抑制其潜在的攻击性，饲养者应用心训练，让其充分运动。该品种耐热怕冷，被毛短，不需要经常梳理，容易训练，但不容易与别的犬相处。

1.2.1.4　史宾格犬

史宾格犬（English Spring Spaniel）一般指英国史宾格犬，是一种中型运动犬。该品种犬结构紧凑。它被毛长度适中，在腿部、耳朵、胸部、 腹部均有羽状饰毛。它下垂的耳朵、温柔的表情和友好地摆动的尾巴，都能说明它是猎鹬犬这一古老家族中的一员（见图1–17和图1–18）。

图1–17　史宾格犬

图1–18　史宾格犬

1.品种历史起源

该品种犬为各种英国犬的祖先，大革命期间该犬被认为是欧洲猎人理想的伴侣。17世纪开始，该品种犬在美国普及。尽管在美国一些史宾格犬早就被用于狩猎，但直到1924年英国史宾格犬野外狩猎测试协会成立，它们才更好地被大众所认识。在开始野外狩猎测试之后3年（1927年），英国史宾格犬野外狩猎测试协会又变成了英国史宾格犬俱乐部。

2.体形外貌特征

英国史宾格犬敏捷灵活，能以合理的速度在粗糙地面上工作。它体形大小适中。公犬的理想肩高为50.8 cm，母犬为48.3 cm，比理想标准高或低出2.5 cm则被认为不符合品种标准。肩高50.8 cm，比例适中而且处于良好状态下的公犬，其体重约为22.85 kg；而肩高48.3 cm的母犬体重约为18.14 kg。该品种身长（从肩端到臀端的长度）略微大于肩高。史宾格犬身体非常匀称，躯干深，腿部强壮，肌肉发达。

3.性情特点与工作性能

英国史宾格犬友好，快乐，勇敢，谨慎，性情良好，忠诚，易训练使用和服从性好。

值得注意的是，英国史宾格犬最初是猎犬家族中的运动犬，它在外表、行为和行动上具有猎犬的特点。

1.2.1.5　昆明犬

昆明犬称为中国昆明犬（Chinese Kunming Dog），是我国选育成功的第一个优良的工作犬，其主要的3个代表品系分别是“狼青”、“黑背”和“草黄”（见图1-19、图1-20和图1-21）。

图1-19　“狼青”品系昆明犬

图1-20　“黑背”品系昆明犬

图1-21　“草黄”品系昆明犬

1.品种历史起源

科研人员1953年开始对昆明犬进行选育，1964年培育成功。该品种犬的成功选育于1991年荣获国家科技进步二等奖，军队科技进步三等奖。2005年成功培育的第七代昆明犬是中国唯一具有自主知识产权的军、警工作用犬，在全国31个省区和东南亚国家得到了广泛的推广和应用，取得了重大的军事、社会和经济效益，填补了中国不能自行培育良种犬的空白。由于其在祖国西南部的昆明被繁育成功，因此，该品种犬被命名为“昆明犬”。

2.体形外貌特征

昆明犬体形适中，外形匀称，肩高与体高近等，皮薄、被毛短，骨骼结构严密，体质紧凑，肌肉发达，关节强健，后肢比较直立，行动敏捷，工作性能好，繁殖力强，遗传稳定，适应性强，抗病力强。它背腰线比较平直，体长稍大于体高，其比例约为10：9.0～9.5。成年犬体重和体高：公犬体高为65～70 cm，体重为35～42 kg；母犬体高为60～65 cm，体重为32～38 kg。昆明犬的毛色有狼青色（含草黄）、黑色带黄褐色斑纹（黑背或铁包金）和黑色。

3.性情特点与工作性能

该品种犬神经类型以活泼型和兴奋型为主，胆大凶猛，主动防御性强，警觉性高，探求反射强，对物品兴奋，衔取欲强，对主人忠诚，依恋性、服从性好，注意力集中，对高原气候、严寒环境及高温均有较强的适应性。“狼青”品系兴奋与抑制比较容易达到平衡，追踪、鉴别、扑咬三个方面的成绩和能力较全面；“草黄”品系兴奋性持久，运动能力强，表现出很强的追踪能力，兴奋后不易抑制；“黑背”品系兴奋性高，性情凶猛，好斗好动，主动攻击性强，动作敏捷，警戒、护卫、扑咬突出。

昆明犬同样也用作警犬，它在某些方面甚至比德国牧羊犬更为出色，是优良的国产犬种。昆明犬被广泛应用于边防巡逻，侦察破案，搜索毒品和爆炸物，以及单位和个人的护卫犬。

1.2.1.6　拉布拉多犬

拉布拉多犬（Labrador Retriever）属于中大型犬种，忠诚大气，憨厚温和，开朗活泼，智商极高，对人友善。该品种犬通常被用于导盲、搜救和治安巡逻等领域。拉布拉多犬跟西伯利亚雪橇犬（哈士奇）和金毛寻回犬并列为三大无攻击性中大型犬种。拉布拉多犬智商位列世界犬类第七（见图1–22和图1–23）。

图1-22　黄色拉布拉多犬

图1-23　黑色拉布拉多犬

1.品种历史起源

拉布拉多犬起源于加拿大东南方的纽芬兰岛西岸及东南岸沿海，它被训练在冰冷的海上将渔网收回和担任搬运工作。19世纪，纽芬兰的渔夫们携带的拉布拉多犬被当作买卖品之一。刚开始它被称为小型纽芬兰犬、黑色水猎犬、圣约翰水猎犬，与体形较大且具有黑色长毛的纽芬兰犬有血缘关系。随后，该品种很快就以猎犬的身份进入英国，蒙兹贝利伯爵将该品种命名为拉布拉多犬。

2.体形外貌特征

拉布拉多犬的毛色有黑色、黄色、巧克力色和米白色，最稀有的是巧克力色和米白色，除此之外，其他任何颜色或者组合色都是不纯的。拉布拉多犬是一种结构坚固、中等体形的犬。它稳定性良好的身体结构使它能够成为寻回猎物的猎犬；它的健康的体质使它能在艰苦的条件下，能长时间从事猎取水鸟或在丘陵地带狩猎的工作；它忠诚温和的个性也特别适合成为家庭伴侣。

3.性情特点与工作性能

拉布拉多猎犬性情温和，聪明听话，容易训练，活泼好动，忠实主人，服从指挥，是最受欢迎和最值得信赖的家庭犬。

1.2.1.7　马里努阿犬

马里努阿犬（Belgian Malinois）体形中等，身体结构匀称、流畅，肌肉强健，灵敏且富有活力（见图1-24和图1-25）。

图1-24　马里努阿犬

图1-25　马里努阿犬

1.品种历史起源

1901年，世界上第一只比利时马里努阿犬登记注册。1911年开始，第一只短毛比利时马里努阿犬在美国养犬俱乐部注册。第二次世界大战时，比利时马里努阿犬受到美国人的广泛喜爱。该品种犬在美国的引进和流行始于1963年，它被作为工作犬的同时也成了理想的竞技犬。

2.体形外貌特征

马里努阿犬体形中等，外形匀称，头颈高昂，身躯精干，肌肉发达。它皮薄、被毛短，毛色由浅黄褐色到深褐色，毛尖为黑色，口吻部毛色为黑色。公犬体高61～66 cm，体长63～68 cm，体重 25～30 kg；母犬体高56～61 cm，体长57～65 cm，体重 22～27 kg。头部轮廓分明，其大小与身躯相称。眼小，眼睑黑色。耳大小适中，呈三角形，自然直立。额顶部平坦，额段适中。吻尖，鼻梁平直，鼻镜黑色。唇呈黑色。牙齿排列均匀，为剪式咬合或钳式咬合。胸深而不宽，腹部发育适中，轻微收腹，腰部短而宽。尾长适中，根部发达，静立时下垂达飞节。

3.性情特征与工作性能

马里努阿犬具有很好的工作能力，原因在于其良好的身体素质和个性。该品种犬自信，在新环境中表现既不胆怯也不好斗。它不用太多的攻击就能自然地保护它的主人和其财产。马里努阿犬工作愿望十分强烈，而且能根据主人的命令迅速做出反应，它的缺点是容易犯规。

马里努阿犬具有服从性好，兴奋持久，警觉性高，嗅觉灵敏，胆大凶猛，攻击力强，探求反射突出，衔取欲望高，弹跳力好等卓越的警用性能。

1.2.2 地方犬品种分布调查

我国幅员辽阔，各地地形和生态环境复杂，气候差异大，经过长期的自然选择和劳动人民的人工选择和培育，造就了一大批优良的地方犬类遗传资源。世界上许多著名的犬品种均起源于中国或含有中国犬的血统。

1.2.2.1 我国养犬历史悠久

甲骨文“ ”、金文“ ”、小篆“ ”，都是我国关于犬的文化符号，属于象形文字，《说文解字》中解释为“视犬之字，如画狗也。”

考古发现，我国养犬历史悠久，最早的犬遗骨在磁山遗址中被发现（见图1–26），距今约一万年。新石器时代遗址——龙虬庄遗址中也发现了犬头骨（见图1–27）。

图1–26　磁山遗址中发现的犬骨头

图1–27　龙虬庄遗址中发现的犬头骨

在许多古籍中也不乏良犬、义犬的记载，如三国时期的“纪南义犬墓”，《太平广记》中的《的尾救主》等。犬在古代的用途见于不同古籍中，现介绍如下：

有关犬的最早记载——《诗经》：“跃跃毚兔，遇犬获之。”

犬作狩猎之用——《说文解字》：“猎，放犰（猎犬）逐禽也。”狩猎在我国养犬历史中占有重要的地位。

犬作护卫攻击之用——《搜神记·十七卷》：“晨将数百犬，绕楼下，犬得气，冲突内外。见有物，大如驴，自投楼下。犬杀之。”。从文中可知，曹操携带了数百只犬，反映了三国时期犬在护卫攻击中的应用。

犬作祭祀之用——《庄子•天运》：“夫刍狗之未陈也，盛以箧衍，巾以文绣，尸祝齐戒以将之；及其已陈也，行者践其首脊，苏者取而爨之而已。”古代祭祀通常用猪、牛、羊，只在个别地区和环境下用狗祭祀。

犬作肉用——《墨子•天志》有：“四海之内，粒食人民，莫不刍牛羊豕犬口。”肉用也是古代养犬的用途之一，汉朝较盛，到宋朝就较为稀少了。

有意思的是，古籍关于狗和犬有明确的划分，“大者为犬，小者为狗”。

1.2.2.2 我国本土犬种资源丰富

我国地方犬资源丰富。为便于识别和区分，根据环境和用途两个方面，我国本土犬种可粗略地进行如下划分。

1.按自然环境分类

山川型：四川凉山犬、青川犬；重庆川东猎犬；贵州下司犬等。

耐热型：虎斑犬、笔尾犬、沙皮犬、田园犬等。

耐寒型：藏獒、哈萨克牧羊犬、西藏灵芝犬等。

平原干燥型：陕西细犬、山东细犬、蒙古细犬、蒙古牧羊犬等。

2.按用途功能

牧羊犬类：藏獒、哈萨克牧羊犬、蒙古牧羊犬等。

运动型犬：陕西细犬、山东细犬、蒙古细犬等。

追踪型犬：凉山犬、青川犬、川东猎犬、下司犬、笔尾犬等。

家庭型犬：矮脚犬、林芝犬、沙皮犬、田园犬等。

各品种犬的基本信息见表1–5，数据来源于饲养户测量和网络；地方犬分布情况见图1–28。

表1–5 35个我国本土犬种的基本信息列表

名称	别名	体重/kg	体高/cm	用途	起源
冠毛犬	中国无毛犬、中国船犬等	3.1～5.4	23～32	玩赏	中国
八哥犬	哈巴狗	6～8	25～28	玩赏	中国
北京犬	宫廷狮子狗	≤6	≤18	玩赏	中国
西藏猎犬	长毛猎犬、袖狗等	4～7	24～25	伴侣	西藏
西施犬	狮子狗、菊花犬	4～8	—	玩赏	西藏

续表1-5

名称	别名	体重/kg	体高/cm	用途	起源
川东猎犬	邻水狗	8～12	25～30	狩猎	重庆市及周边
拉萨犬	西藏犬	8～14	25.5～28	护卫	西藏
西藏梗	—	8～15	36～45	狩猎、伴侣	西藏
虎斑犬	虎皮犬	—	35～60	狩猎、护卫	江西上饶
猪肉狗	—	≤15	—	肉用	湘、桂、黔交界
中华田园犬	菜狗、唐狗、土狗	—	—	—	中国
福犬	熊犬、龙犬、天犬	9.5～22	—	伴侣	中国
下司犬	虎须狗、胡子狗	20～30	45～50	狩猎	贵州下司镇
红胡子狗	—	12～16	—	狩猎	湘、黔交界
鞑子犬	—	25～30	—	肉用、护卫	内蒙古
沙皮犬	骨嘴沙皮犬、大沥犬	16～20	46～51	伴侣	广东大沥乡
松狮犬	松鼠狗、短狗、土松	13～18	46～56	伴侣	珠三角
西藏牧羊犬	西藏奇儿阿素犬	32～41	63～71	护卫、牧羊	西藏
凉山犬	撵山狗	15～20	≤50	狩猎	四川凉山
青川犬	撵山狗	—	≤50	狩猎	四川青川
广东潮州犬	大头犬、熊犬	35～45	50～60	狩猎、护卫	广东潮州
河北细犬	细狗	60～75	20～30	狩猎、护卫	河北河间
山东细犬	山东猎犬、山东细狗	20～30	—	狩猎	山东聊城
陕西细犬	—	25～30	20～25	狩猎、护卫	陕西关中渭南
鄂伦春猎犬	鄂伦春犬、牡丹江犬	—	46～60	狩猎、护卫	东北地区
广西笔尾犬	笔尾灰、广西猎犬	≤50	—	狩猎、肉用	广西钦州
蒙古獒	蒙古犬、蒙古牧羊犬	≤38	≤75	牧羊犬	内蒙古
昆明犬	—	28～40	61～70	工作犬	云南昆明
蒙古细犬	蒙古国细狗、蒙古细狗	30～50	60～80	群猎犬	内蒙古

续表1-5

名称	别名	体重/kg	体高/cm	用途	起源
天山牧獒	新疆牧羊犬、哈萨克牧羊犬	37～50	51～60	牧羊，护卫	新疆
黑龙狗	—	40～50	—	肉用犬	吉林
蒙古草地牧羊犬	蒙古牧羊犬、呼伦贝尔草地牧羊犬	40～60	65～75	牧羊	内蒙古
莱州红犬	朱桥红犬、虎形犬、鹿形犬	≤50	60～80	护卫、伴侣	山东莱州
台湾高山犬	—	≤70	≤120	—	台湾
西藏獒犬	藩狗、多启、大狗、古称苍猊犬	≤60	—	护卫、伴侣	西藏

图1-28　地方犬分布图

1.2.2.3 保护和开发本土犬种迫在眉睫

我国较知名的本土犬品种有三大牧羊犬（藏獒、哈萨克牧羊犬、蒙古牧羊犬）、四大细犬（陕西细犬、山东细犬、蒙古细犬、河北细犬）、西南地区资源丰富的狩猎用犬（下司犬、川东猎犬、凉山犬、青川犬、广西猎犬）和一些有特殊性状的原生犬（皮肤皱褶的沙皮犬、四肢短小的广西矮脚犬、耐受极寒的西藏林芝犬、抗病力强的中华土犬等）。

由于缺乏专业协会的有效保护和育种改良指导，很多本土犬种没有得到推广，种群萎缩和遗传资源流失非常严重，有的犬种甚至濒临消失，如广西矮脚犬。研究人员在当地人的带领下，驱车数百里才找到3只广西矮脚犬，而广西笔尾犬也是偶然才寻找到饲养该犬种的养犬场。目前，国内大街小巷看到的犬种大部分都是西方犬种。

发达国家经过了长期的育种创新建设，建立了非常完善的管理和育种体系，才能繁育出目前如此多的优秀犬种。而我国的本土犬种培育起步晚、积累少，同时品种培育和改良还有周期长、费用大等问题。因此，需要国家和社会各种形式的管理机构和协会对本土犬种提供长期、稳定的支持，培育出优秀的犬种才能吸引更大的关注。在以纯种繁育和改良为基础，充分考虑当地自然、经济、社会等各方面条件的前提下，以增强各品种优良性状为目标，育成具有中国特色、具有良好国际竞争力的本土化犬种迫在眉睫。

1.2.3 警犬品种基因型调查

1.2.3.1 利用DNA技术进行7个警犬品种遗传资源调查

遗传（基因）多样性的表现是多层次、多水平的，包括分子、细胞、个体、群体水平上，但是这些不同层次和水平的多样性最终都是由DNA的差异性所决定，因此，DNA多态性统计是比较客观和直接的遗传资源调查和分析方法。

就目前所发现的物种中，家犬遗传多样性是公认最丰富的物种，无论是可见的体形外貌性状，还是非直观的行为气质，其变化跨度都非常大，是一个特殊的物种，分布在世界的各个角落，大小不一、品性各异的犬品种达400多个（仅世界养犬联合会已批准注册纯种犬有360多个品种，美国养犬俱乐部已批准注册的纯种犬品种有268个），未注册的地方品种还有很多。这些丰富的犬品种资源以及近缘品种（狼等）的遗传变异都能为警犬育种提供可选择的基因素材。品种内的遗传多样性反应的是品种提纯和选育效果，有的品种有效基因数量过少，甚至有些基因座位上呈现单态性，繁育工作受阻，使品种濒临灭绝；有的品种繁殖太乱，导致基因分布太杂，一个性状由多个基因座控制，失去品种特异性，遗传不稳定。

微卫星DNA，又称短串联重复序列（Short Tandem Repeat，STR），是核心序列为

2 ~ 6 bp的可变数量的高度串联重复多态性序列，存在于真核细胞基因组内。STR具有分布广泛，多态性丰富，易于检测，呈孟德尔共显性遗传等特点，是目前最常用的DNA标记之一，也是较理想的遗传资源调查使用标记。

通过对微卫星DNA的等位基因频率、多态信息含量和期望杂合度等多态性遗传参数的统计，科研人员分析了7个警犬品种的遗传多样性。

1.等位基因频率和基因型频率调查

等位基因频率（allele frequency），是指群体中某一个等位基因占它所在基因座上等位基因总数的比例，它是衡量群体遗传结构最基本的标准。基因型频率（genotype frequency）是群体中某一基因型个体数占群体总数的比例。采用简单计数计算这两个参数，同时对基因型频率进行t检验，检测群体是否符合哈代-温伯格平衡定律。

表1-6　7个警犬品种10个基因座等位基因频率与分布

基因座名称	等位基因名称	等位基因频率						
		昆明犬	德国牧羊犬	马里努阿犬	罗威纳犬	拉布拉多犬	史宾格犬	杜伯文犬
G01	A	0.12500	0.08295	—	—	—	—	—
	B	0.01667	0.00461	—	0.05263	—	—	—
	C	0.16667	0.03226	—	0.15789	0.17442	0.03390	—
	D	0.02500	0.01382	0.10256	0.10526	0.25581	0.28814	0.30303
	E	0.57500	0.80184	0.34615	0.52632	0.06977	0.27119	0.21212
	F	0.05833	0.01843	0.10256	0.05263	0.41860	0.32203	0.03030
	G	0.00833	—	0.01282	—	0.04651	—	—
	H	—	0.03226	0.01282	—	—	—	—
G02	A	—	—	—	—	0.01111	—	—
	B	0.02113	0.00676	0.12903	0.04545	0.30000	0.24074	—
	C	0.32394	0.29730	0.05376	0.13636	0.28889	0.12963	0.70588
	D	0.23239	0.01351	0.11828	0.54545	0.12222	0.16667	0.02941
	E	0.02817	0.02703	0.18280	—	0.04444	0.09259	
	F	0.21127	0.16554	0.16129	—	0.07778	0.27778	0.05882
	G	0.02113	0.27365	0.10753	—	0.08889	0.09259	0.20588
	H	0.03521	0.00676	0.01075	0.22727	0.04444	—	—
	I	0.09155	0.14189	0.19355	0.04545	0.02222	—	—
	J	—	0.03378	0.04301	—	—	—	—
	K	—	0.01689	—	—	—	—	—
	Z	0.02817	0.00338	—	—	—	—	—
G03	A	—	—	—	—	—	—	—
	B	0.43796	0.49819	0.20930	0.55000	0.01299	0.31667	0.20690

续表1-6

基因座名称	等位基因名称	等位基因频率						
		昆明犬	德国牧羊犬	马里努阿犬	罗威纳犬	拉布拉多犬	史宾格犬	杜伯文犬
G03	C	0.17518	0.07942	0.41860	0.05000	0.28571	0.38333	0.65517
	D	0.13139	0.00361	0.16279	0.15000	0.05195	0.11667	—
	E	0.24818	0.33574	0.15116	0.25000	0.58442	0.13333	0.13793
	F	—	—	0.04651	—	0.06494	0.05000	—
	G	—	—	0.01163	—	—	—	—
G04	A	0.40310	0.05328	—	—	—	—	—
	B	0.22481	—	—	—	—	—	—
	C	0.24806	0.68443	0.67123	0.64706	0.14286	0.13333	0.66667
	D	0.08527	0.02459	0.02740	—	0.30952	0.17778	0.19444
	E	0.01550	0.02459	0.23288	0.17647	0.47619	0.64444	0.02778
	F	0.02326	0.08197	0.04110	—	0.04762	0.64444	0.05556
	G	—	0.11885	0.01370	0.17647	—	—	0.02778
	H	—	0.00410	—	—	0.01190	—	—
G05	A	0.03226	0.03252	0.15294	0.11765	0.08989	0.02041	—
	B	0.78495	0.67480	0.49412	0.70588	0.31461	0.53061	0.43590
	C	0.12903	0.17480	0.27059	—	0.12360	0.22449	0.30769
	D	0.01075	0.09756	0.08235	0.17647	0.34831	0.18367	0.23077
	E	—	—	—	—	0.04494	—	0.02564
	F	—	—	—	—	0.07865	0.04082	—
G06	A	0.02985	0.00415	—	—	—	0.04918	—
	B	—	0.12863	—	—	0.01075	0.14754	—
	C	0.00746	0.72614	0.12222	0.04762	0.11828	0.03279	0.06452
	D	0.42537	0.12033	0.17778	0.47619	0.32258	0.34426	0.25806
	E	0.19403	0.00415	0.25556	0.19048	0.2043	0.06557	0.51613
	F	—	—	0.04444	—	0.01075	0.04918	0.09677
	G	—	—	0.02222	—	0.01075	0.03279	—
	H	—	—	—	—	0.22581	0.19672	—
	I	—	—	—	—	0.07527	0.08197	—
	J	0.00746	—	0.02222	0.23810	—	—	—
	K	—	—	0.24444	—	—	—	—
	L	0.32090	—	0.11111	0.04762	0.01075	—	—
G07	A	0.18382	0.00980	0.01031	0.09524	—	0.01587	—
	B	0.09559	0.25490	0.07216	0.04762	—	0.06349	—
	C	0.13235	0.04575	0.10309	0.57143	0.15842	0.03175	0.19048
	D	0.08824	0.14706	0.37113	0.28571	0.27723	0.30159	0.09524

续表1–6

基因座名称	等位基因名称	等位基因频率						
		昆明犬	德国牧羊犬	马里努阿犬	罗威纳犬	拉布拉多犬	史宾格犬	杜伯文犬
G07	E	0.32353	—	0.15464	—	0.17822	0.09524	0.45238
	F	0.05882	—	0.01031	—	0.00990	0.07937	0.04762
	G	0.08824	0.50654	0.08247	—	0.02970	0.09524	0.02381
	H	0.02941	0.00980	0.01031	—	—	0.04762	—
	I	—	0.01634	0.15464	—	0.10891	0.11111	—
	J	—	0.00327	0.02062	—	0.20792	0.01587	0.19048
	K	—	—	0.01031	—	0.01980	0.04762	—
	L	—	—	—	—	0.00990	0.09524	—
G08	A	0.05970	0.01672	0.03125	—	0.01099	0.01613	—
	B	—	0.00334	0.01042	—	0.02198	—	—
	C	0.23881	0.20736	0.20833	—	0.03297	0.08065	0.55000
	D	0.09701	0.27090	0.17708	0.26316	0.21978	0.22581	0.02500
	E	0.13433	0.04348	0.14583	0.52632	0.26374	—	0.10000
	F	0.33582	0.32776	0.19792	0.05263	0.37363	0.27419	0.02500
	G	0.03731	0.10033	0.12500	0.05263	0.05495	0.19355	0.02500
	H	0.00746	0.01003	0.08333	0.05263	0.02198	0.19355	0.25000
	I	0.00746	—	0.02083	0.05263	—	0.01613	0.02500
G09	A	0.01770	0.00615	—	—	—	—	—
	B	0.01770	0.00923	0.06452	—	—	0.01587	—
	C	0.16814	0.27385	0.12903	0.26316	0.03061	0.25397	0.30769
	D	0.03540	0.20923	0.20430	0.21053	0.17347	0.14286	0.02564
	E	0.01770	0.00615	0.13978	0.47368	0.09184	0.12698	0.10256
	F	0.61947	0.32615	0.19355	0.05263	0.32653	0.22222	0.20513
	G	0.02655	0.09846	0.18280	—	0.23469	0.20635	0.05128
	H	0.05310	0.04308	0.07527	—	0.08163	0.01587	0.02564
	I	—	0.01538	—	—	0.05102	0.01587	0.23077
	J	—	0.00923	—	—	—	—	0.05128
	K	—	—	0.01075	—	0.01020	—	—
G10	A	0.06306	0.00787	0.02247	—	0.01205	0.02128	—
	B	0.12613	0.28346	0.19101	0.14286	0.18072	0.51064	0.31579
	C	0.56757	0.68898	0.19101	0.09524	0.18072	0.21277	0.50000
	D	0.08108	0.01181	0.33708	0.04762	0.49398	0.10638	0.18421
	F	—	—	—	0.52381	0.02410	—	—
	G	—	—	0.01124	0.19048	0.02410	—	—
	H	0.00901	—	0.23596	—	0.08434	0.14894	—
	I	0.03604	—	0.01124	—	—	—	—

从表1-6的统计基因频率中可以观察到，品种间等位基因分布和等位基因频率差异比较大，这也反映了犬品种间遗传多样性的丰富。同时，科研人员还发现有些具有品种特异性的等位基因，比如马里努阿犬的G06基因座上的K等位基因具有该品种的特异性，而且该基因频率达0.24444，这种经过大量群体调查所发现的特异性等位基因能够用于品种鉴定。

2.期望杂合度计算

杂合度（Heterozygosity）是指群体中某个基因座上杂合子所占的比例，它是估计群体遗传变异的一个重要指标。实际杂合度直接计数得来，期望杂合度（Expected Heterozygosity，H）根据公式（第8页）计算得出，具体计算结果见表1-7。

表1-7　7个品种10个STR基因座有效等位基因（n）数、期望杂合度（H）和多态信息含量（PIC）

基因座名称	昆明犬			德国牧羊犬			马里努阿犬			罗威纳犬		
	n	H	PIC	n	H	PIC	n	H	PIC	n	H	PIC
PEZ1	7	0.62095	0.58763	7	0.34735	0.33483	5	0.67980	0.62390	5	0.67036	0.63932
FHC2054	9	0.78426	0.75372	11	0.78657	0.75559	9	0.85600	0.83960	5	0.62810	0.58134
FHC2010	4	0.69860	0.64958	4	0.62588	0.56030	6	0.72930	0.68990	4	0.61000	0.55382
PEZ5	6	0.71739	0.67031	7	0.50658	0.48282	5	0.49240	0.44070	3	0.51903	0.46493
PEZ20	4	0.36419	0.33987	4	0.50309	0.46455	4	0.65250	0.59720	3	0.45675	0.41107
PEZ12	6	0.67720	0.61776	5	0.44137	0.40783	8	0.81310	0.78740	5	0.67573	0.62655
PEZ3	8	0.81498	0.79338	9	0.65421	0.60517	11	0.79090	0.76750	4	0.58050	0.51788
PEZ6	9	0.79093	0.76367	8	0.76343	0.72635	9	0.84070	0.82050	6	0.64266	0.59652
PEZ8	8	0.58033	0.55227	10	0.76280	0.72550	8	0.84120	0.82100	4	0.65929	0.60031
FHC2079	7	0.63630	0.60830	4	0.44470	0.36812	7	0.75690	0.71660	5	0.65759	0.61745
平均值	6.8	0.66851	0.63365	6.9	0.58360	0.54311	7.2	0.74528	0.71043	4.4	0.61000	0.56092

基因座名称	拉布拉多犬			史宾格犬			杜伯文犬			总计		
	n	H	PIC	n	H	PIC	n	H	PIC	n	H	PIC
PEZ1	5	0.62193	0.58252	4	0.64844	0.57492	3	0.67982	0.62392	8	0.55043	0.52929
FHC2054	9	0.78072	0.74860	6	0.70408	0.65738	4	0.45502	0.40810	12	0.82532	0.80376
FHC2010	5	0.57467	0.53266	5	0.75433	0.71450	3	0.50892	0.45420	6	0.67289	0.61640
PEZ5	5	0.56805	0.49486	4	0.32031	0.29440	5	0.51234	0.47350	8	0.74169	0.70808
PEZ20	6	0.63843	0.57328	5	0.58594	0.51975	4	0.66141	0.59467	6	0.39894	0.36636
PEZ12	9	0.76736	0.73118	9	0.76563	0.73468	4	0.64934	0.60188	12	0.60984	0.57644
PEZ3	9	0.78168	0.74722	12	0.69531	0.66574	6	0.71088	0.67190	12	0.76600	0.73273
PEZ6	8	0.73121	0.68235	7	0.81250	0.78943	7	0.62248	0.57550	9	0.76692	0.73097
PEZ8	8	0.75310	0.71533	8	0.76563	0.72662	8	0.79290	0.76370	11	0.74948	0.71607
FHC2079	7	0.57438	0.53603	5	0.46094	0.39768	3	0.61635	0.54275	8	0.58913	0.54180
平均值	7.1	0.67915	0.63440	6.5	0.65131	0.60751	4.7	0.62095	0.57101	9.2	0.66706	0.63219

3.多态信息含量计算

多态信息含量（polymorphism information content，PIC）是指某一个体从其父亲（或母亲）处通过遗传所获得的同一个等位标记（markeralle）的可能性。它是衡量DNA多态性的指标。

一个基因座的等位基因数越多，各等位基因的频率越均匀，则PIC值越大。具体计算结果见表1–7。

1.2.3.2　利用微卫星基因座基因频率分布，计算7个警犬品种遗传距离，构建7个警犬品种系统发生树

DNA不仅是生物的重要遗传物质，也是生物进化史的忠实记录者。通过DNA序列或标记比较与分析来研究生物的进化历程、确定物种间的进化关系、了解群体间的遗传分化程度。将计算得到的7个警犬品种的遗传距离进行聚类分析（见表1–8）。

表1–8　7个犬品种间遗传距离（下三角）

	昆明犬	德国牧羊犬	马里努阿犬	罗威纳犬	杜伯文犬	拉布拉多犬	史宾格犬
昆明犬	—	—	—	—	—	—	—
德国牧羊犬	0.15601	—	—	—	—	—	—
马里努阿犬	0.20185	0.19624	—	—	—	—	—
罗威纳犬	0.28638	0.29074	0.26100	—	—	—	—
杜伯文犬	0.25331	0.21782	0.20747	0.34306	—	—	—
拉布拉多犬	0.29007	0.28497	0.16627	0.30669	0.22712	—	—
史宾格犬	0.26156	0.22633	0.16326	0.31211	0.24804	0.12532	—

以遗传距离为基础，通过PHYLIP：neighbour软件分析得到NJ系统发生树（见图1–29）。

图1-29　7个警犬品种的NJ系统发生树

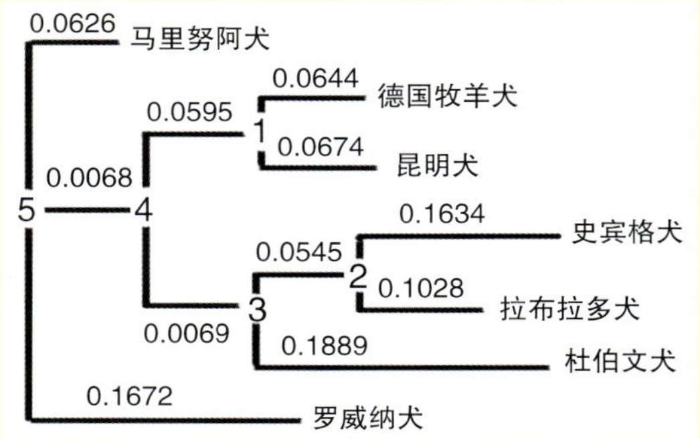

系统发生（phylogeny）是指生物形成或进化的历史，通过系统发生分析所推断出来的进化关系一般用分支图表（phylogeny tree，进化树）来描述，即系统发生树。这个进化树描述同一谱系（犬的各品种）的进化关系，本研究利用微卫星多态性，采用相邻连接（neighbor joining，NJ）的距离建树法建立系统发生树，得出7个警犬品种的系统发生关系。由分析结果可知，7个品种间，昆明犬与德国牧羊犬遗传关系最近，首先聚为一类。再结合昆明犬和德国牧羊犬的培育历史，昆明犬是20世纪80年代培育而成，而德国牧羊犬则有上百年的历史，因此，我们可以推测昆明犬在培育中可能含有德国牧羊犬的血统。其次，史宾格犬与拉布拉多犬根据遗传距离可分为一类，这两个品种都产自英国，也与区域选择相符。

1.2.3.3　利用种犬DNA数据预测公母犬配对后基因座杂合度，从而评估选配犬的配合力，实现DNA技术辅助选配

选择两只公母犬配对繁殖时，理论上是亲缘关系越远越好，实质是利用了基因互作效应。我们可以根据两只种犬的DNA数据计算并预测配对后代的基因座杂合度，充分利用基因互作效应，达到评估选配犬配合力的目的。

基因互作效应是生物体遗传特性之一，指两个不同的等位基因形成的二倍体表现的性状优于亲本，也就是我们常说的杂交优势。这是目前在良种保纯基础上提高警犬质量所采用的重要繁育手段，如系谱选配、异地种犬交换等使遗传距离尽量远的交配。微卫星DNA后代杂合度评估杂合效应是传统选配方法的良好补充。

1.2.4　我国地方犬遗传调查

1.2.4.1　藏獒的遗传调查

图1-30　铁包金藏獒

图1-31　白色藏獒

图1-32　黄色藏獒

藏獒原产于我国青藏高原，是世界著名、稀有大型犬，其性情刚毅，忠诚勇敢，力大凶猛，能牧马牛羊，能驱豺狼虎豹，善解主人之意，能越雪山高原，是牧民的忠实伙伴，有“东方神犬”之美誉，被我国民间称为“国犬”，是我国一个珍贵的犬种（见图1-30、图1-31和图1-32）。

自古以来，关于藏獒的说法很多，比如它是一个古老犬种，是多种大型犬的祖先，标准的原生态獒已经退化或消失等。然而，到目前为止，还没有人对藏獒进行过一次科学的、系统的论证和研究。

本项目组科研人员在国内首次利用分子生物学技术对藏獒遗传特性、藏獒与其他品种的遗传关系及藏獒的标准进行检测和分析。

1.实验材料和方法

（1）实验材料

实验用藏獒来自青海省和甘肃省的犬场。

（2）方法

科研人员检测了10个能进行遗传变异评估的多态性微卫星基因座，通过分析实验藏獒在10个微卫星基因座上的遗传信息，包括基因频率分布、多态信息含量（PIC）、杂合度（H）等，对藏獒遗传特性、藏獒与其他品种的遗传关系、藏獒的标准进行分析。

2.结果

藏獒的基因频率特征见图1–33，藏獒和5个犬品种的遗传信息见表1–9。

图1-33　藏獒基因频率分布图

	PD1	PD2	PD3	PD4	PD5	PD6	PD7	PD8	PD9	PD10
A	0.05479	0.02703		0.01429	0.16216			0.01282		
B	0.02740		0.04688	0.02857	0.14865	0.03750	0.02667	0.19231	0.03947	0.25000
C	0.13699	0.09459	0.54688	0.15714	0.16216	0.06250	0.06667	0.03846	0.11842	0.57353
D	0.21918	0.16216	0.28125	0.28571	0.10811	0.21250	0.29333	0.02564	0.19737	0.04412
E	0.26027	0.06757	0.12500	0.41429	0.10811	0.06250	0.20000	0.16667	0.14474	0.11765
F	0.16438	0.25676		0.10000	0.04054	0.21250	0.09333	0.29487	0.19737	0.01471
G	0.12329	0.31084			0.12162	0.03750	0.17333	0.15385	0.15789	
H	0.01370	0.05405			0.04054	0.08750	0.10667	0.03846	0.11842	
I		0.01351				0.06250	0.04000	0.07692	0.01316	
J						0.10000			0.01316	
K						0.12500				
Z		0.01351			0.09459					

表1-9　藏獒和5个犬品种的杂合度（H）、多态信息含量（PIC）和等位基因数（n）

基因座名称	遗传参数	藏獒	昆明犬	德国牧羊犬	马里努阿犬	拉布拉多犬	史宾格犬
PEZ1	H	0.81929	0.61542	0.32791	0.73568	0.71940	0.72384
	PIC	0.79485	0.57580	0.31837	0.68910	0.66682	0.68212
	n	8	6	8	6	5	6
FHC2054	H	0.79364	0.78701	0.71537	0.85636	0.79432	0.79851
	PIC	0.76554	0.75795	0.66477	0.83984	0.76516	0.77161
	n	9	9	11	9	7	9
FHC2010	H	0.60399	0.70115	0.57024	0.73165	0.73040	0.56111
	PIC	0.54313	0.65399	0.48500	0.68977	0.68362	0.48307
	n	4	4	5	6	5	5
PEZ5	H	0.71102	0.70151	0.28353	0.45261	0.49231	0.64794
	PIC	0.66434	0.65265	0.26853	0.41121	0.44621	0.58892
	n	6	5	6	5	4	5
PEZ20	H	0.87472	0.38663	0.47889	0.65700	0.62725	0.73367
	PIC	0.86148	0.35847	0.44315	0.59882	0.58161	0.69061
	n	9	4	4	4	5	6
PEZ12	H	0.86184	0.66572	0.37382	0.76447	0.79545	0.80854
	PIC	0.84728	0.6038	0.35256	0.72811	0.77125	0.78518
	n	10	6	5	7	9	9

续表1-9

基因座名称	遗传参数	藏獒	昆明犬	德国牧羊犬	马里努阿犬	拉布拉多犬	史宾格犬
PEZ3	H	0.81708	0.77243	0.62876	0.83150	0.84741	0.83987
	PIC	0.79376	0.74389	0.58614	0.81158	0.83075	0.82025
	n	8	8	9	11	11	10
PEZ6	H	0.81492	0.76865	0.75993	0.83347	0.81100	0.73356
	PIC	0.79096	0.73547	0.72169	0.81171	0.78400	0.69296
	n	9	8	8	8	8	8
PEZ8	H	0.84628	0.57396	0.75754	0.83946	0.80087	0.77602
	PIC	0.82714	0.54576	0.72016	0.81928	0.77107	0.74756
	n	9	8	10	7	7	9
FHC2079	H	0.59255	0.57302	0.41214	0.78735	0.60543	0.71597
	PIC	0.53885	0.55008	0.34658	0.75435	0.56789	0.66635
	n	5	7	6	7	6	7
平均值	H	0.77353	0.65455	0.53081	0.74896	0.72238	0.73390
	PIC	0.74273	0.61779	0.49070	0.71538	0.68684	0.69286
	n	7.7	6.5	7.2	7.0	6.7	7.4

藏獒的遗传变异参数和其他品种的比较是在基因频率分布调查的基础上，根据第8页的公式计算出杂合度和多态信息含量，并统计了观察到的等位基因数量。藏獒与其他品种的遗传关系是在基因频率分布的基础上，利用通用的生物聚类软件（PHILIPY软件包）采用最大邻近法（NJ法）计算而来（见图1-34）。

图1-34　6个犬品种的遗传结构

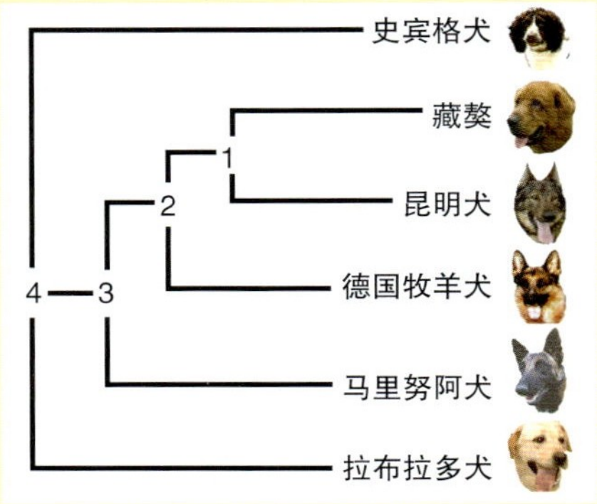

3.讨论与分析

（1）藏獒的遗传特征

藏獒基因频率分布广，多态信息含量高，等位基因数多，各项遗传指标的值都较高，这表明藏獒是一个遗传资源非常丰富品种。

藏獒遗传多样性丰富，结合其表型多样性，另外，藏獒具有其他一些品种较古老的基因，同时其拥有的许多基因却是其他品种所没有的，这说明藏獒是一个古老的品种，同时也能推测藏獒遗传了部分血统到其他品种。

（2）藏獒与其他品种的遗传关系

软件统计结果表明，与藏獒亲缘关系最近的品种是昆明犬，其次是德国牧羊犬，再次是马里努阿犬，最后是拉布拉多犬和史宾格犬。可见，与藏獒遗传距离近的都是凶猛的大型犬。另外，由于昆明犬和藏獒同属国内品种，因此，昆明犬较国外品种更接近藏獒。

（3）藏獒需要一个科学标准进行纯化

藏獒是一个古老的品种，也是遗传多样性较丰富的品种，因此更需要建立一个标准对其进行纯化和优化。这一标准除了需要一个表型性状的标准，更需要一个基因水平的标准，这样才能使这个品种重新焕发出勃勃生机。

本研究的基因频率分布特征图，在一定程度上能作为藏獒DNA标准的参考，但需要至少200只无遗传相关样本的检测，才能使这个标准更具科学性和权威性。

1.2.4.2 川东猎犬的遗传调查

图1-35 川东猎犬

川东猎犬又称重庆犬（见图1-35），起源于中国重庆。多年来，在重庆地区历次考古中，大量形似该犬的陶俑和图形被发现。由此可以推断，该犬种存在至少有2000年历史。但是，由于社会和环境的变化，川东猎犬的数目不断减少，成为濒临灭绝的犬种，急需进行调查、保护和开发利用研究。

本项目组采用自主研发的多重PCR扩增体系和5色荧光自动化检测技术调查了川东猎犬16个分布于不同染色体的STR基因座的多态性。

1.材料和方法

（1）材料

①样本

科研人员在重庆市附近采集了13只川东猎犬的血样，具体信息见表1-10。

表1-10 13只川东猎犬的名称、出生日期、性别等信息

序号	犬名	出生日期	性别
1	金刚	2009.3	公
2	千方	2008.12	公
3	小虎	2009.8	公
4	金龙	2008.5	公

续表1-10

序号	犬名	出生日期	性别
5	乌龙	2007.5	公
6	青龙	2008.8	公
7	玉龙	2007.7	母
8	波比	2007.1	母
9	布齐	2007.6	公
10	虎妞	2009.1	母
11	牛儿	2006.2	公
12	乾龙	2007.3	公
13	塔鲁	2006.12	公

②试剂和仪器

相关试剂和仪器包括自主研发的犬5色荧光DNA检测试剂盒，去离子甲酰胺，POP4胶，PTC100型扩增仪（MJ，美国），3100型遗传分析仪（ABI，美国），BSD600-Duet自动打孔仪（BSD，澳大利亚）。

③引物设计和组合

复合扩增体系包括分布在不同染色体上的16个多态性丰富的微卫星基因座，其核心序列大部分为4个碱基重复，PEZ3为3个碱基重复，VWFX为6个碱基重复，个别基因座存在混合型的碱基重复（如FH2132）。

（2）方法

①样本准备

采集外周静脉血，滴在滤纸片上扩散到硬币大小，再采用BSD-Duet自动打孔仪（孔径1.2 mm）打孔1片入96孔板，直接用于快速PCR扩增。同时，再采用硅珠法提取基因组DNA，进行比较研究。

②PCR反应

PCR扩增体系组成为：Reaction Mix A 10 μl、Reaction Mix B 1.5 μl、Primers 5 μl、热启动C-*Taq*酶1 μl（5 U/μl）、提取的DNA 3 μl（0.5 ng 9947A 1 μl）或1.2 mm孔径血滤纸一片、补足超纯水至25 μl（10 μl体系各组分按比例减少）。

PCR扩增条件为：初始变性温度95℃，11 min，热循环两个阶段。第一个阶段循环10次，94℃，1 min；62℃，1 min；72℃，1 min。第二个阶段循环20次，90℃，1 min；60℃，1 min；72℃，1 min。最后终延伸60℃，60 min，4℃保温。

③基因型判定方法

取1 μl PCR产物与10 μl去离子甲酰胺和AGCU Marker-500混合物混匀，使用ABI Prism®

3130型遗传分析仪（36 cm毛细管、POP7胶）进行电泳分析，用GeneMapper v3.2.1软件进行分析和判型。

④主要数据统计分析所采用的公式和方法

杂合度（H）、多态信息含量（PIC）、个体识别力和父权指数（P）等参数的统计根据相关文献资料所提供的公式和方法进行。

2.结果和讨论

（1）STR基因座多态性

①等位基因频率

通过对13个样本的检测，16个STR基因座共发现145个等位基因，平均每个基因座9个，最多的等位基因数达20个（FH2132），最少的只有4个（VWFX），计算得到16个STR等位基因频率分布。

②多态性信息含量

根据16个STR基因座的等位基因频率分布，计算各基因座的杂合度（H）、多态信息含量（PIC）、个体识别力（DP）和非父排除率（PE）（见表1-11）。

表1-11　13只川东猎犬16个STR基因座的杂合度（H）、多态信息含量（PIC）和父权指数（PE）和等位基因数量（n）

基因座名称	H	PIC	PE	n
PEZ1	0.43705	0.41669	0.23821	4
PEZ2	0.56574	0.53337	0.31543	6
FH2010	0.68032	0.63280	0.36982	3
PEZ5	0.57615	0.53628	0.32830	4
PEZ12	0.56508	0.53980	0.33449	8
PEZ21	0.69490	0.63906	0.37143	3
PEZ3	0.76153	0.73875	0.51929	10
PEZ6	0.78279	0.75487	0.52336	8
PEZ8	0.74338	0.71612	0.48688	8
FH2054	0.80369	0.77659	0.54188	9
VWFX	0.31521	0.29218	0.16178	4
FH2611	0.80057	0.77977	0.56454	12
FH2132	0.81997	0.80602	0.61812	11
PEZ20	0.57191	0.54466	0.33330	6
PEZ15	0.69326	0.65122	0.40049	3
FH2079	0.42088	0.39212	0.21261	3
平均值	0.63953	0.60939	0.39500	6.375
非父排除概率	0.99952			

13只川东猎犬16个基因座位平均多态信息含量达到0.60939；而平均杂合度达到0.63953，与进口犬种相比，基因多态性明显高出很多。在少量个体参与统计的情况下，其得到的非父排除概率达到0.99952也是比较高的。

（2）讨论

公安部南昌警犬基地在2010年2～12月期间，深入全国各地的偏远山区进行了20多个中国主要地方犬种的原产地调查和血样采集，发现除少数几个品种（如藏獒、昆明犬等）被关注外，大部分品种的存犬数量逐年减少，甚至濒临绝迹，如2010年7月份，科研人员在广西西林县调查西林矮脚犬时，历时一个星期，全县境内只找到了3只，川东猎犬也是经过十几天的搜寻，调查和采样了13只较为标准的个体。

川东猎犬主要分布于重庆市及周边地区，俗称“邻水狗”，主要用于斗犬、狩猎、玩赏和看家护院。《中国养犬》1994年第2期曾介绍过川东猎犬。

该犬种体重10～30 kg，体高40～45 cm，体长与体高比例约1：1，属中型犬。头部形状独特，头大、额方、嘴宽，上唇下垂约1 cm，正面看，头脸呈倒梯形，五官紧聚，面部多皱，额皱呈“川”字或复“川”字。耳薄直立，其廓呈三角形。上眼睑肥厚附眉痣，眼眶突出。鼻头乌黑光亮。嘴形呈竹筒状，唇黑。牙齿洁白锋利，有剪式咬合和下颚前出式咬合。舌头有点状或斑状黑纹。

本研究调查了13只川东猎犬16个STR基因座的多态性，在调查样本少的情况下，发现基因多态性丰富，杂合度高，尤其是PEZ3、FH2611和FH2132等3个基因座发现了10个以上的等位基因。由此可推测，该犬种遗传背景复杂，部分个体可能存在串种情况。因此，为开发和利用川东猎犬的基因资源，迫切需要严格血统管理，有计划地、科学地进行扩群和选育。

1.2.5 中西方犬种比较分析

犬是人类的好朋友，人类驯犬、养犬、使用犬的历史十分悠久。犬的种类十分繁多，世界各地不乏名犬，仅世界养犬联合会和美国养犬俱乐部公布的世界名犬名录就达500多个犬品种。每个注册品种都有详细的品种标准，各品种通过犬展（赛）等形式促进发展，同时，依托各国犬类协会进行科学管理，可谓资源丰富，管理有序。但是，在这些注册品种中，原产中国的只有北京犬、沙皮犬、冠毛犬等十余个品种。这些品种主要集中在宠物犬和非运动型犬中，作为工作用的犬种只有1个。这主要与我国在地方犬种开发利用研究远远落后于西方国家有关。各国（地区）注册犬品种的数量和分类见表1–12。

表1-12　各国（地区）注册犬品种的数量和分类

产地	运动犬	猎犬	工作犬	梗犬	玩赏犬	非运动犬	牧畜犬	合计
中国	—	—	1	—	4	5	—	10
英国	9	6	3	19	4	1	7	49
德国	3	1	7	1	3	1	1	17
法国	3	2	1	—	2	2	3	13
美国	2	2	1	1	1	2	—	9
比利时	1	—	—	—	2	1	3	7
爱尔兰	2	1	—	4	—	—	—	7
匈牙利	1	—	—	2	—	—	1	4
澳大利亚	—	—	—	1	1	—	2	4
苏格兰	2	1	—	—	—	—	—	3
英格兰	1	1	—	1	—	—	—	3
意大利	1	—	1	—	1	—	—	3
瑞士	—	—	3	—	—	—	—	3
日本	—	—	1	1	1	—	—	3
加拿大	1	—	—	1	—	—	—	2
埃及	—	2	—	—	—	—	—	2
挪威	—	1	—	—	—	—	1	2
俄罗斯	—	1	1	—	—	—	—	2
纽芬兰	1	—	—	—	—	—	—	1
威尔士	1	—	—	—	—	—	—	1
阿富汗	—	1	—	—	—	—	—	1
南非	—	1	—	—	—	—	—	1
瑞典	—	—	—	—	—	—	1	1
西班牙	—	1	—	—	—	—	—	1
土耳其	—	—	1	—	—	—	—	1
葡萄牙	—	—	1	—	—	—	—	1
伊朗	—	—	1	—	—	—	—	1
西伯利亚	—	—	1	—	—	—	—	1
古巴	—	—	—	—	1	—	—	1
墨西哥	—	—	—	—	1	—	—	1
马耳他	—	—	—	—	1	—	—	1

续表1-12

产地	运动犬	猎犬	工作犬	梗犬	玩赏犬	非运动犬	牧畜犬	合计
前南斯拉夫	—	—	—	—	—	1	—	1
芬兰	—	—	—	—	—	1	—	1
荷兰	—	—	—	—	—	1	—	1
地中海地区	—	—	—	—	—	1	—	1
波兰	—	—	—	—	—	—	1	1
以色列	—	—	—	—	—	—	1	1
合计	28	21	23	31	22	16	21	162

1.3 犬DNA实验室检验规范

1.3.1 犬DNA实验室检验规范建立的必要性

警犬作为一种特殊的装备，广泛应用于刑事侦查、治安防范、缉查毒品、反恐制暴、安全检查等公安工作中，在打击预防犯罪、维护社会治安中发挥着不可替代的作用。为了保持优良警犬的优秀遗传品质、培育更符合实战需要的优良警用犬品种，为各级公安机关提供量足质优的受训犬，除应用各种传统的育种技术外，应用DNA遗传标记技术进行优良警用犬的血统管理、辅助育种以提高警犬的警用品质是一个具有挑战性的课题。与此同时，随着改革开放的不断深入，人民生活水平的日益提高，我国养犬业迅速发展壮大，城乡饲养宠物犬的数量快速增加，随之而来出现的各种社会问题日益凸显，各种名犬被盗、犬伤人、假冒优良血统的犬以次充好骗取钱财等民事和刑事案件时有发生。由于犬的特殊性，这些案件的侦查取证存在很大困难，而利用犬DNA检测技术可以为侦破相关案件提供重要的技术支撑。此外，开展犬DNA注册业务，加强养犬业管理，能为我国养犬业与国际接轨创造技术条件。但是，由于我国开展犬的DNA检测研究及相关工作起步比较晚，用于警犬良种培育的DNA遗传标记技术尚在研究探索中，应用于法庭证据的犬DNA检测研究也开展得不多。在具体的操作中，由于没有统一的规范和标准，犬的DNA检测随意性大，检测结果可能出现明显的差异。这将影响应用DNA遗传标记技术开展工作犬良种繁育的效果，进而影响公安、司法鉴定的严肃性、权威性。因此，相关标准及规范亟待建立。制定《法庭科学犬DNA检测实验室规范》是有效利用DNA遗传标记技术开展犬的良种保纯和高效繁育的需要；也是加强我国养犬业管理，提高养犬业科技含量，为促进我国养犬业与国际接轨创造技术条件；也是保证犬DNA检测结果在涉犬相关案件中准确有效的迫切要求；建立此项标准具有重要的理论和实践意义。警犬DNA实验室俯视图见图1–36。

图1–36　警犬DNA实验室俯视图

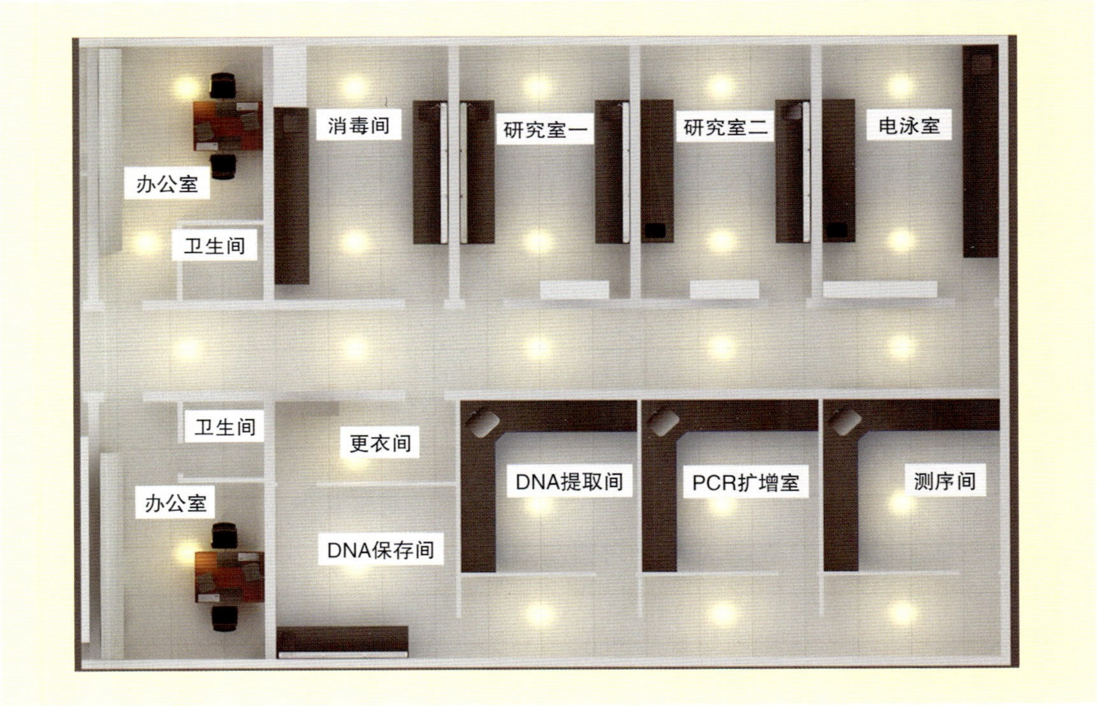

1.3.1.1　开展优良警用犬良种保纯和培育的需要

1998年，公安部对我国警犬技术工作管理体制进行了调整，全国警犬技术工作出现了良好的发展态势，为各级公安机关提供量足质优的作业受训犬。公安部先后从国外引进了7个品种409只优良种用犬。2000年，体制调整后，警犬技术工作者首次赴德国考察时注意到，德国及欧洲其他一些国家对所有优良种犬都进行了DNA检测，并建立了DNA数据库，利用犬DNA数据库为优良工作犬的良种保纯和培育提供技术支撑。专家团回国后，及时将国外先进技术和方法应用到我国警犬繁育工作中，严格把好种犬血统关，防止品种退化，保护优秀种群，科学、准确地制定选种选配计划，旨在提高受训犬质量，繁育出更多高质量的警用犬。随后，公安部南昌警犬基地分别向公安部科技局、刑侦局和装财局提交了专题报告，建议在我国开展“利用DNA技术开展优良警用犬保纯和培育”的研究。最终，多项部级科研项目立项，财政资金给予了大力支持。自2001年以来，公安部南昌警犬基地建立了我国首个犬DNA检测实验室，先后承担并完成了公安部重点课题《DNA技术在警犬良种纯种与繁育中应用研究》《全国警用种犬DNA数据库管理系统软件开发与应用研究》《AFLP检测技术在警犬繁育中的应用研究》的研究工作；完成了公安部计算机软件开发项目《工作犬DNA综合信息WEB网络管理系统》的研究；完成了《犬17A STR 荧光检测试剂盒的研制》，并获得了国家发明专利。基于以上所取得的成绩，公安部南昌警犬基地于2005年被公安部评为全国警用种犬和优秀工作犬DNA检测单位。

目前，国内使用的工作犬种有德国牧羊犬、昆明犬、马里努阿犬、罗威纳犬、拉布拉多犬、杜伯文犬、史宾格犬和荷兰牧羊犬等品种。这些犬种大多来自欧洲国家，而我国各级公安机关现有工作犬中近90%为国外进口品种，本土工作犬品种只有昆明犬，因此，进一步开发本土工作犬品种十分必要。为了完成好公安部警犬技术主管部门下达的工作任务，有效保护利用国外引进的优良犬种资源，积极开展我国地方犬种遗传资源调查和开发利用研究，标准化的DNA实验室规范和相关技术标准需要尽快建立。

1.3.1.2 利用犬DNA检测技术为相关刑事、民事案件侦破提供技术支撑的需要

公安部南昌警犬基地建立犬DNA检测实验室以来，由于相继开展并完成了多项部级以上相关科研项目，并取得了一批科研成果，在实际工作中，这些成果得到推广应用。实验室先后收到多起涉犬案件的生物检材，要求进行犬DNA检测，协助侦破案件。这些案件包括名犬被盗案、犬伤人致死案、假冒优良血统的犬以次充好骗取钱财案、名犬丢失寻认而发生纠纷等案件。犬DNA检测技术为侦破上述案件提供了良好的技术支持。2001年，湖北省公安厅法医DNA实验室接到了一起可疑用犬强奸人的案件，要求进行DNA检测，经鉴定，结果证实了公安民警先前的推断，犬DNA检测结果为该案件的侦破提供了重要技术支持。然而，这些检测并没有统一的规范和标准，所选用的试剂、DNA基因座位点都不一致，影响鉴定检测结果的准确性、可靠性和权威性。因此，建立统一的犬DNA实验室检验规范十分必要。

1.3.1.3 开展对民间优良犬种DNA检测工作的需要

我国民间犬业的迅猛发展，不仅满足了民间各种需求，而且也为公安系统、军队系统及其他机构选用工作犬提供了新的途径。为使民间犬业有序发展，政府有关部门给予了足够重视，各种管理机构及民间犬类社团组织相继成立。目前，全国性的犬业组织主要有中国工作犬管理协会、中国德国牧羊犬协会、中国养犬联盟、中国畜牧兽医学会养犬学分会、中国畜牧业协会犬业分会和藏獒俱乐部等。为了加强犬业管理，保证优良犬种的血统纯正，繁育更加优良的犬种，这些机构也陆续开展犬的DNA检测，并建立犬DNA数据库。由于国内开展犬DNA检测工作较晚，这些机构以前都将样品送往美国、澳大利亚等国家进行检测，不仅往返时间长、报送结果效率低，而且价格昂贵。目前，这些机构已将样品转送到公安部南昌警犬基地犬DNA检测实验室进行检测。为了规范和推广犬DNA检测技术，必须建立统一的犬DNA检测技术标准。

1.3.1.4 加强我国养犬业管理，提高养犬业科技含量，为促进我国养犬业与国际接轨创造技术条件

美国养犬俱乐部、德国牧羊犬协会、世界养犬联盟和英国养犬俱乐部等国际知名的犬业机构，将DNA注册广泛地应用于犬籍管理。以美国养犬俱乐部为例，其DNA注册分自愿和强制两种，以解决犬注册时血统不清的问题。犬DNA证书包含该犬的注册信息、基因分型数据和唯一的DNA档案号。该俱乐部对频繁使用的种公犬、新鲜和冷冻精液、进口种犬、注册时血统来源不明的犬等采用强制DNA检测。美国养犬俱乐部建立了世界上最大的犬DNA数据库，并在全球范围内开展犬遗传检测服务。目前，国内的一些犬业组织为了与国际接轨，也在逐渐展开这项工作，它们主要是将采集的犬DNA样品送国外检测。公安部南昌警犬基地警犬DNA实验室已建立了犬DNA快速检测技术平台和我国首个犬全品种DNA数据库，具备了为社会提供犬DNA注册服务的能力。为了进一步向社会推广应用犬DNA检测技术，提高我国养犬业技术水平，促进我国养犬业与国际接轨，我国统一的犬DNA检测技术规范也亟待建立。

1.3.2 法庭科学犬DNA实验室检验规范

1.3.2.1 范围

本标准规定了法庭科学犬DNA实验室检验应遵守的基本要求。

本标准适用于所有从事法庭科学犬DNA检验的实验室。

1.3.2.2 规范性引用文件

下列文件对于本文件的应用是必不可少的。凡是注日期的引用文件，仅注日期的版本适用于本文件。凡是不注日期的引用文件，其最新版本（包括所有的修改单）适用于本文件。

GB 2312－1980 信息交换用汉字编码字符集、基本集

GB 18030－2005 信息技术、信息交换用汉字编码字符集、基本集的扩充

GB/T 27025－2008 检测和校准实验室能力的通用要求

GA 470–2004 法庭科学DNA数据库现场生物样本和被采样人信息项及其数据结构

GA/T 382–2014 法庭科学DNA实验室建设规范

GA/T 383–2014 法庭科学DNA实验室检验规范

SZDB/Z 92–2014 生物基因信息数据库建设与管理规范

1.3.2.3 内容

1.术语和定义

下列术语和定义适用于本文件。

（1）犬DNA检验（canine DNA testing）

运用DNA技术对犬生物检材进行的鉴定。

（2）犬DNA检验试剂盒（canine DNA test kit）

为检验人员提供的专用于犬DNA相关检验的试剂盒。

（3）短串联重复序列（short tandem repeat，STR）

又叫微卫星DNA，由2～6个碱基构成核心序列串联重复排列而成的遗传标记。

（4）单核苷酸多态性（single nucleotide polymorphism，SNP）

在基因组上单个核苷酸的变异而形成的遗传标记。

（5）犬DNA 数据库（canine DNA database）

集合了犬DNA信息、犬基本档案信息、繁育信息、疾病信息和犬主信息等综合信息的资料库。

（6）犬DNA 数据库管理系统（canine DNA database management system）

用于管理工作犬DNA数据库的计算机软件，包括查询、录入和运算犬DNA数据库中的信息和参数。

2.人员

（1）岗位设置

法庭科学犬DNA检测实验室应设置技术主管、检验员、技术员等三种职责岗位。

（2）人员要求

①技术主管

应具备学士以上学位或具有中级以上专业技术职业资格，专业为生物学、动物学、遗传学、法医学以及相关学科，具有五年以上犬DNA检测经验，有解决各种疑难问题的能力。

②检验员

应具备生物学、动物学、遗传学、法医学和医学检验等专业大专以上学历或初级以上专业技术资格，具有三年以上犬DNA检验实验室工作经历。

③技术员

应具备大专以上学历，具有一年以上犬DNA检测经历，具有配制日常使用试剂和准备实验所需用品的能力。

（3）岗位职责

①技术主管

管理法庭科学犬DNA实验室的技术操作，解决检验中出现的各种技术问题；组织对疑难检材的检验、复核和综合分析；负责对检验员和技术员的技术培训和考核；负责对新开展犬DNA检验项目的评审；负责规划与技术有关的资源（包括人员、仪器设备、试剂、耗材等）的配置和更新；对出具的犬DNA检验结果和鉴定文书行使最终把关职能。

②检验员

主要负责犬DNA检测、检测结果的计算与分析、出具鉴定文书，协助技术主管完成实验室其他技术工作。

③技术员

负责法庭科学犬DNA实验室相关检材和配套耗材的登记、保管、领取，协助检验员进行犬DNA检测，配制日常用试剂和准备实验所需用品。

（4）人员培训、考核和技术档案

应按照GB/T 27025－2008、GA/T 382－2014的规定。

3.环境

见GA/T 382－2014。

4.方法

见GA/T 383－2014。

5.仪器和试剂

见GA/T 383－2014。

6.样本

见GA/T 382－2014。

7.基因座的确认

（1）基因座描述

①DNA分型中的基因座包括短串联重复序列（STR）的基因座、单核苷酸多态性(SNP)的基因座、性状相关的基因座，这些基因座应具有遗传性稳定，易于检测的特点。

②基因座在染色体中应有确切的物理位置。对于用PCR扩增检测的基因座应有引物序列的描述，对于用高通量测序检测的SNP基因座应有探针序列的描述。

③等位基因命名应按重复次数、碱基序列、分子量、因果基因编号以数字命名。

（2）犬DNA数据库选用的STR基因座名称

详见**表1–13**。

表1–13　犬DNA数据库选用的STR基因座

序　号	名　称
1	PEZ1
2	PEZ2
3	PEZ3
4	PEZ5
5	PEZ6
6	PEZ8
7	PEZ12
8	PEZ15
9	PEZ20
10	PEZ21
11	FH2010
12	FH2054
13	FH2132
14	FH2179

续表1–13

序　号	名　称
15	FH2611
16	VWFX
17	备用1
18	备用2
19	备用3
20	备用4
21	备用5

（3）STR基因座的DNA数据信息项名称及格式详见表1–14。

表1–14　基因座的DNA数据信息项名称及格式

序 号	名 称	类 型	长 度	小数位数
1	PEZ1	字符	4	1
2	PEZ2	字符	4	1
3	PEZ3	字符	3	1
4	PEZ5	字符	4	1
5	PEZ6	字符	4	1
6	PEZ8	字符	4	1
7	PEZ12	字符	4	1
8	PEZ15	字符	4	1
9	PEZ20	字符	4	1
10	PEZ21	字符	4	1

续表1-14

序号	名称	类型	长度	小数位数
11	FH2010	字符	4	1
12	FH2054	字符	4	1
13	FH213 2	字符	4	1
14	FH2179	字符	4	1
15	FH2611	字符	4	1
16	VWFX	字符	4	1
17	备用	备用	备用	备用
18	—	—	—	—
19	—	—	—	—
20	—	—	—	—
21	—	—	—	—
22	—	—	—	—
23	—	—	—	—
24	—	—	—	—
25	—	—	—	—
26	—	—	—	—
27	—	—	—	—
28	—	—	—	—

8.PCR及相关检验方法

见GA/T 383－2014。

9.分析程序要求

（1）样本登记

样本登记要求信息准确、完整，符合工作犬DNA数据库管理系统入库要求，主要包括送检犬和该犬父母的品种（breed）、犬名（name）、性别（gender）、芯片号（chip number）、出生日期（birth date）、犬主人（owner）、照片号（photo number）等信息。

（2）样本初检

样本初检以确定是否具备DNA检验的基本条件。不符合检验条件相关样本经技术主管同意后方可退回。样本在进入实验室后必须严格管理，要贴上标签，填写样本处理表，转移样本或加样时要签名并经他人核对。

（3）DNA提取

应根据所设计的检验方案确定DNA提取的方法，并严格防止样本相互污染。应选用不同方法（电泳、紫外吸收、荧光、杂交等）对DNA的纯度、含量进行评估。详见GA/T 383－2014中的规定。

（4）PCR分析

①扩增反应体系及循环参数，以各试剂盒的说明书为准。

②严格设置阳性和阴性对照。

③如需要可设置现场检材附近区域的空白对照。

（5）PCR反应产物的检测

使用全自动荧光分析仪进行检测。器材、试剂、检测方法和数据分析以各试剂盒和各型号仪器的说明书为准。

（6）入库

应符合工作犬DNA数据库管理系统的入库要求，分析数据准确、综合信息完整，由系统自动生成唯一二维码标识。可详见SZDB/Z 92–2014中的相关规定。

10.文件控制

按照GB/T 27025－2008。

11.记录控制

按照GB/T 27025－2008。

12.实验室安全

（1）安全管理

应制定完备的安全管理制度，包括下列内容：安全和健康规定；书面的工作程序包括安全工作行为；常规检查；危险材料和物质；健康监护；急救服务及设备；事故及病情调查；记录及统计；确保落实审核中提出需要采取的全部措施的计划。

（2）安全检查

实验室管理层有责任确保安全检查的执行。每年应对工作场所至少检查一次，以保证：用于危险物质漏出控制的程序和物品状态，包括紧急淋浴；对可燃易燃性、可传染性、放射性和有毒物质的存放进行适当的防护和控制；去污染和废弃物处理程序的状态；实验室设施、设备、人员的状态。

（3）安全手册

要求所有工作人员阅读的安全手册应在工作区随时可用。手册应针对实验室的需要，主要包括但不限于以下几方面：生物危险；消防；电气安全；化学品安全；辐射；危险废弃物处理和处置；危险标识。

（4）安全行为

①洗手：实验室工作人员在实际或可能接触了血液、体液、有害试剂或其他污染材料后，即使戴有手套也应立即洗手。

②气溶胶：实验室工作行为的设计和执行应能减少人员接触化学或生物源性有害气溶胶。有害气溶胶不得直接排放。

③生物安全柜：对于挥发性有害试剂应在生物安全柜中操作，在实验室员工接触可能有危害等级的生物因子的场所，禁止将空气再循环。

2

犬STR检测原理及17A试剂盒的研制

DNA双螺旋结构的发现，基因体外扩增技术的建立，奠定了分子生物学的基础。犬的遗传和变异使每一个体的遗传信息与它的亲代和子代具有相似性，但每一个体又具备自身的遗传特征性。在遗传学中，单位遗传特征性状是指可检测的，由遗传决定的，并能够按照孟德尔遗传规律从亲代传给子代的形态学、生理学及分子生物学特征，这些单位遗传特征性状即为遗传标记（genetic marker，GM）。自从20世纪80年代DNA分析技术面世后，DNA遗传标记已成为科学家分析人类、动物、植物、微生物等种属关联、基因定位、构建基因图谱、个体识别与亲缘鉴定等的有效工具。与蛋白质多态性标记一样，形成DNA多态性的原因是基因组特定的座位上出现了等位基因，它们之间或是碱基序列的差异，或是DNA片段长度的差异。

随着DNA遗传标记研究的日渐深入，DNA分型方法日趋成熟和简化，PCR-STR分型和DNA测序已经实现仪器自动分析，检测的灵敏度逐步达到微量、超微量水平，并且很多领域已经开发出了商业化试剂盒。本章阐述的就是利用第二代遗传标记短串联重复序列（short tandem repeats，STR）建立犬DNA的检测方法，并详述DNA检测试剂盒的研制过程和应用范围。

2.1 STR遗传标记及检测原理

2.1.1 DNA多态性的分子基础

脱氧核糖核酸（deoxyribonucleic acid，DNA）是由许多脱氧核苷酸以3'，5'-磷酸二酯键连接成线性多聚核苷酸的生物大分子化合物，分子质量至少在几千道尔顿。DNA是生命的最基本物质之一，广泛存在于所有动植物细胞、微生物体内。DNA分子的功能是贮存决定物种性状的几乎所有蛋白质和RNA分子的全部遗传信息；编码和设计生物有机体在一定的时空中有序地转录基因和表达蛋白质，并完成定向发育的所有程序；初步确定了生物独有的性状和个性以及和环境相互作用时所有的应激反应。

2.1.1.1 DNA的分子结构

1.DNA的基本结构单元

DNA 的基本结构单元是脱氧核苷酸，由碱基、脱氧核糖和磷酸构成。

碱基分嘌呤碱和嘧啶碱两种，DNA分子中的嘌呤（purine）主要有腺嘌呤（adenine，A）和鸟嘌呤（guanine，G）；嘧啶（pyrimidine）主要有胞嘧啶（cytosine，C）和胸腺嘧啶（thymin，T）。对各种生物DNA的碱基组成定量分析证明，嘌呤总含量和嘧啶总含量相等，即A+G=C+T。

DNA分子中的戊糖是D-脱氧核糖。碱基与D-脱氧核糖缩合形成脱氧核苷。嘌呤类核苷由嘌呤碱N9原子与核糖的C1原子之间形成的糖苷键连接构成；嘧啶类核苷由嘧啶碱N1原子与核糖C1原子间的糖苷键连接构成。

脱氧核苷的戊糖C5原子与磷酸形成酯键，即成为脱氧核苷酸。所有核苷的戊糖C5位置都可以连接一个以上的磷酸，从戊糖开始第1、2、3个磷酸残基依次被称为α、β和γ（图2-1），磷酸之间的键均是高能键。脱氧核苷三磷酸可缩写为dNTP，N代表A、T、C和G的总称，它是DNA合成的前体。脱氧核苷二磷酸为dNDP，戊糖仅连接一个磷酸则为dNMP。

图2-1　DNA分子的基本结构

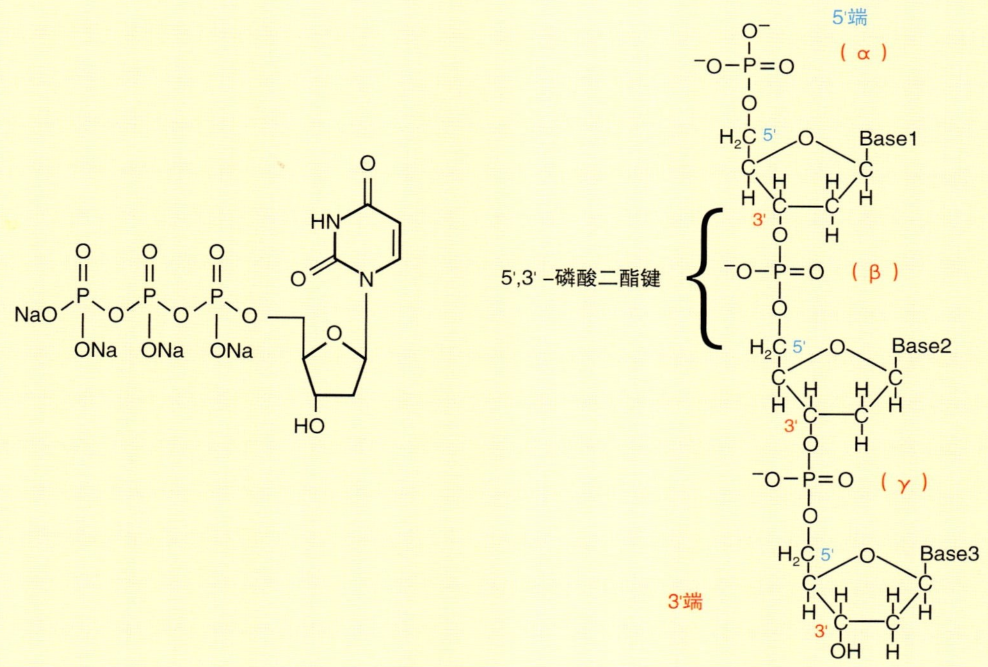

2.DNA的分子结构

DNA的分子结构共有三级，一级结构是指DNA分子中核苷酸的排列顺序，二级结构指两条DNA单链形成的双股螺旋结构，三级结构则指双链DNA进一步扭曲盘旋形成的超级螺旋结构。

DNA分子中脱氧核苷酸的排列顺序称为DNA一级结构。因为不同脱氧核苷酸中的戊糖和磷酸是相同的，可直接用碱基顺序表示DNA的脱氧核苷酸序列。规范的表达方式是从左至右，由5'端开始，按顺序逐一记录碱基至3'末端止。DNA分子的一级结构是遗传信息的载体，生物的遗传信息以脱氧核苷酸的不同排列顺序贮存在DNA分子中。如果脱氧核苷酸的排列顺序发生改变，它的生物学含义也就改变。生物多样性即通过4种DNA碱基无数的排列组合实现。

1953年，英国剑桥大学的Watson和Crick提出了DNA双螺旋结构模型，首次揭示了DNA的二级结构（图2-2）。DNA双螺旋模型具有以下特点：a.DNA分子由两条反向平行的多核苷酸长链组成，围绕同一中心轴相互盘旋形成右手双螺旋。b.双螺旋的直径是2 nm，螺距为3.4 nm，上下相邻碱基的垂直距离为0.34 nm，交角为36°，每个螺旋有10个碱基对。c.两条链反向平行，即两条链的5'和3'的方向相反。d.糖-磷酸链是在双螺旋的外侧，两条链上的碱基通过氢键形成碱基对，使两条链连在一起，碱基对的平面与轴线垂直。e.糖与连接的碱基近于垂直。f.碱基配对时，必须一个是嘌呤，另一个是嘧啶。g.DNA双螺旋有大沟和小沟的存在。

图2-2　DNA碱基配对（a）及双螺旋结构（b）

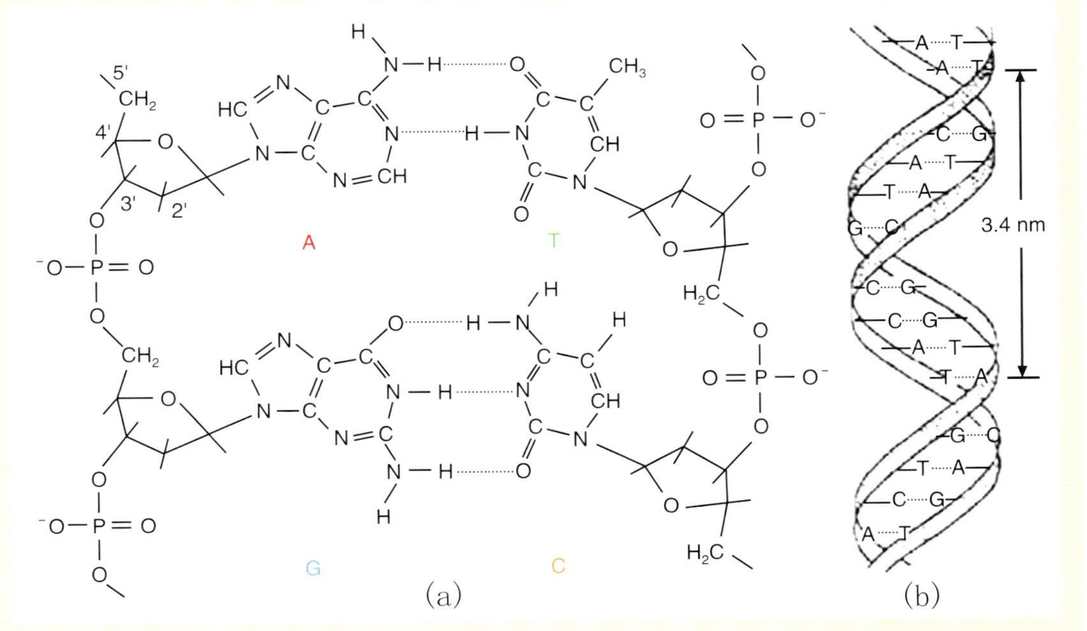

DNA分子的碱基配对原则具有重要的生物学意义，是DNA复制、转录等重要生理功能的分子学基础：a.细胞分裂伴随的DNA复制是半保留复制（semiconservation replication）方式，以亲代每条DNA单链为模板，按照碱基配对原则，合成一条新的DNA单链。新合成的DNA双链分子中，一条是原有的亲代链，一条是新合成的子代DNA单链。b.DNA一级结构提供了贮存和传递信息的编码，也是构成DNA遗传标记的结构基础。c.DNA的一条链为RNA合成提供模板，DNA分子的转录是蛋白质合成的第一步。DNA的碱基排列顺序决定了蛋白质的一级结构，即蛋白质分子中氨基酸的种类、数量和排列顺序。

DNA双螺旋进一步盘曲，形成更加复杂的超螺旋结构，即DNA的三级结构。真核生物DNA三级结构的特征性形式是核小体（nucleosome）。核小体由4种组蛋白（H2A，H2B，H3和H4）各两分子组成八聚体，长约140 bp的DNA双链在组蛋白八聚体上缠绕1.75圈。在相邻核小体间有60 bp的连接链，连接链结合有组蛋白H1。因此，核小体结构总共由5种组蛋白及200 bp长的DNA双链组成。串珠样DNA线性分子通过扭曲盘旋，可形成更复杂的、多层次的超螺旋大环状结构，进而盘旋形成染色单体。DNA的三级超螺旋结构的主要意义是压缩DNA分子体积，有利于在细胞中的包装。例如，200 bp的DNA缠绕核小体后，长度10 nm，200 bp长度的DNA分子被压缩了7倍。人类基因组DNA直线长度约2 m，组装在直径约5 μm的细胞核中，DNA分子已经被压缩了近一万倍。

2.1.1.2　DNA的变性与复性

维持DNA双链结构的主要是氢键，A-T对有两个氢键，G-C对有三个氢键。在缓慢加热、碱性溶液、有机溶剂如二甲基亚砜（dimethyl sulfoxide，DMSO）、甲酰胺（formamide）等条件下，DNA双链间的氢键断裂，形成两条单链DNA分子，这一过程被称为变性（denaturation）或解链（melting）。当撤除变性因素后，原变性的两条互补DNA单链通过碱基配对又重新联结成为双链结构的过程叫作复性（renaturation）。加热后变性的DNA在温度降低后又复性的过程称为退火（annealing）。复性过程依靠两条互补链之间特异性的碱基配对，需经过两个阶段：首先，溶液中的DNA单链以随机方式相遇，如果两者的序列可以互补，两条单链DNA的碱基即发生配对，形成局部的双螺旋区；随后，该碱基配对区延伸至整个分子。

1.DNA变性的影响因素

DNA变性使其分子内部的碱基暴露，同时黏度降低，沉降速率增加，浮力上升。在所有DNA变性的因素中，热变性的意义较大。随着温度上升，DNA分子对紫外光的吸收增强。DNA分子中碱基间电子的相互作用使DNA分子具有吸收260 nm波长紫外光的特性。变性后的DNA分子，碱基外露，更有利于紫外光的吸收。这个现象称为“增色效应”

（hyperchromic effect）。如果以A260（在260 nm的紫外光处吸光度）值的上升与温度变化的函数作图，可得到DNA的解链曲线（**图2-3**）。解链曲线的中点所示温度称作该DNA的解链温度（melting temperature，Tm），Tm是使DNA分子的双螺旋结构失去一半时的温度。

图2-3　DNA的解链曲线

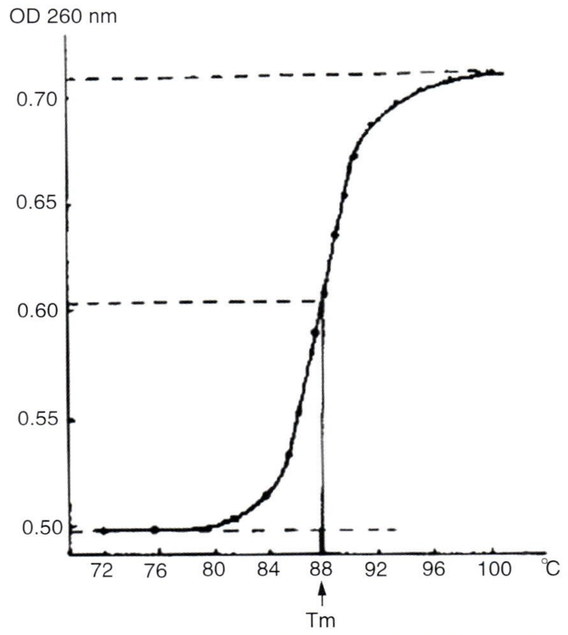

DNA分子的Tm值与碱基组成有关，因为G和C之间有三条氢键，变性需要较多的能量，故Tm值随分子中G/C含量呈线性增加。每增加1%的G/C含量，Tm值约增加0.4℃。天然DNA分子中的G/C含量为22%～73%，Tm值一般在85～95℃之间。我们可以通过马默多蒂（Marmur-Doty）关系式来换算GC百分比与Tm的关系：

（G+C）%＝（Tm－69.3）/ 0.41

DNA分子的类型不同，Tm值也不同，环状比线状稳定，因此，环状DNA分子的Tm值高于线状DNA分子的Tm值。在进行PCR引物设计时，要求一对引物的Tm值相近，这就需考虑GC含量和引物长度来调整其Tm值。

DNA分子变性仅涉及双螺旋结构的氢键断裂，不涉及核苷酸间的共价键，所以变性作用不引起DNA分子量的改变。在某些因素的影响下，例如紫外线、DNA酶等，可以使DNA分子中的共价键断裂，形成多个分子量更小的DNA片段，这个过程叫作DNA降解。

2.DNA复性的影响因素

DNA分子复性受多种因素的影响。首先，温度对复性过程影响明显。温度高有利于分子运动，增加DNA分子间碰撞机会，但温度过高、接近Tm值时，DNA也不易复性；温度过低易导致碱基错配率上升。最适宜的复性温度约在Tm值下25℃。其次，影响复性的另一个因素是离子强度。DNA复性过程必须有足够盐浓度，以中和DNA分子携带的负电荷，有利于复性过程。再次，DNA分子的大小和碱基序列对复性也有影响。简单序列的小分子，彼此容易发现互补序列，复性较快；序列复杂的DNA大分子，两条单链间碱基互补的机会较小，因此，复性要比简单序列复性所需的时间更长。另外，由于复性首先要靠单链分子的随机碰撞，因此，浓度高的DNA比浓度低的DNA容易复性。对于特定的DNA分子，影响复性过程的主要因素是复性温度与溶液的离子强度，因此，通过人为地控制复性的温度和盐浓度可以调节复性的速率。

在复性的条件下，来源不同、但具有同源性的DNA单链按碱基配对原则形成双链DNA分子的过程称作杂交（hybridization）。有时两种不完全互补，仅局部碱基序列具有同源性的DNA分子也能形成局部双链的杂交产物，通过两个核酸分子的杂交能力可分析两者间碱基序列的互补程度。在现代分子生物学技术中，杂交已经成为检测靶DNA片段的一种基本技术。将与靶片段序列互补的DNA寡核苷酸单链标记示踪物，使其在复性条件下与靶DNA单链形成杂交双链，然后通过显现示踪分子来定位靶DNA，其中，标记有示踪物的寡核苷酸片段叫作探针（probe）。杂交通常有液相杂交和滤膜杂交等。DNA分子杂交的实质是DNA复性，通过人为地控制杂交体系的温度和离子强度，可影响杂交的过程。

2.1.1.3　DNA多态性

基因水平上的多样性来自基因的突变。当基因突变以等位基因形式在群体中得以保留，并能够从亲代遗传给子代，可形成个体间的遗传差异。等位基因之间的差异可以是点突变引起的序列不同，也可以是由于碱基的插入或缺失引起的片段长度不同，两者都能构成具有个体特征的DNA遗传标记。DNA遗传标记可以出现在编码区，也可以存在于非编码区。在基因组DNA中，这种由不同碱基结构的等位基因所形成的多态性叫作DNA多态性（DNA polymorphisms）。按照DNA遗传标记的结构特征，DNA多态性可分长度多态性和序列多态性两类。

1.DNA长度多态性

DNA长度多态性（DNA length polymorphisms）是指同一基因座上各等位基因之间的

DNA片段长度差异构成的多态性。不同犬个体之间的基因组约有99.7%的DNA序列是相同的，因此，在遗传水平上只有剩下的0.3%的基因组才能够反映出不同个体之间的差异。在犬基因组中分布着许多重复DNA序列，这些序列大多位于基因与基因之间，它们在不同个体之间的序列长度虽然可以不同，但并不会影响个体间遗传功能的改变。

真核生物细胞基因组中布满了重复DNA序列。这些DNA重复序列大小不同，按核心重复单位的长度和连续重复次数或整个重复序列长度命名。在核心重复序列中，长的重复序列单位甚至可以包含数百到数千个碱基。

这些高度重复的核苷酸序列DNA通常被称为卫星DNA，主要存在于染色体的着丝粒区域。卫星一词的来历是由于在早期的实验中，对基因组DNA进行梯度离心时，重复序列DNA因其碱基组成中GC含量少，从而具有不同的浮力密度，离心后小的分子处于上层，大的分子处于下层；从离心管外看，不同层面的DNA形成了不同的条带。从荧光强度的分析，我们可以看到在一条主带以外还有一个或多个小的卫星带。这些卫星带中的DNA即称为卫星DNA。

卫星DNA按其重复结构核苷酸的多少，可以分为两类。一类是小卫星DNA（minisatellite DNA）或数目可变串联重复序列（variable number of tandem repeats，VNTR）。其重复结构的核苷酸长度一般为8～100 bp。另一类是微卫星DNA（microsatellite DNA）或简单重复序列（simple sequence repeats，SSR），通常也称为短串联重复序列（STR）。

早年对DNA双链复制过程的观察就发现，如果双链序列的碱基构成近似，在复制过程中容易出现多个碱基错配的单链环（single-stranded loops），并认为这些因错配形成的碱基不配对环可导致碱基的插入或缺失。研究大肠杆菌自发性突变，证实滑动链错配是串联重复片段插入和缺失原因。图2-4说明1个GATA串联重复序列在复制过程中出现滑动链错配的两种结果：一个是重复单位的插入，另一个是缺失。

图2-4　STR复制滑脱突变模式图

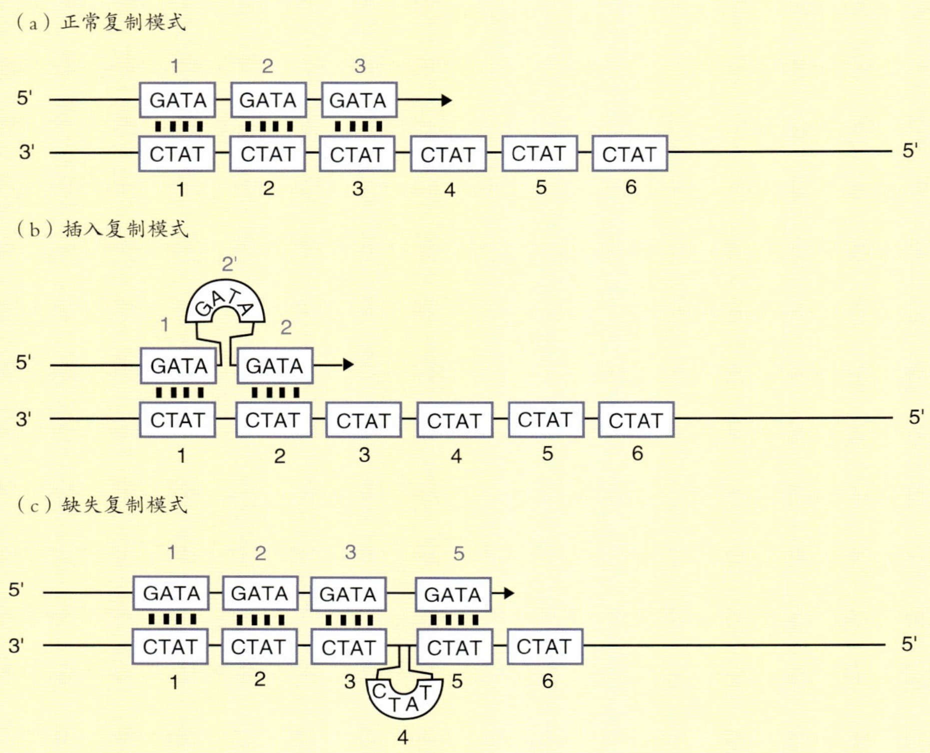

DNA复制时滑动链错配是形成STR多态性的主要原因，具有以下几个特点：a.滑动链错配多发生在同源碱基结构区域，更倾向于较短的串联重复序列，因为局部的滑动错配对DNA构象影响较小。当滑动链错配机制形成较长的短串联重复序列后，仍有可能靠不等交换的形式使重复序列继续延长。b.在滑动链错配事件中，形成重复单位插入比缺失多见，卫星序列链有自我加速复制、延长的倾向，这类序列可以减轻编码区承受的选择压力。c.只要DNA复制或修复过程中出现不配对环（unpaired loop）时，多为滑动错配。在遗传变异的各类机制中，就微卫星序列而言，滑动错配是比不等交换更常见的事件。

2.DNA序列多态性

DNA序列多态性（sequence polymorphisms）是指一个基因座上，因不同个体DNA序列有一个或多个碱基的差异而构成的多态性。这可以理解为该基因座上所有等位基因的DNA长度相同，但它们之间的序列存在差异。在基因组DNA中，无论是编码区或者非编码区，单碱基替换是最基础的突变形式。

在基因组范围内，如果任何单碱基突变使特定核苷酸位置上出现两种碱基，其中最少的一种在群体中的频率不少于1%，就形成单核苷酸多态性（single nucleotide polymorphisms，SNPs）。与小卫星和微卫星相比，SNPs在基因组中分布更广泛，如果以1‰的频率来计算，在犬基因组30亿组碱基对中，SNPs基因座至少有300万个。SNPs被认为是继STR后的第三代遗传标记，已广泛应用于医学遗传学、群体遗传学和药物基因组学等方面的研究。由于SNPs含量丰富、具有较高的遗传稳定性，它在DNA检验方面的应用也引起高度重视。但是，SNPs仅具有两个等位基因，信息量有限，需同时进行大量SNPs的检测才能达到较高的个体识别能力。从实用性考虑，如果解决了高通量分型检测的技术难题，SNPs将成为个体DNA检测的一个重要手段。

2.1.2　STR遗传标记及其分类

2.1.2.1　STR遗传标记序列

1981 年，Miesfeld等在人δ和β珠蛋白基因之间发现一类[TG]n组成的双核苷酸重复序列。1989年，Litt和Weber等在研究心肌肌动蛋白基因时，也发现[CA]n二碱基为核心序列的串联重复。同年，Edwards等应用测序方法分析“自毁容貌综合征”患者的基因突变，首次发现由3个或4个碱基为重复单位构成的串联重复序列。这类重复单位为2～6 bp的特殊碱基序列结构称为短串联重复序列，也称简单串联重复序列。后来Edwards等又报道了10个核心序列均为3～4 bp的STR基因座，确定了各基因座的等位基因数和杂合度，证实STR基因座长度多态性的实质也就是VNTR，等位基因的长度差异是重复单位长度的整倍体。

STR序列在犬基因组中占5%左右，估计有20万～50万个，平均每6～10 kb就出现一个，其中约一半具遗传多态性。绝大多数STR序列分布在非编码区，极少数三核苷酸STR位于编码区。据初步估计，迄今已发现8000多个STR基因座。

STR是目前在DNA检测中应用最广泛的长度多态性遗传标记，它的重复单位短，仅2～6 bp，其长度多态性来源于重复单位拷贝数的个体差异。STR基因座的等位基因一般只有十多个，采用高分辨率的PAGE凝胶电泳分离，很容易获得准确的离散型等位基因频率分布。

2.1.2.2　STR遗传标记的分类

STR遗传标记按重复单位的长度命名。根据STR核心序列的碱基数不同，STR又分为二核苷酸序列、三核苷酸序列、四核苷酸序列、五核苷酸序列和六核苷酸序列，其中，四核苷酸STR基因座最常用。重复单位碱基的组成形成称为基序（motif）。理论上分析，STR重复单位的基序有4n种，二核苷酸、三核苷酸、四核苷酸和五核苷酸重复单位碱基组成形成应分别有16、64、256、1024和4096种。由于基序是以串联重复形式出现，有些基序表面上不同，但实际上是一种核心序列，例如[AGGG]与[GAGG]、[GGAG]、[GGGA]重复单位实质上相同的。考虑到碱基互补的因素，与[AGGG]基序相同的还有4种：[TTTC]、[TTCT]、[TCTT]和[CTTT]，因此，实际上的基序数比随机组合数要少。

理想的STR基因座，等位基因中的重复单位应具有相同的基序。但多数基因座并不都具有这种理想的基序序列，从重复单位的碱基组成可将STR基因座分成简单重复、复合重复和复杂重复三种类型。

简单重复序列（simple repeats，或称为完全重复序列）：重复单位长度和碱基组成基本一致，只有少数基因出现微小的差异，例如VWFX，重复单位为(AGGAAT)n。

复合重复序列（compound repeats）：由两种或两种以上的简单重复基序组成，但重复单位的长度基本是一致的，例如PEZ3，它的核心序列组成为(GAA)n(GCA)m。

复杂重复序列（complex repeats）：同一基因座中等位基因之间核心重复区既有序列差异，也有长度差异，例如四核苷酸STR基因座PEZ8，重复序列为(GAAA)n(GAGA)GGA(GAAA)。

2.1.2.3 STR等位基因的命名

为了有利于不同实验室间结果的重现性和数据的可比性，2006年，国际法医遗传学会制定了下列八条等位基因命名规则：

规则一：等位基因的命名应根据连续的可变重复次数和非变异重复来决定。与核心重复序列区域临近的简单重复序列以及核心重复序列相同的片段均应该作为重复结构的一部分来予以考虑。

规则二：与可变重复间隔的非变异重复，如果重复次数等于或小于3个，且在群体中没有长度变化，则命名时不予考虑。

规则三：非整数重复的等位基因可以分为两类情况，插入或缺失发生在重复结构之间或是PCR引物结合的侧翼区内部，应该以完整重复的次数和不完全重复的碱基数来一起命名等位基因，二者之间以小数点隔开。

规则四：如果由于侧翼区发生突变，从而改变了PCR产物长度或电泳迁移率而出现非整数重复的等位基因，那么在命名时除了包括完整重复的次数外还应该提供额外的信息。

规则五：在引物结合区的点突变可能导致引物与模板不能充分地结合，进而引起PCR产物缺失或PCR产量不足，无法进行检测，进而形成无效基因或沉默基因，建议采用上述规划四的命名方法。

规则六：如果先前报道的STR基因没有进一步的序列变异发生，那么报道者的命名标准应予以采纳。

规则七：为了保证一致性，避免出现命名方法的混乱，期刊的编辑、审稿者以及质量保证计划的组织者等应该特别注重标准等位基因命名方法的应用。

规则八：为了保证不同商品化试剂盒之间结果的可比性，商业化的STR试剂盒的基因座应遵从推荐的命名原则。

2.1.3 STR自动分型原理

STR自动分型技术广泛应用于法医DNA实验室，具有自动化程度高、快速、灵敏、准确、稳定、重复性好等特点。联合采用多重复合扩增反应、毛细管电泳和荧光检测，可以得到十几个到几十个STR基因座的分型信息。STR自动分型技术的核心是构建多基因座复合扩增体系时，采用3～6种荧光染料分别标记不同的STR基因座引物，同一种荧光染料标记的STR基因座扩增产物片段大小不重叠。复合扩增产物的片段分离识别及各个基因座的等位基因命名均可由自动化设备完成。

常用的STR自动分型技术主要步骤包括：多色荧光标记STR基因座复合扩增，扩增产物自动毛细管电泳分离结合激光诱导的荧光检测，自动数据采集分析。首先是设计引物并标记荧光染料，进行PCR扩增；然后对PCR产物采用电泳前处理，进行计算机控制的自动化毛细管电泳分离，分离后的荧光标记DNA片段由设备自动检测并数据化存储；再用软件对采集的数据进行荧光颜色分离，计算片段大小，与等位基因分型标准物比对，确定样本各基因座的基因分型（图2–5）。

图2-5 STR分型示意图

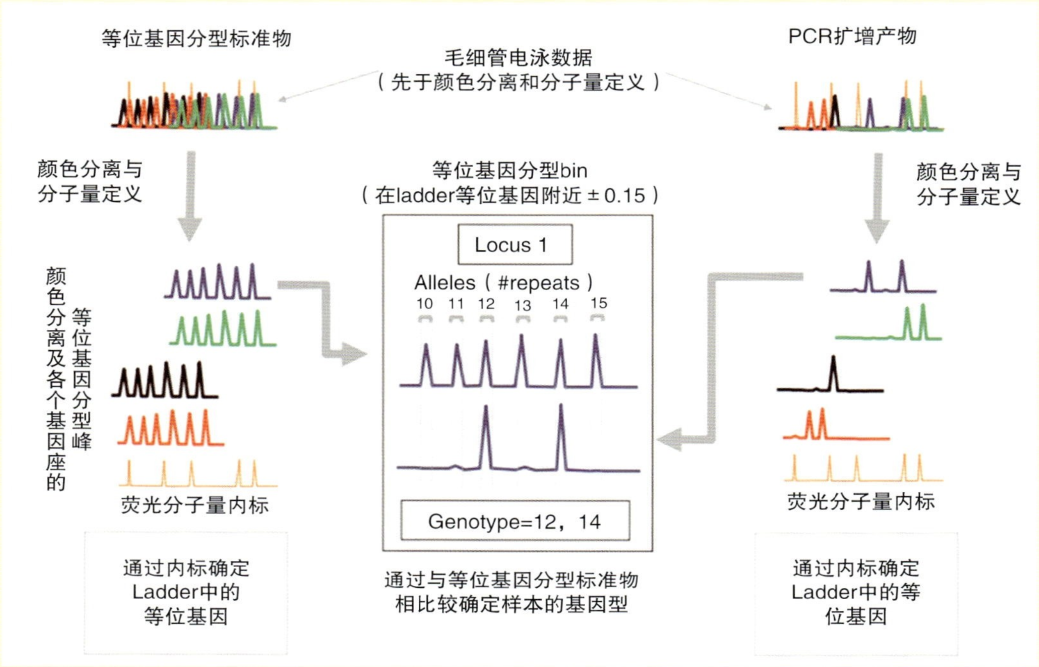

注：等位基因分型标准物与样本同步电泳后，通过分型软件对采集的数据进行荧光颜色分离，通过荧光分子量内标计算片段大小，并与等位基因分型标准物比对，最后确定样本各基因座的基因型

2.1.3.1 STR分型要求

毛细管电泳作为重要的方法，在全世界范围内的DNA实验室中被广泛地用于分离和检测STR基因座。而为了获得可靠的STR分型结果，必须满足三个条件：条件一是空间分辨，即对于差异只有一个核苷酸的STR等位基因能够在分离空间分辨出来；条件二是光谱分辨，即能够在光谱上分辨出不同颜色的荧光染料，这样基因座上标记不同染料的PCR产物就能够被区分出来；条件三是DNA片段分析的精确度，即每次电泳之间的DNA片段测量准确性必须足够一致，这样才能够将样本与以校准为目的的等位基因Ladder相关联。

很多毛细管电泳系统都能够满足上述STR分型的要求。自从1995年7月美国ABI公司开发出单毛细管的ABI Prism 310 遗传分析仪以来，这些设备已经成为法医DNA实验室用于

STR分型的主流方法。而随着检测通量和材料化学的发展，美国ABI公司的毛细管阵列分析设备不断升级优化成3100、3130、3700、3730和3500等不同系列。

2.1.3.2 毛细管电泳的原理和组件

毛细管电泳设备的组件包括1条狭窄的玻璃毛细管，2个缓冲液容器，2个连接高压供电装置的电极。毛细管系统还包括1个激光激发电源，1个荧光检测器，1个装载样本管或托盘的自动上样架和1台控制样本进样和检测的计算机（图2–6）。毛细管电泳采用的毛细管是由玻璃制成，通常内径只有50 μm（与人类头发直径差不多）。通常ABI遗传分析仪所使用的是从上样到检测距离为36 cm或50 cm的毛细管。对于一些要求进行高分辨率的分析检测工作，例如DNA序列中的长距离测序，我们可以使用80 cm的毛细管。

图2–6 用于DNA分析的毛细管电泳设备图示

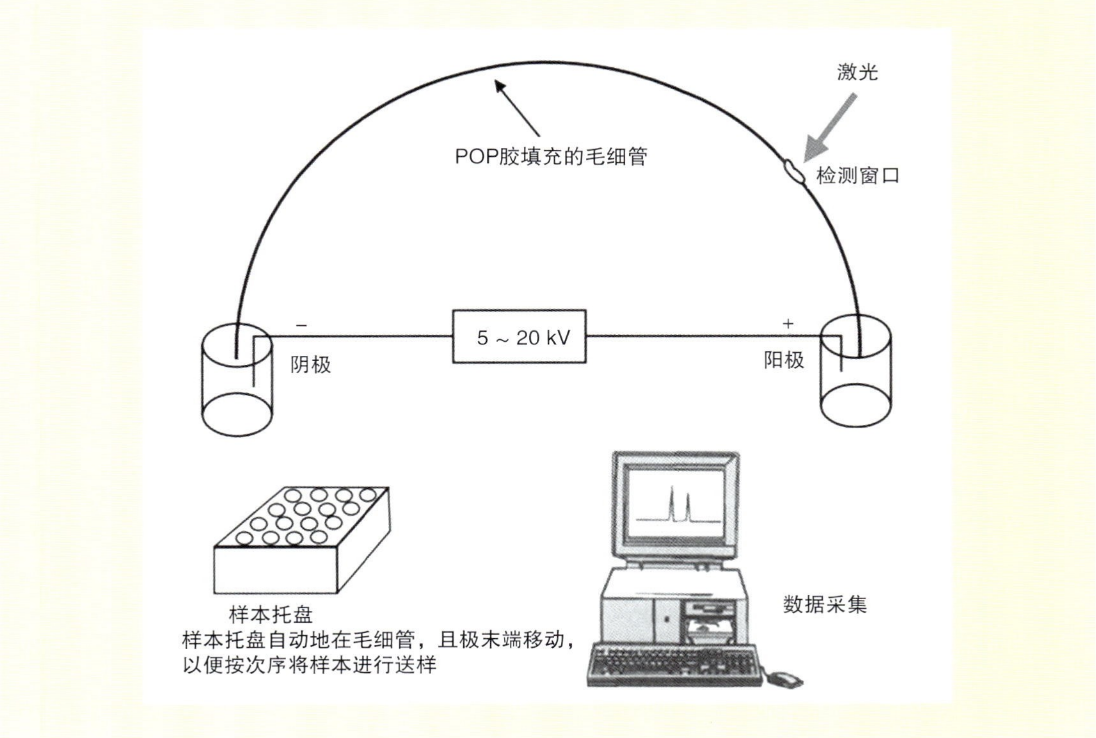

毛细管里面充满了黏稠的聚合物溶液，主要是为DNA分子创造分子筛环境的POP凝胶。样本是被放置于自动上样架上，并通过依次施加一定的电压而注入毛细管中的。进样后，在毛细管两端施加很高的电压（比如15 kv）使DNA片段在数分钟时间里分离。荧光标记的STR扩增产物通过激光激发，并且在通过检测窗口时采集荧光信号，计算机将获取的数据快速分析并以数字形式储存。

普通凝胶电泳的Buffer缓冲液也可以用于毛细管电泳。然而，与DNA分子通过普通凝胶基质所不同的是，毛细管电泳是以黏稠的聚合物溶液作为分子筛媒介的，线性的、柔韧度好的链状聚合物将带有负电荷的DNA片段往阳极引导，大的DNA片段移动的速度比较缓慢，这就是DNA分子根据其片段大小而分离的机制。

样本的分离检测是通过毛细管电泳设备自动进行的，是从样品进样到样品荧光信号采集到的时间跨度进行计算的。当DNA片段经过毛细管检测窗口时，被激光源照射，小的DNA片段先到达检测窗口，随后是大一些的DNA片段。DNA片段的迁移速度取决于DNA片段的长度和碱基对数。毛细管电泳设备分离得到的数据是从观测到的经过检测窗口的荧光染料发出的相对荧光强度为函数而绘制成的图谱。连接在DNA分子上的染料发出的荧光信号可以用于检测并量化经过检测装置的DNA分子（图2-7）。

图2-7　ABI遗传分析仪STR等位基因的分离和检测示意图

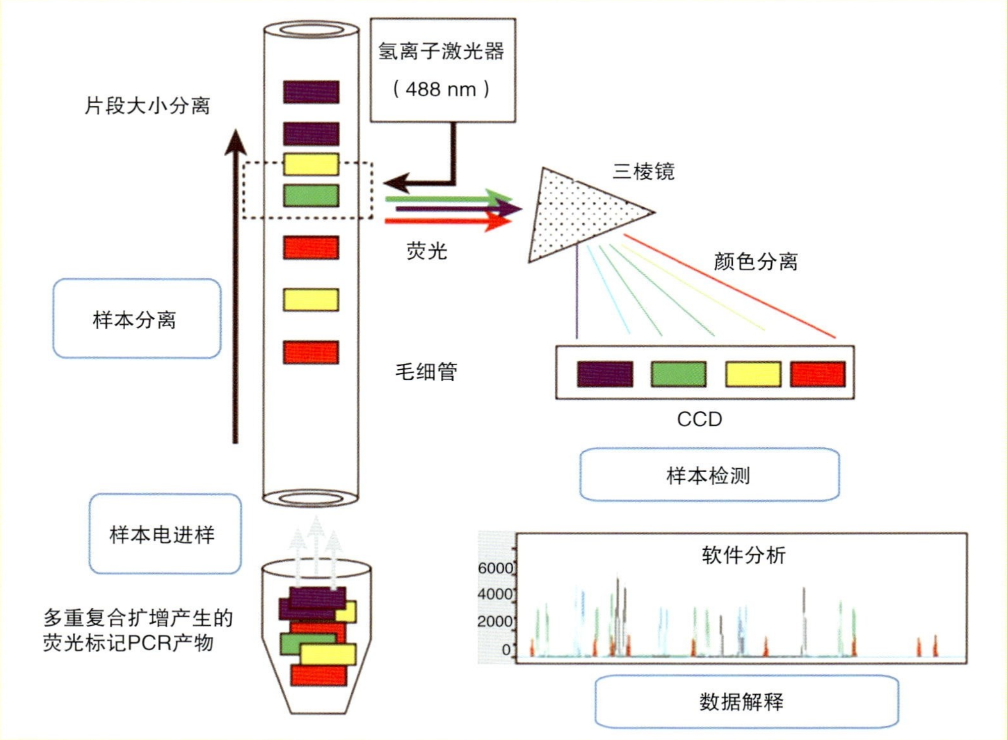

2.1.3.3 电进样

样本扩增产物经去离子甲酰胺及内标混合，热变性解开DNA双链处理后，即可放入样品托盘。去离子甲酰胺是强变性剂，在毛细管电泳中它通常用来制备单链DNA样本。毛细管电泳最为常见的进样方法是电进样，即将毛细管的一端浸入样本托盘中，施以一定的电压并维持一定的时间。由于DNA分子在接近中性酸碱度的环境下带有负电荷，正电压就会牵引DNA分子进入毛细管。电进样过程所产生的狭窄进样区能够使DNA片段在相对较短的距离内浓缩集中。

带负电荷的DNA分子由施加的电压和受到的电阻产生的电流所造成的牵引而进入毛细管末端。然而，DNA电进样时对样本基质高度灵敏——特别是小的、带负电荷的离子产生的离子强度，例如PCR反应中的氯离子，会与较大的、移动较慢的DNA分子竞争进入毛细管末端。

进入毛细管中的DNA量（$[DNA_{injected}]$）是以电压或电场强度（E）、进样时间（t）、DNA样本的浓度（$[DNA_{sample}]$）、毛细管开口面积（πr^2）与样本的离子强度（λ_{sample}）及Buffer的离子强度（λ_{buffer}）的比值为函数的。电场迁移率（μ_{ep}），或者说带电荷的分子在电场中移动的快慢，就如同电渗流（μ_{eof}）一样也会影响毛细管DNA的进样量。在毛细管中DNA的进样量或者说是在毛细管系统中检测到的量，其计算公式如下：

$$[DNA_{injected}] = \frac{Et(\pi r^2)(\mu_{ep} + \mu_{eof})[DNA_{sample}](\lambda_{buffer})}{\lambda_{sample}}$$

从上述公式可以看出样本的离子强度对DNA的进样量影响很大。氯离子（Cl^-）和PCR样本中其他的Buffer离子影响样本的导电率进而与DNA竞争进入毛细管。由盐分引起的样本导电率和毛细管中的DNA进样量之间的这种反相关关系就是PCR后纯化能够增加毛细管电泳信号强度的原因。

2.1.3.4 DNA分离

就像马拉松一样，不同的比赛者具有不同速度，毛细管中各种DNA分子在电场作用下就会逐渐分开，较小的DNA分子移动快，在“终点”检测窗口被更早地检测到。荧光分子量内标相当于那些已知赛跑速度的赛跑者，在比赛的过程中将赛跑者的赛跑能力（DNA片段大小）与完成时间进行校准。而毛细管电泳中影响DNA分离的有如下几种组分：使DNA分离的POP聚合物、毛细管、电泳缓冲Buffer和电压或电场强度。

图2-8显示了毛细管电泳时的内部情况。DNA随电泳流从左侧的负极向右侧的正极移动。卷曲缠绕的聚合物纤维瞬间形成的孔，对DNA分子迁移产生阻碍作用。这种阻碍作用

是以DNA分子片段大小为基础的。小片段DNA分子在这种阻碍作用下更容易移动。

图2-8　毛细管内部环境和DNA分子移动的各种

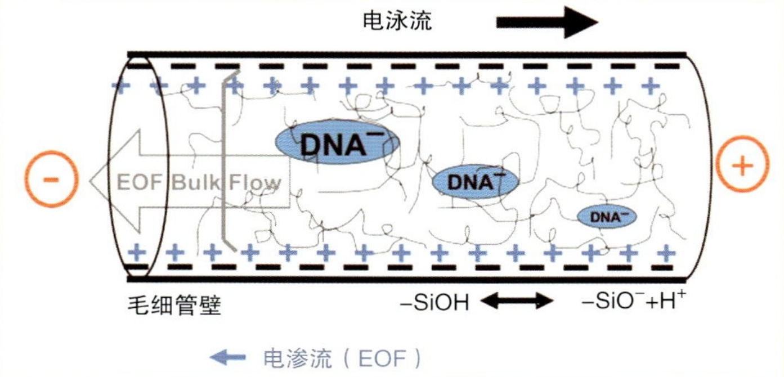

如图2-8所示，毛细管的内部还有另外一种作用力。毛细管是由玻璃或熔化的硅（二氧化硅，SiO_2）制成的，但是沿着毛细管的内壁有羟基基团（硅羟基，–SiOH）并且在pH值大于5时带有负电荷。由于电泳Buffer的pH值通常为8左右，电泳Buffer中带正电荷的离子就会沿着带有负电荷的硅氧离子（$-SiO^-$）内壁而排列起来从而形成所谓的双层。在毛细管电泳分离过程中施加的（比如15000V电压）电场作用下，阳离子会朝着负极迁移。这些移动的阳离子会在毛细管内部产生大量的被称作电渗流的离子流，也称EOF。电渗流能够通过对毛细管内壁的包被而被减少或消除，从而防止暴露于毛细管内壁的负电荷积累溶液中的正电荷。

2.1.3.5　荧光检测

1.荧光基团

能够发射荧光的分子叫荧光基团。荧光基团具有各种不同的形状、大小和发光能力。荧光基团具有与其化学结构和环境条件相关的特定的光吸收和发射模式。用于DNA标记的荧光基团是在可见光的光谱范围内发射荧光，发射光的波长在400～600 nm的范围内，不同的荧光基团在同一激光源激发下可以发射出不同波长的荧光。

图2-9中显示的是荧光的发光过程。第①步，激发光源发出的一个光子（$h\nu_{ex}$）把荧光基团电子从它的基态（S_0）激发到它的瞬时激发态（S_1'）。第②步，这个电子经过构象变化并与环境相互作用后，进入松散的单一激发态（S_1）。第③步，处于激发状态的电子回到它的基态并产生一个能量较低的光子（$h\nu_{em}$）。由于能量和波长之间反相关，因此，

发射光子比激发光子的波长更长。

图2-9　荧光的发光过程

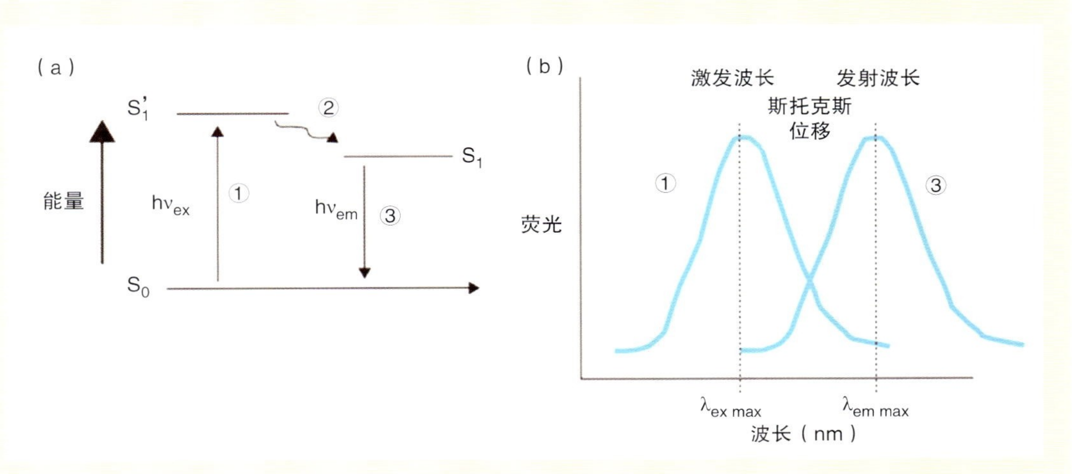

发射光谱较吸收光谱的红移现象叫作斯托克斯位移。这种位移可以使用光谱过滤，将激发光和发射光分开。通过仔细选择和光谱过滤，可以借助发射光谱上的区别来选择不同荧光基团，这种方法可用于多种荧光基团同时检测几种不同的DNA分子。使用多荧光基团进行样本处理的速度比用单荧光基团检测的速度快很多。

基于荧光的检测实验能够实现多种颜色的分析，并具备快速和易于使用的特点，因此，荧光检测被广泛用于很多DNA检测实验室。在应用STR遗传标记进行DNA分型时，标记在PCR引物上的荧光染料在扩增后就被整合到DNA扩增的目标片段上。当标记的DNA片段通过毛细管的检测窗口时，扩增的STR等位基因被表示成电泳图谱上的峰（见第76页图2–7）。

2.光谱校正

与其他方法相比，荧光标记方法最大的好处在于能够利用光学滤片分别采集两种及两种以上荧光基团的信号，但产生的信号必须能够在光谱上得以区分，这一点是通过矩阵（matrix）的荧光色彩区分的算法而达到的，有时也叫作“光谱校正”。通过多种颜色的分辨能力，复杂的DNA混合物也能够单独标记，并在同一样本中区分出来。

为了确保那些用于数据分析的计算机软件能够知道被检测到的DNA片段是用什么颜色的荧光染料标记，设备检测装置和数据采集软件需要进行光谱校正。通常用一组标记了各种不同染料的DNA片段标准品进行多组分的光谱校正，这组DNA片段被称作matrix标准品。

毛细管电泳设备提供计算机软件，然后分析各个荧光染料产生的数据并创建一个

“matrix”或光谱校正文件来反应各种荧光染料颜色之间的叠加。这些matrix指的是在特定的仪器以及环境条件下染料本身有多少重叠，matrix生成的值和实际在原始数据中观察到的值之间的差异成为数据组的一部分。

每台毛细管电泳仪器的光谱校正是唯一的，因为仪器和环境条件（例如激光强度、温度和溶液pH值等）经过一段时间后会产生偏移，并影响染料的荧光强度，所以需要定期进行校准。在安装了新的激光或探测器时也需要重新进行光谱校正。

如果matrix颜色的解码不能够很好地分辨STR等位基因检测中染料光谱的重叠，则仪器分析信号的基线就会不均衡或出现一种被称作“pull-up”的现象。“pull-up”是一种染料从一个光谱通道渗透到另一个光谱通道的现象，通常是由于过饱和峰（超出检测上限）造成的。

2.2 热启动耐热DNA聚合酶及其制备方法

1985年，美国Cetus公司的Mullis和Saiki等人发明了具有划时代意义的聚合酶链式反应（polymerase chain reaction，PCR）。PCR 技术基本原理是根据DNA双螺旋模型所建立的体细胞复制的机制，以及双链DNA在体外复制的特点设计的。以DNA为模板，以小片段的DNA为引物，在DNA聚合酶的催化下将dNTPs合成为DNA新链。因此，DNA聚合酶是实现DNA复制的关键。

2.2.1 DNA聚合酶

2.2.1.1 DNA聚合酶的发现

1957年，Arthur Kornberg等从大肠杆菌中分离出了一种以DNA为模板催化单核苷酸聚合的酶，称之为Kornberg酶。它是由单一多肽组成的球蛋白，相对分子量为103 kD。Kornberg酶后被证实为DNA聚合酶Ⅰ。DNA聚合酶Ⅰ可被枯草杆菌蛋白酶或胰蛋白酶裂解成两个活性片段，较大的C端片段称为Klenow片段，它仍具有5'-3'聚合酶和3'-5'核酸外切酶活性，但失去了5'–3'核酸外切酶活性。

Klenow片段就是最早应用于PCR的DNA聚合酶。但由于Klenow DNA聚合酶在60℃高温下很快就失去活性，故每一轮PCR都要追加Klenow DNA聚合酶，而且，Klenow酶反应温度偏低，容易形成引物与DNA模板的非特异性扩增，而且反应易受到某些DNA二级结构的影响而得不到完整的扩增产物。Klenow DNA聚合酶的这些缺点使得PCR过程烦琐、复杂而且昂贵，限制了PCR技术的推广与应用。此后，人们曾使用T4 DNA聚合酶和T7 DNA聚合酶，两者虽然使得扩增的特异性增加，DNA合成速度提高，但始终因热稳定性差而得不到广泛应用。

1969年，Thomas Dale Brock和Hudson Freeze在美国黄石国家森林公园火山温泉中分离得到一种水生栖热菌（*Thermus aquaticus*）YT–1，它生长在70 ~ 75℃富含矿物质的环境中。1976 年，Chien从该菌中分离纯化到了耐热的 *Taq* DNA 聚合酶。随着 PCR技术的推广和应用，对*Taq* DNA聚合酶性质的研究日渐重要。1985年，Saiki首度将其应用于 PCR 技术，使得PCR 过程实现了自动连续循环。

Pfu DNA聚合酶是从喜温的古细菌（*Pyrococcus furiosus*）中获得，因其超强的纠错功能等特性受到人们极大的关注。该酶为2个蛋白亚基（P45和P50）的多聚体，含775个氨基酸，分子量为90 kD。*Pfu* DNA聚合酶热稳定性极强，有5'–3'聚合酶活性和3'–5'外切核酸酶活性。因此，它在催化聚合反应的同时还可纠正聚合反应过程中的错误掺入。Pfu酶以其比其他校正酶低2 ~ 60倍、比*Taq* DNA聚合酶低6 ~ 100倍的低错误率显示出极高的保真度。与其他的聚合酶相比，它使产物的错配率大大降低，特别是进行2 kb以内的DNA片段的扩增，效果甚佳。

世界各国许多实验室对各种耐热DNA聚合酶进行研究，发现了多种耐热的DNA聚合酶。New England Biolabs公司从海底火山口中能在近100℃高温下生长的Thermococcus litcralis菌中提纯得到耐热性能比*Taq* DNA聚合酶更优越的VentTM DNA聚合酶。该酶在100℃时的半衰期达95 min，此外还具有 3'–5'核酸外切酶活性。在不断寻找新酶的基础上，许多实验室还致力于对*Taq* DNA聚合酶的修饰和改造。

DNA聚合酶的发现和使用不仅极大地促进了PCR技术的发展和广泛应用，也使其成为分子生物学研究的重要工具。

2.2.1.2 DNA聚合酶的分类

从大肠杆菌DNA聚合酶Ⅰ被分离和鉴定至今，人们根据核苷酸序列将大肠杆菌酶DNA聚合酶划分为三类，即DNA聚合酶Ⅰ、DNA聚合酶Ⅱ和DNA聚合酶Ⅲ。DNA聚合酶Ⅰ主要参与DNA损伤的修复，同时在半保留复制中起辅助作用。DNA聚合酶Ⅲ是DNA复制的主要酶。与大肠杆菌DNA聚合酶Ⅰ同源的为A群，该群除酵母线粒体DNA聚合酶Ⅰ外，都来自于原核生物，对双脱氧核苷酸抑制剂敏感。因此，DNA聚合酶Ⅰ可用于DNA序列分析。1999年，科研人员又在大肠杆菌中发现DNA聚合酶Ⅳ和Ⅴ。

科学家们也在真核细胞中发现了DNA聚合酶α、β、γ、δ、ε和ζ等。真核生物中也有几种DNA聚合酶，但这些聚合酶都没有3'-5'或5'-3'外切酶活性，其聚合反应机制与原核生物的聚合一样。其中，主要的酶（占总量的80%~90%）是DNA聚合酶α，分子量为300 kD，含有4个或5个亚基，主要负责染色体DNA的复制。DNA聚合酶β，分子量为45 kD，仅含有一条链，主要作用是修复核内DNA。DNA聚合酶γ，分子量为140 kD，存在于线粒体内，负责催化线粒体DNA的复制。DNA聚合酶δ与上述真核生物的DNA聚合酶不同，而与原核生物的聚合酶类似，具有3'-5'核酸外切酶活性。另外，从酵母、原虫等低等真核生物中，科学家们也分离到一些DNA聚合酶。一般来说，这些低等生物都没有低分子量的DNA聚合酶β，而且与原核生物的DNA聚合酶相似，有3'-5'外切酶活性。

2000年以后，许多新的DNA 聚合酶被井喷式地发现，DNA聚合酶Y家系建立。

2.2.1.3　*Taq* DNA聚合酶的结构

Taq DNA聚合酶是一种耐热的DNA聚合酶，属于DNA聚合酶I家族。该酶的编码基因全长有2496 bp，编码832个氨基酸，酶蛋白的分子量为94 kD，酶比活性为200000 U/mg。该酶的热稳定性很高，在95℃时酶活性半衰期为90 min；在70℃的高温下反应2 h后，还能保持90%以上的活性；在72℃时活性最高，延伸效率约为每秒150个核苷酸。

Taq DNA聚合酶全酶共分为三个结构域，如图2-10所示。

图2-10　*Taq* DNA聚合酶的结构域

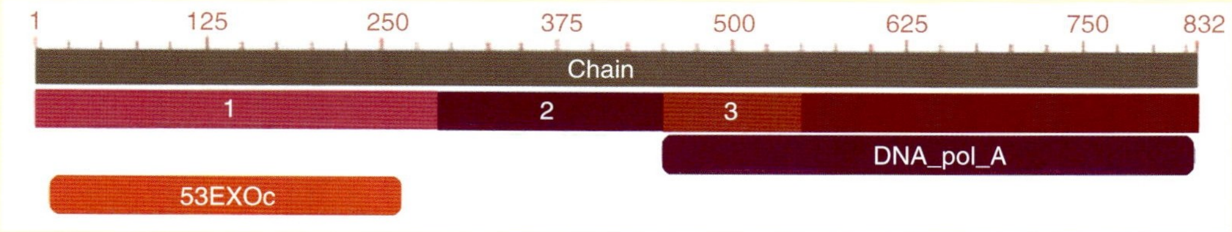

从N端起第1~291个氨基酸构成一个结构域，该结构域表达5'-3'核酸外切酶的活性，即可以水解单链或双链DNA分子5'端的单核苷酸。

位于肽链C端的第424~832个氨基酸构成另一个结构域，此结构域表达5'-3'聚合酶

活性。

位于蛋白肽链中间部位的第292～423氨基酸区域是*Taq* DNA聚合酶的第三个结构域。这段区域与大肠杆菌DNA聚合酶I具有结构的同源性，但是没有序列的同源性，因此，*Taq* DNA聚合酶没有大肠杆菌DNA聚合酶I的3'–5'核酸外切酶活性。由于*Taq* DNA聚合酶缺乏这种活性，在DNA合成当中对于单核苷酸的错配不具有校正功能，在PCR反应中每一循环的错配碱基数达到2×10^{-4}个，从而不能使PCR产物具有高保真性。

2.2.1.4 *Taq* DNA聚合酶的特点

1.热稳定性

在92.5℃、95℃和97.5℃时，PCR混合物中的DNA聚合酶分别经130 min、40 min和5～6 min的反应后，仍可保持50%的活性。实验表明，PCR反应时变性温度为95℃，经过20 s 50个循环，*Taq* DNA聚合酶仍保持有65%的活性。*Taq* DNA聚合酶本身的热稳定性是它可以用于PCR反应的前提条件，同时也是促进PCR反应快速发展和在各领域广泛应用的重要原因。

2.离子依赖性

Taq DNA聚合酶是一种Mg^{2+}依赖性酶。镁离子的浓度对其催化活性的影响非常明显。镁离子浓度低于1 mmol/L时，由于dNTP的浓度相对过高，其结合镁离子的能力很强，镁离子对*Taq* DNA聚合酶的催化作用几乎丧失。但镁离子的浓度也不宜过高，通常认为1.5～2 mmol/L的浓度对大多数引物来说都是比较适合的。当然，镁离子的最适宜浓度也受到PCR反应体系中其他组分的制约。

3.忠实性

Taq DNA聚合酶具有5'–3'聚合酶活性和5'–3'外切酶活性，没有3'–5'的外切酶活性，它不具有Klenow酶的3'–5'校对活性。因此，在PCR反应中，当发生碱基错配情况时，*Taq* DNA聚合酶没有校正的功能。*Taq* DNA聚合酶产生的错配概率为每9000对核苷酸会出现一个单碱基配对错误。

4.常见的化学试剂对*Taq*酶活性的影响

1% Triton X–100、1% Tween–20裂解结核杆菌（TB）后的残留部分对*Taq*酶活性无影响。但在PCR 反应液中，终浓度为 1% Triton X–100、0.5% SDS、1% NP–40、1% Tween–20、0.01%叠氮钠、0.1%甲酸对*Taq* DNA聚合酶有抑制作用；终浓度为0.01%的硫柳汞、0.1%的苯甲酸钠及5%甘油对*Taq* DNA聚合酶活性无影响。低浓度的NP–40（0.05%）和Tween–20（0.05%）能增强*Taq* DNA聚合酶的活性。低浓度的SDS对该酶也具有抑制作用，加入一定量的NP–40和Tween–20可抵消抑制作用。此外，一些金属离子也会影响*Taq*

DNA聚合酶的活性，如 Ca^{2+}， Ni^{2+}和Cr^{3+}。

2.2.2 热启动PCR和*Taq* DNA聚合酶的修饰方法

随着PCR技术的发展，先后出现了一些问题，如非特异性扩增产物的出现，引物二聚体的形成，甚至凝胶电泳上无扩增带。这些问题的产生限制了PCR技术的应用。热启动PCR技术的问世解决了这些问题，使PCR技术更加完美。

2.2.2.1 热启动PCR的产生背景及原理

在传统的PCR反应中，反应体系各成分均是一次加入并进入循环，在反应温度由室温（25℃）上升至高温（94～95℃）过程中，可能发生引物错配和二聚体的形成。引物与模板中一些非靶位点的错配和引物之间形成的二聚体，在*Taq* DNA聚合酶的作用下均可延伸。这些非特异性产物又可在随后的PCR循环中继续扩增，使非特异性产物不断积累，同时也消耗反应体系的各成分，最终导致PCR扩增的特异性产物大大减少。热启动是一种在PCR反应中优化目标扩增产物的方法，同时也抑制非特异性扩增。这是利用各种物理或化学的方法控制PCR反应的必需组分，如DNA聚合酶等，直到反应混合物被加热到可以阻止非特异引导和引物聚合的温度后，再启动PCR来实现的，从而达到有效扩增特异性PCR产物的目的。

热启动 PCR的概念最早是在1989年提出的，Sally等人将 PCR 反应体系中*Taq* DNA聚合酶预先移除，直至反应温度上升至70℃后再加入以便能最大限度地减少引物3'末端的错配。后来随着技术的进步，科学家们又研发了许多热启动 PCR的方法，这些新的方法力求进一步简化热启动过程中的操作步骤，提高反应效率。

目前，实现热启动PCR的方法主要可分为三大类，**表2-1**所展示的就是目前研究相对较多的几种实现热启动PCR扩增的方法。第一类就是通过物理方法隔离PCR体系内的关键组分（dNTP、引物、Mg^{2+}和DNA聚合酶等）直到达到反应所需的温度后再加入。然而这种方法在操作上存在诸多不便，并且很容易造成交叉污染。第二类方法就是采用改良的引物或者dNTP，但是PCR扩增效果很大程度上取决于这种改良的效率。第三类方法是利用化学修饰，或者将抗体、寡核苷酸适配子可逆地结合在DNA聚合酶上，使改造后的DNA聚合酶在低温下暂时失活，而在高温下又恢复活性，达到热启动扩增的目的。这类热启动DNA聚合酶能够获得高特异性的扩增产物。

表2-1　热启动PCR方法分类

热启动PCR方法	举例
设置屏障，密封试剂	利用石蜡制造的屏障来分离核心组分，直至温度升高到反应所需，石蜡融化后再加入反应体系；室温下利用琼脂糖包裹DNA聚合酶，在高温下琼脂糖融化从而使聚合酶释放到反应体系；利用微流体装置在反应内部创建屏障
控制反应体系内Mg^{2+}的加入	通过镁沉淀，在高温下转化为Mg^{2+}释放到反应体系中；由热诱导的氧化还原反应产生PCR所需的金属离子；利用微流体装置在高温下向体系中加入Mg^{2+}
修饰引物	改变引物二级结构；修饰引物可提高其与模板的选择性杂交；碱基阻断修饰，通过紫外线照射解除抑制；3'末端的修饰可以阻止引物的延伸，直至3'–5'核酸外切酶去除；磷酸三酯基团的热脱保护；发夹序列
修饰dNTPs	热不稳定的 3'末端保护的dNTPs；乙二醛改性dG的热脱保护
辅助蛋白	单链结合蛋白：在低温下隔绝引物；耐高温焦磷酸酶：随温度升高水解无机焦磷酸盐；热不稳定的阻断剂，如阻断聚合酶蛋白
DNA 聚合酶介导	抗体：在低温下抗体结合聚合酶可抑制其活性，在高温下抗体解离使聚合酶恢复活性；核酸适配体：在低温下结合聚合酶抑制其活性，在高温下核酸适配体解离使聚合酶恢复活性；化学修饰：在低温下可抑制聚合酶的活性，在高温下恢复其活性；氨基酸突变：导致聚合酶在低温下活性降低；融合蛋白：包括超稳定的DNA结合结构域和拓扑异构酶；温度依赖性抑制剂（配体）

2.2.2.2　*Taq* DNA聚合酶的修饰方法

1.琼脂糖包埋

低熔点琼脂糖凝胶的熔点为65～70℃，凝固点为37～40℃，在室温下它是凝固状态，当加热到复性温度以上时才开始融化，同时释放被包埋的*Taq* DNA聚合酶发挥作用，所以不会有在更低温度时的非特异性扩增发生。低熔点琼脂糖的存在不影响PCR反应的进行。基于此特性，研究者想出了一种简便方法：配制1.4%的低熔点琼脂糖凝胶水溶液，于70℃水浴中均匀融化；再取与该水溶液等体积的*Taq* DNA聚合酶（2 U/μl），趁热将两种液体混合，即可得到0.7%凝胶、1 U/μl *Taq* DNA聚合酶混合溶液；迅速将此混合溶液分装于PCR扩增管底部，室温下令其凝固使酶得以包埋。进行PCR 扩增时，直接将其余试剂加于包埋管中即可。该方法包埋的*Taq* DNA聚合酶可于4℃存放3～4个月不失活。

2.基因突变法

对*Taq* DNA聚合酶进行基因改造，先用基因工程的方法将*Taq* DNA聚合酶N端278个氨基酸去除，然后再进行两次定点突变E626K和I707L，将酶的第626位的谷氨酸突变为赖氨酸以及第707位的异亮氨酸突变为亮氨酸，使得酶的最适工作温度提高到68℃，并在95℃依然保持活性，从而提高PCR反应的特异性，减少非特异性的扩增，提高反应的灵敏度。对酶晶体结构的研究表明，*Taq* DNA聚合酶N端278个氨基酸去除，即去除了5'–3'外切酶活性结构域，可以使得酶聚合活性结构域暴露，使得上述位点距离酶的活性位点变远，甲基之间的相互作用更为困难，并且突变后这两个位点的氨基酸与第749位氨基酸电子的作用更强，从而起到热启动的作用。

3.Aptamer技术

利用SELEX方法筛选到特定合成的核酸适配子（Aptamer），这种核酸适配子能够与*Taq* DNA聚合酶发生可逆结合，当温度低于45℃时抑制聚合酶活性，因而能够在室温下建立反应。在正常的热循环条件下，热启动DNA聚合酶即能被激活，无须另外的高温温育步骤。

4.量子点技术

量子点和DNA聚合酶之间的亲和作用可以引发热启动扩增效应。在低温下，聚合酶的活性受到量子点抑制，从而避免了非特异性扩增的产生，提高了PCR的扩增效果。在温度升高达到变性所需的温度后，量子点与聚合酶解离，聚合酶恢复活性完成反应。在整个过程中，量子点同聚合酶存在着动态的吸附和解离状态。

5.抗体修饰

1999年Hiroshi Mizuguchi等人根据*Taq* DNA聚合酶特异抗原决定簇的单克隆抗体在常温下与*Taq* DNA聚合酶结合使其失去聚合作用的特性，研制出了单克隆抗体，它由*Taq* DNA聚合酶制备。在常温下这两个抗体分别与*Taq* DNA聚合酶结合，聚合酶延伸作用不能进行。当温度大于70℃时，抗体失活，同时释放出*Taq* DNA聚合酶。研究表明，加入这两个抗体后，目的基因的特异性扩增产物量比不加抗体时高得多。

6.化学修饰

化学修饰法通过化学物质与耐高温DNA聚合酶肽链上的氨基形成稳定的酰胺键，在常温下可完全封闭酶的活性，通过高温将酰胺键水解，耐高温DNA聚合酶活性便可重新显现出来。目前比较常用的化学修饰法是酸酐修饰：酸酐能与DNA聚合酶上的赖氨酸结合形成聚合物，通过选用合适的酸酐，修饰*Taq* DNA聚合酶。在常温下，PCR体系的pH值在8.3左右，酶活性部位被酸酐封闭，升温过程中不表现酶活性，从而减少非特异性扩增和引物二聚体的形成；而在较高的温度下反应一段时间后，一般为94℃、15 min，PCR反应体系的pH值降到6.0以下，酸酐脱落，聚合酶得以恢复正常的扩增活性，从而实现PCR反应的热启动。此方法较其他方法操作简单，成本低廉，且所得的热启动*Taq* DNA聚合酶稳定性好，便于保存，其灵敏性与特异性也更高。

2.2.3 热启动耐高温DNA聚合酶的制备方法

2.2.3.1 所需化学试剂及配制

热启动耐高温DNA聚合酶制备时所需的化学试剂及其配制方法如表2-2。

表2-2 热启动耐高温DNA聚合酶制备所需化学试剂及配制方法

化学试剂名称	配制方法
1 mol/L Tris-HCl（pH=8.0）	在800 ml水中溶解121.91 g Tris碱，加入42 ml浓HCl调节pH值至8.0。应使溶液冷却至室温后方可最后调定pH值，加水定容至1L，分装后高压灭菌。 注意：（1）如配制溶液呈现黄色，应及时丢弃并置备质量更好的Tris-HCl。（2）Tris溶液的pH值因温度而异，温度每升高1℃，pH值大约降低0.03。例如：0.05 mol/L的溶液在5℃、25℃和37℃时的pH值分别为9.5、8.9和8.6
0.5 mol/L EDTA溶液（pH=8.0）	在800 ml水中加入186.1 g二水乙二胺四乙酸二钠（EDTA-Na·$2H_2O$）和20 g NaOH颗粒，在磁力搅拌器上剧烈搅拌，然后定容至1 L，分装后高压灭菌备用
1.0 mol/L KCl溶液	在800 ml水中加入74.55 g KCl，搅拌溶解，然后定容至1L，分装后高压灭菌备用
IPTG溶液（0.8 mol/L，20%）	IPTG为异丙基硫代-β-D-半乳糖苷（分子量为238.3），在8 ml蒸馏水中溶解2 g IPTG后，用超纯水定容至10 ml，用0.22 μm滤器过滤除菌，分装成1 ml/份贮存于-20℃
10 mmol/L 苯甲基磺酰氟（PMSF）溶液	用异丙醇溶解PMSF成1.74 mg/ml（10 mmol/L），分装成小份贮存于-20℃。 注意：（1）PMSF严重损害呼吸道黏膜、眼睛及皮肤，吸入、吞食或通过皮肤吸收后有致命危险。一旦眼睛或皮肤接触了PMSF，应立即用大量清水冲洗。凡被PMSF污染的衣物应予以丢弃。 （2）PMSF在水溶液中不稳定。应在使用前从贮存液中现用现加至裂解缓冲液中。PMSF在水溶液中的活性丧失速率随pH值的升高而加快。pH值为8.0时，20 μmol/L PMSF水溶液的半寿期大约为85 min，这表明将PMSF溶液调节为碱性（pH>8.6）并在室温放置数小时后，可安全地予以丢弃

续表2-2

RNA酶（10 mg/ml）	将胰RNA酶（RNA酶A）溶于10 mmol/L Tris-HCl （pH=8.0）、15 mmol/L NaCl中，配成10 mg/ml的浓度，于100℃加热15 min，缓慢冷却至室温，分装成小份保存于-20℃
DNA酶 DNase1（1 mg/ml）	将胰DNase1溶于10 mmol/L Tris-HCl （pH=8.0）、150 mmol/L NaCl、1 mmol/L $MgCl_2$中，配成2 mg/ml的浓度，再加入等量的甘油配成1 mg/ml的浓度，贮存于-20℃
1 mol/L二硫苏糖醇（DTT）溶液	用20 ml 0.01 mol/L乙酸钠溶液（pH=5.2）溶解3.09 g DTT，过滤除菌后分装成1 ml/份贮存于-20℃。 注意：DTT或含有DTT的溶液不能进行高压处理
氨苄西林（100 mg/ml）	溶于水，于-20℃保存
甘油	分析纯
硫酸铵	分析纯
葡萄糖（分子量为198.2）	分析纯
Tween-20	分析纯
NP-40	分析纯
Bio-Rex 70干树脂	分析纯
TQA缓冲液	5.0 ml 1 mol/L Tris-HCl（pH=8.0）中加入0.2 ml 0.5 mol/L EDTA（pH=8.0）混匀后，加入1.0 g葡萄糖，加超纯水定容至100 ml，用时再加溶菌酶50～100 mg
TQB缓冲液	1.0 ml 1 mol/L Tris-HCl（pH=8.0）、0.2 ml 0.5mol/L EDTA（pH=8.0）、5.0 ml 1.0 mol/L KCl、0.5 ml Tween-20、0.5 ml NP-40混匀后，加超纯水定容至100 ml，用时加入1.74 mg/ml（10 mmol/L）的PMSF至其终浓度为1 mmol/L
TQC缓冲液	2.0 ml 1mol/L Tris-HCl（pH=8.0）、0.2 ml 0.5mol/L EDTA（pH=8.0）、10 ml 1.0 mol/L KCl混匀后，加超纯水定容至100 ml
TQD缓冲液	2.0 ml 1mol/L Tris-HCl（pH=8.0）、0.2 ml 0.5 mol/L EDTA（pH=8.0）、10 ml 1.0 mol/L KCl、0.5 ml Tween-20、0.5 ml NP-40、0.1 ml 1 mol/L二硫苏糖醇（DTT）混匀后，加超纯水定容至50 ml，然后加入50 ml甘油

2.2.3.2 耐高温*Taq* DNA聚合酶的制备

1.酶蛋白表达

（1）取出菌种，将少许的冰冻菌种培养物在LB平板（含100 mg/ml氨苄西林）上画线，37℃过夜培养16～20 h。

（2）挑取单菌落接种到6 ml含100 mg/ml 氨苄西林的LB培养基中，37℃振荡培养过夜。

（3）将1.25 ml过夜培养的菌种接种到250 ml的LB液体（含100 mg/ml 氨苄西林）摇瓶中，37℃培养4.5 h；在总量1000 ml的培养液中加入0.625 ml的IPTG 溶液诱导（终浓度为0.5 mmol/L）。培养液在37℃继续过夜培养16～20 h。

2.酶蛋白提取

（1）将培养液在5000 r/min离心10min，弃上清液；用TQA缓冲液于冰上重悬菌体，超声波破碎菌体细胞。混合物12000 r/min，4℃离心20 min，弃沉淀。

（2）在上清液中加入1 mg/ml的DNaseⅠ（8 ml）和10 mg/ml的RNA酶（2 ml），充分混匀，37℃温浴15～25 min，随后水浴升温至75℃，并维持10 min，自然冷却至室温。

（3）加入40 ml TQB缓冲液（含1.0 mmol/L PMSF）充分混匀，–20℃冷冻结冰，取出自然解冻，75℃水浴50 min，随后缓慢升温至89℃。混合物12000 r/min，4℃离心20 min，弃沉淀。

（4）在上清液中缓慢加入硫酸铵30 g，搅拌混匀1 h后，置4℃过夜，混合物12000 r/min，4℃离心20 min，弃上清液。

（5）沉淀用30 ml TQC缓冲液溶解备用。

3.酶蛋白纯化

（1）称取7 g Bio–Rex 70的干树脂，放在小烧杯中，用超纯水洗涤，去掉漂浮的小颗粒，室温溶胀2 h，期间换3次超纯水。

（2）用含50 mmol/L KCl的溶液预平衡，装层析柱。装好树脂后再用6～10倍柱床体积的含50 mmol/L KCl的溶液平衡层析柱。

（3）检查进入柱子和流出柱子的溶液的pH值不变，将样品装在平衡好的层析柱上。层析柱用6倍体积（约60 ml）以上的含50 mmol/L KCl的溶液再次平衡。

（4）酶蛋白样品用含200 mmol/L KCl的溶液洗脱。准备50 ml洗脱液，以1 ml体积在离心管中分部收集。将含*Taq* DNA聚合酶较集中的部分收集在一起，并储存在–20℃以下，以保持酶蛋白的长期稳定性。纯化图谱如**图2–11**。

图2-11　酶蛋白层析纯化收集图谱（蓝色高峰为目的峰）

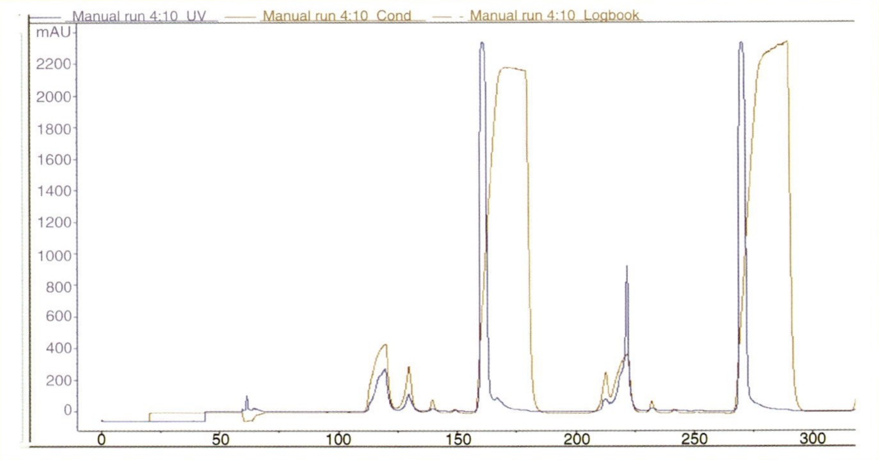

4.酶蛋白检测

通过紫外-可见分光光度法测定纯化收集到的酶蛋白含量；RT-PCR反应检测*Taq* DNA聚合酶的活性；SDS-聚丙烯酰胺凝胶电泳（SDS-PAGE）分析其纯度及浓度。结果如图2-12和图2-13所示。

图2-12　酶蛋白倍比稀释后RT-PCR反应图谱

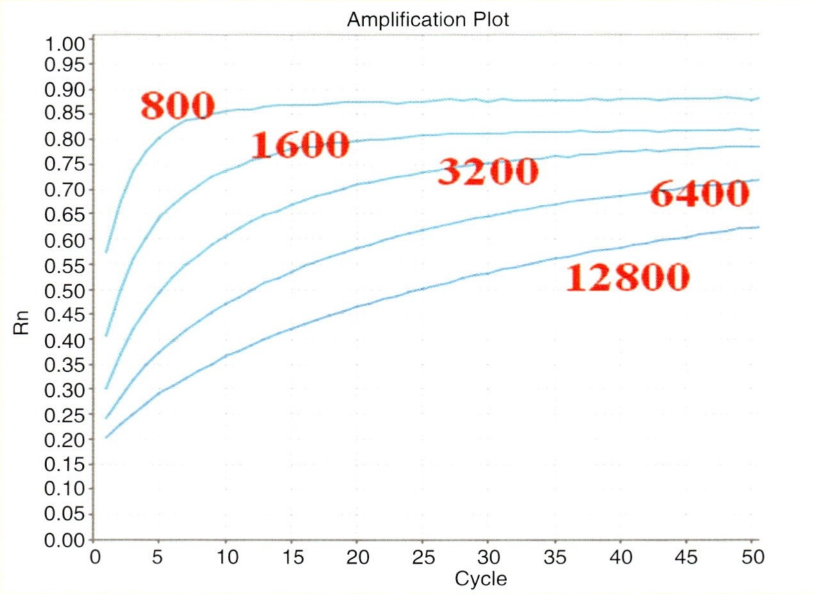

图2-13　SDS-PAGE电泳检测结果

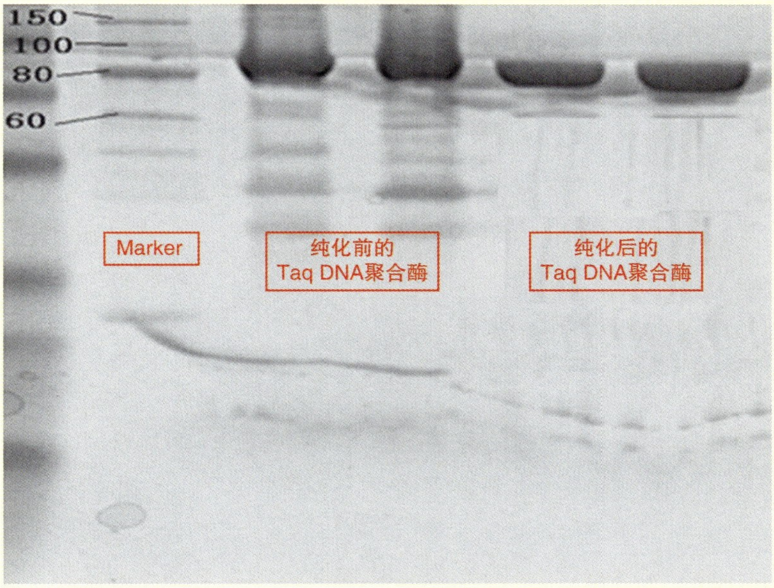

5.酶蛋白化学修饰及检测

以2，4-己二烯酸琥珀酸酐（图2-14）修饰耐高温*Taq* DNA聚合酶蛋白，生产出热启动耐高温DNA聚合酶（图2-15）。

图2-14　2，4-己二烯酸琥珀酸酐结构式

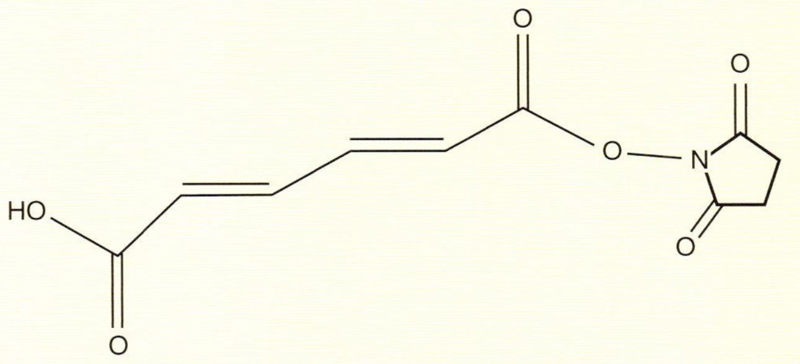

2，4-己二烯酸琥珀酸酐

图2-15 热启动DNA聚合酶化学修饰过程

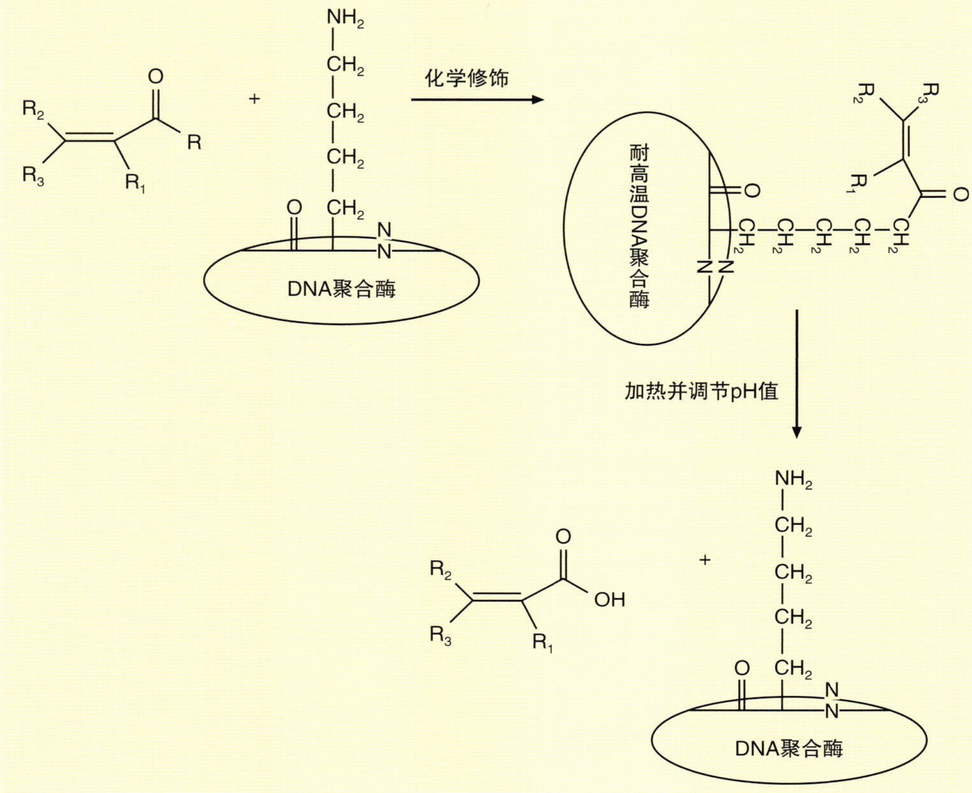

（1）取已纯化好的酶蛋白，并用100 ml TQC缓冲液稀释至50 mg/ml。

（2）称取2，4-己二烯酸琥珀酸酐25 mg，加入至100 μl的二甲基甲酰胺溶液中，调节终浓度为250 mg/ml。

（3）取100 μl 2，4-己二烯酸琥珀酸酐的二甲基甲酰胺溶液加入至2.2 L共110 mg 的*Taq*酶蛋白中（pH=8.0），即两者的质量比为1：4.4，37℃搅拌反应2 h。

（4）反应结束后，混合物12000 r/min，4℃离心20 min，弃沉淀。

（5）上清液转移至截留分子量为50 kD的透析袋中，在TQC缓冲液中透析1天以上，期间每4 h更换缓冲液1次，共需6次。

（6）透析完成后，取出酶液，加入与上清液等体积的TQD缓冲液，充分混匀，即得热启动DNA聚合酶，-20℃保存。

（7）通过RT-PCR对修饰后及修饰前的耐高温*Taq* DNA聚合酶进行对比实验。结果如

图2-16。

图2-16　酶蛋白修饰前后RT-PCR对照图

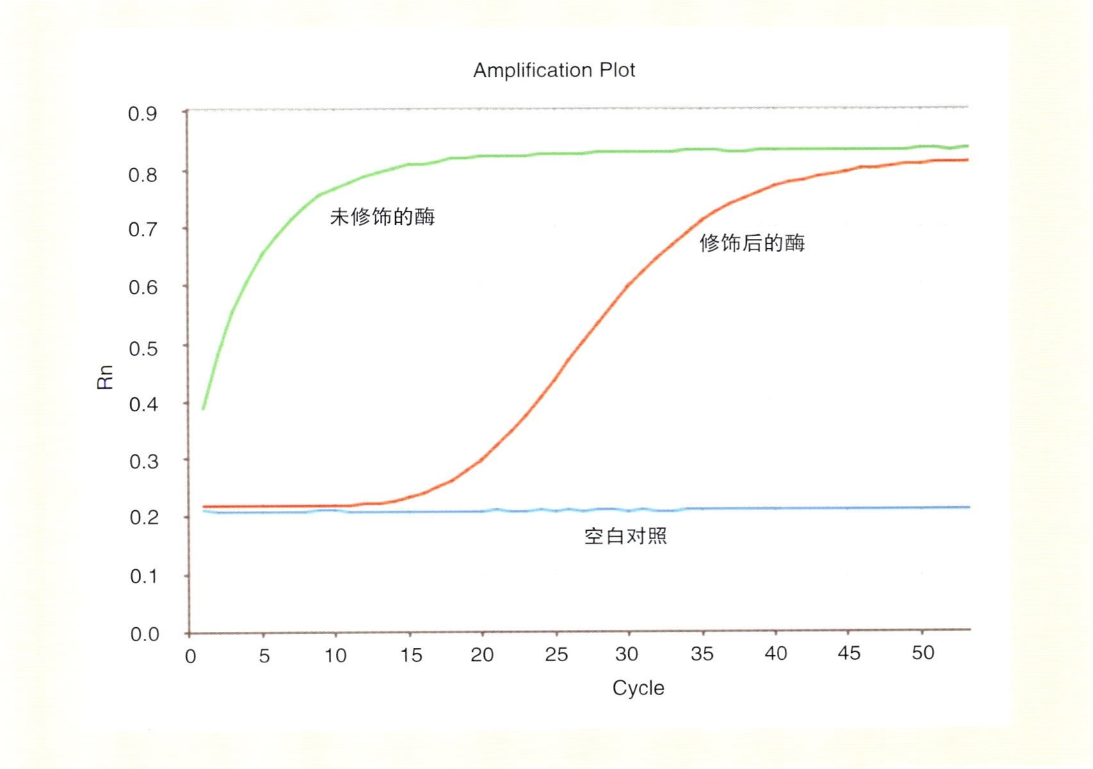

2.3 用于寡核苷酸标记的荧光染料及其制备方法

当一束光照射到某些物质上时，这些物质会发射出不同颜色和不同强度的光，当光线停止照射时，物质所发射出光也很快随之消失，这种现象称为荧光现象，这些能够发射出不同颜色、强度光的物质就称为荧光染料。荧光的发光机理详见第78页2.1.3.5荧光检测。

2.3.1　常用荧光染料

2.3.1.1　有机荧光染料概述

近年来，随着有机合成技术的不断进步，有机荧光染料也迎来了发展的黄金时代，多种多样的有机荧光染料从实验室走向工业和民用的多个领域，发挥着越来越重要的作用，如电致发光显示屏、化学发光和电化学发光分析、医学疾病诊断的荧光示踪等。近年来，荧光染料也被广泛用于一些有机反应的可见光催化研究。

在这些形形色色的有机荧光染料中，人们为其拟定了一系列性能评价指标，被广泛认可的指标有斯托克斯位移和荧光量子产率。斯托克斯位移是荧光物质的荧光光谱较其吸收光谱的红移，通过两者光谱峰值相减得到。而荧光量子产率则指的是激发态分子中经过发射荧光返回基态的分子占全部激发态分子的百分数，一般通过参比法进行测定，通常选用的标准物为硫酸奎宁（蓝绿荧光）和罗丹明B（红黄荧光）。在相同波长的激发条件下，分别测定已知荧光量子产率的荧光标准物质和需要测定的荧光物质的积分荧光强度和对于同一个激发波长的入射光的紫外可见光吸光度。将以上数据带入荧光量子产率计算公式中，即可求得待测物的荧光量子产率：$Yu=Ys(Fu/Fs)(As/Au)$

式中Yu：待测物的荧光量子产率；Ys：标准物的荧光量子产率；Fu/Fs：待测物与标准物的积分荧光强度比值；As/Au：标准物与待测物在该激发波长的入射光的吸光度。通常，式中As和Au要低于0.05。

有机荧光染料尽管千变万化，但从结构上来看，一般都含有可以荧光发射的基团和能改变吸收波长和增强荧光的助色基团（如氨基、酯基、酰胺等）。在已报道的有机荧光染料中，常见的有良好荧光发射性能的荧光染料大致有以下几种。

2.3.1.2　常见的有机荧光染料

1.香豆素类

1982年，Bayer公司设计并合成第一个香豆素类化合物。此后，这一类化合物被普遍应用于香料和抗凝血剂药物。与此同时，人们也发现通过改变官能团，可以得到荧光效率高和斯托克斯位移大的香豆素类荧光染料，这类荧光染料常用来制作成荧光探针。

2012年，Hiroyuki等人通过Suzuki-Miyaura偶联反应和Click反应，合成了一类新型的香豆素荧光染料（图2-17），荧光发射峰在500 nm左右，二氯甲烷中的荧光量子产率最高可达0.61。

图2-17　新型香豆素荧光染料合成式

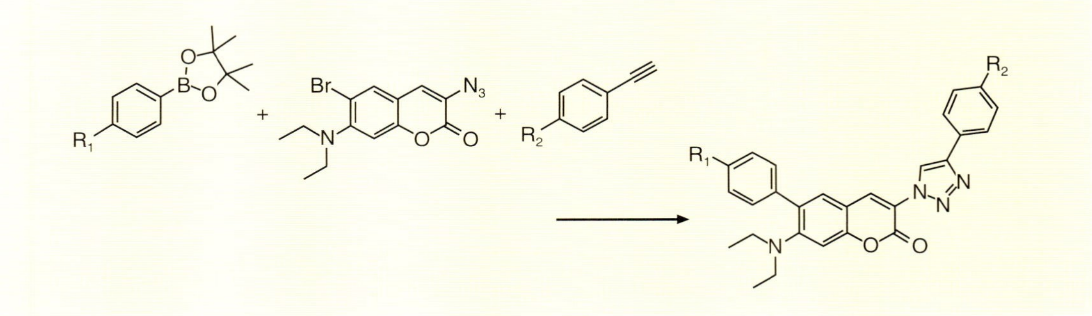

2.蒽、芘、菲等稠环芳烃类

蒽、芘、菲等稠环芳香烃也可以作为荧光染料，它们以稳定性高、光稳定性好等而在电致发光、荧光探针等领域有着广泛的用途。

2013年，Yanguang Wang和Ping Lu等报道了以-NH-桥连的稠环芳烃类荧光染料（图2-18）。该系列荧光染料的荧光发射在520～410 nm之间，在二氯甲烷的荧光量子产率最高可达0.52。

图2-18　稠环芳烃类荧光染料结构式

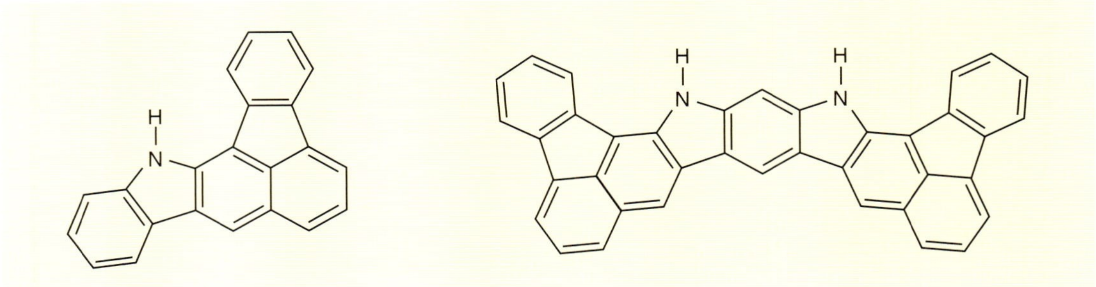

3.荧光素类和罗丹明类

荧光素和罗丹明同属于氧杂蒽类荧光染料系列，应用十分广泛。这一类荧光染料的特点是良好的共轭刚性结构，荧光量子产率高，激发与发射波长都在可见光区域范围内。除了可以用于标记蛋白质和抗体等，这类荧光染料还可以合成分子开关类型的荧光探针，用来识别特定的金属离子或其他待测物。

2013年，Long Yi等报道了使用萘基罗丹明荧光染料合成的硫化氢分子荧光探针（图2-19），其荧光发射峰达到660 nm。

图2-19　硫化氢分子荧光探针合成式

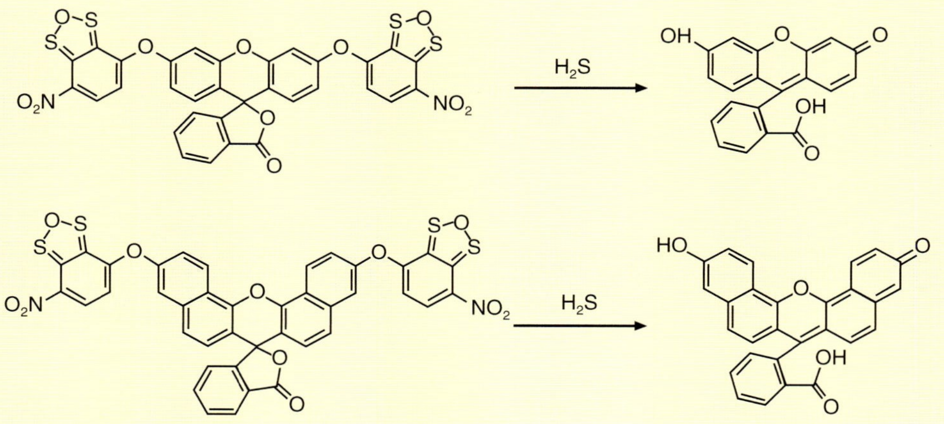

4.花菁类

花菁类染料原本用于胶片照相的增感剂，近年来也开始作为有机荧光染料用于荧光探针和生物医学等领域。其结构特点在于用一个含有奇数碳原子的甲川链把两个吲哚啉连接在一起，其中一个氮原子中心带正电荷，形成一个推拉电子体系。

2013年，Doron Shabat等报道了一系列花菁类荧光染料，并拓展到Donor-Two Acceptor新系列（图2-20）。该系列荧光染料的荧光发射峰位于760 ~ 600 nm，属于近红外区，并且具有非常好的水溶性，Doron Shabat等又利用该系列荧光染料改造成可应用细胞内过氧化氢检测的荧光探针。

图2-20　Donor-Two Acceptor新系列结构式

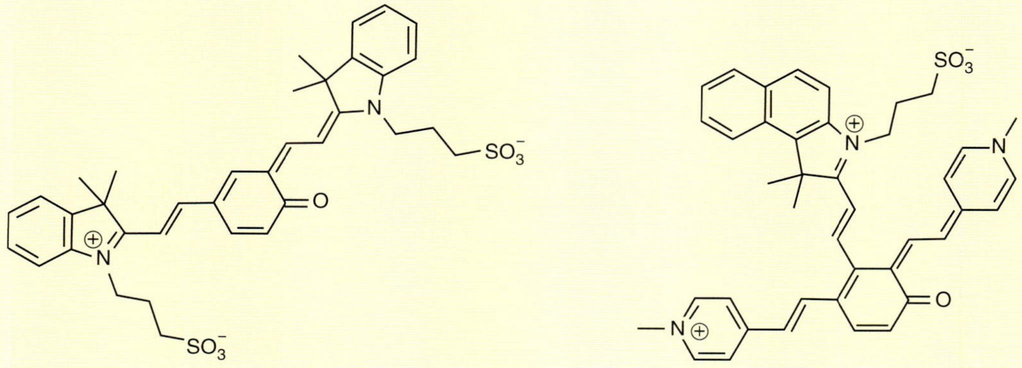

5.BODIPY类

BODIPY类化合物是最新兴起的一类高荧光量子产率、光稳定性不受酸碱环境影响的有机荧光染料。这一类染料的结构特点是用硼桥键和甲川桥键把两个吡咯杂环固定在一个平面上，具有极高的分子刚性。该染料分子在荧光探针和电致发光等领域应用也越来越多。

2013年，Hua Lu等报道了通过Heck偶联反应合成并成功分离出三种不同的BODIPY类荧光染料（图2–21）。该系列染料的荧光发射峰为600 nm，属于近红外区，在甲醇中的荧光量子产率最高可达0.72，并且这个系列的染料分子也可以应用于pH荧光探针领域。

图2–21　三类不同BODIPY类荧光染料合成式

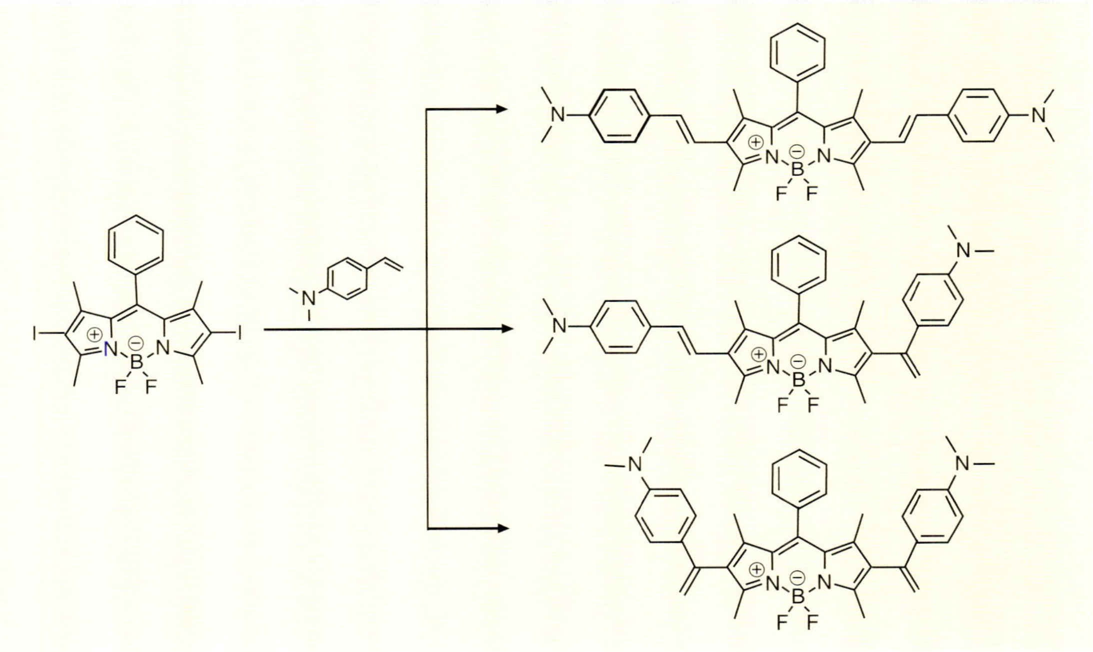

2.3.1.3　有机荧光染料在荧光分析中的应用

荧光分析法由于方法简便、灵敏度高、易于自动化而广泛应用于化学、生物传感、生物标记与成像、示踪与治疗等领域。

芳香族及具有芳香结构的物质，在紫外光照射下能产生荧光。因此，荧光分析法可直接用于这类有机物的测定，如多环胺类、萘酚类、嘌呤类、吲哚类、多环芳烃类、具有芳环或芳杂环结构的氨基酸及蛋白质等。

食品中维生素含量的测定是食品分析的常规项目，几乎所有种类的维生素都可以用荧光法进行分析。多环芳烃普遍存在于大气、水、土壤、动植物及加工食品中，大家所熟知的苯并芘是致癌活性最强的一种，通过萃取或色谱分离后，可采用荧光法进行测定。该方法准确可靠，测定最低浓度可达 0.1 g/ml。

DNA是生命遗传的重要物质，DNA分子的定量分析和特异性识别，对基因组学、病毒学、分子生物学等相关学科的发展具有十分重要的意义。由于生物分子自身的荧光较弱，目前多采用荧光探针法检测。荧光探针法较传统的同位素检测快速，重复性好，用样量少，无辐射，在DNA自动测序、抗体免疫分析、疾病诊断和抗癌药物分析等方面已得到广泛应用。DNA荧光探针的灵敏度是影响检测结果的重要因素，因此，开发灵敏更高的荧光探针，同时避免生物荧光背景的干扰已成为目前研究的热点。

DNA分子有机荧光探针可分为吖啶和菲啶类、菁类、荧光素和罗丹明类。不同的DNA荧光探针各有优缺点，有机荧光染料中近红外染料具有一定的优势，尤其是近红外菁类染料将会更多地被合成并应用于生物分子的检测，但其光稳定性有待提高。相信不久的将来，随着新型、性能优异的有机荧光探针的开发，人类也许能够实现对一些生物过程运用多种方法、多种参数进行实时观测、动态研究，这将极大地推动基因组学及相关学科的发展。

荧光技术灵敏度高，但常规的荧光分析法在实际应用中往往还会受到限制，对于一些复杂混合物分析常遇到光谱互相重叠、不易分辨的困难，需要预分离且操作烦琐。和常规荧光分析法相比，同步多重荧光分析法具有简化光谱、窄化谱带、减少光谱重叠等优点，且兼有选择性好、灵敏度高、光散射干扰小等特点，尤其适合多组分混合物的分析研究。

2.3.2　荧光共振能量转移及其荧光分析应用

2.3.2.1　荧光共振能量转移机理

荧光共振能量转移（Förster resonance energy transfer，FRET）是指当其中一个荧光基团（能量供体）处于激发状态时，会将其能量转移给相邻的分子（能量受体），从而引起能量受体的激发，实现能量由供体向邻近的受体转移的过程。两个荧光基团要实现能量转移，需要满足四个条件：其一，能量供体发射光谱和受体的吸收光谱要有一定的重叠；其二，两个荧光基团的距离一般小于10 nm；其三，能量供体的量子产率与能量受体的光吸收系数都要足够高；其四，供体与受体的偶极的相对取向要合适。

荧光共振能量转移包含两种主要机制：一种是Förster共振能量转移，它是指供体单线态与受体单线态之间的共振能量转移，这种机制最早由Förster阐明，是荧光共振能量转移的最主要的机制；另外一种为德克斯特电子传递机制，它是指供体三线态与受体单线态之间的共振能量转移。荧光共振能量转移具体过程如**图2-22**：供体分子Cy3被激发后，当受

体分子Cy5与供体分子之间距离足够小，且供体和受体的基态及第一电子激发态两者的振动能级间的能量差相互适应时，处于激发态的供体将把一部分或者全部能量转移给受体，使受体被激发。如果受体荧光效率为零，则发生能量转移荧光淬灭；如果受体也是一种荧光物质，则呈现出受体的荧光，并造成次级荧光光谱的红移。

图2-22　采用Cy3生产Cy5示意图说明FRET原理

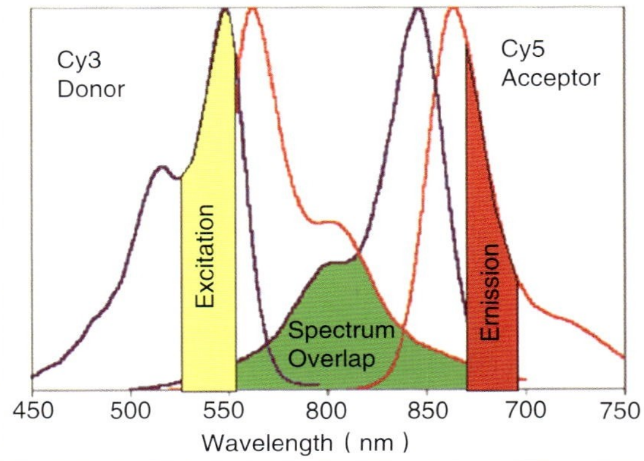

2.3.2.2　能量转移的影响因素

能量转移的效率依赖于很多因素，包括光谱重叠的程度，偶极取向，以及最重要的供体与受体之间的距离。通常，能发生FRET的距离为1～10 nm，接近大多数生物大分子的尺寸。尽管多个供体和多个受体的相互作用的体系很常见，下面的公式给出的是由Förster理论推导出的单个供体受体对之间距离固定的情况。在单个供体受体对的情况中，能量转移率$k_T(r)$依赖于供体与受体之间的距离，可以用Förster距离R_0来表示。R_0指的是当50%的激发态供体分子通过能量转移而衰减，另一半通过其他辐射或非辐射途径而衰减时供体与受体间的距离。R_0可以通过供体与受体的光谱特性来计算：

$$R_0=9.78\times10^3[\kappa^2 n^{-4} Q_D J(\lambda)]^{1/6}(\text{Å})$$

κ^2因子描述的是供体与受体发生能量转移时的偶极取向，Q_D指的是在受体不存在的情况下供体的量子产率。$J(\lambda)$是重叠积分，代表了供体的发射光谱与受体的吸收光谱的重叠程度。$J(\lambda)$和R_0的值会随着受体消光系数的增加以及供体发射光谱与受体吸收光谱重叠程度的增加而增加。

荧光共振能量转移的速率依赖于供体发射光谱与受体吸收光谱的重叠度、供体与受体之间的距离以及供体与受体转移偶极的相对方向。当共振能量转移的效率是50%时的距离称为Förster距离，范围是1～10 nm。从供体到受体的能量转移速率$k_T(r)$用以下公式表示：

$$k_T(r)=\frac{1}{\tau_D}(\frac{R_0}{r})^6$$

τ_D是受体不存在时供体的衰减时间，R_0是Förster距离，r是供体与受体间的距离。因此，当供体与受体间距离r等于Förster距离R_0时转移率等于供体的衰减率，转移效率是50%，在这个距离（$r=R_0$），供体的发射光强度将减半，而另一半能量则按通常的辐射或非辐射速率衰减。能量转移速率强烈依赖于距离，与r^{-6}成正比。

FRET是在激发态的供体分子和基态的受体分子之间产生的一种电动力学现象，可以用经典物理学来解释。共振能量转移不是发射和光子再吸收的过程，而是基于荧光基团作为振荡偶极的观点，即该荧光基团和另一个有相似共振频率的偶极进行能量的交换。使用“共振能量转移（RET）”这个术语的原因就是该能量传递过程中没有产生光子，而是通过供体与受体间长范围的偶极-偶极相互作用。能量转移的效率取决于供体发射光谱与受体吸收光谱重叠的程度、供体的量子产率、供体受体跃迁偶极的相对方位以及供体与受体分子之间的距离。

2.3.2.3　用作FRET的有机荧光染料及应用

发射光在紫外区、可见区及近红外区的有机染料是最传统的FRET供体受体对。这些染料通常以活化的形式商品化，即带有N-羟基琥珀酰亚胺（NHS）酯、马来酰亚胺等可用于生物偶联。一些有机染料家族在结构上非常接近，如花青素家族（cyanines，Cy），而有的有机染料家族在结构上却变化多样，如Alexa Fluor家族。有机染料在实际应用中优缺点并存，以荧光素为例，由于其高量子产率、易溶于水及便于生物偶联等特性得到了广泛应用，而它也存在易于光漂白、对酸碱环境敏感等问题。对于用作FRET的供体与受体来说，有机染料的吸收/发射光谱宽，斯托克斯位移小，有可能导致受体的直接激发，这会对FRET的后续分析产生影响。

用有机荧光染料作为FRET的能量供体受体对在研究酶与底物的反应、细胞表面受体及其配体相互作用等生物化学过程方面有着广泛的应用。Adams等用荧光素和罗丹明作为FRET供体受体分别标记环腺苷酸蛋白激酶的两个亚基（催化亚基C和调节亚基R），当两个亚基组合形成全酶时供体与受体之间会发生FRET，而当环腺苷酸结合到调节亚基R上时催化亚基C就解离下来，从而降低FRET效率，通过这种方法来研究环腺苷酸在细胞内的合成过程。Takakusa等合成一种香豆素衍生物CPF4作为能量供体，将荧光素与之配对作为能量受体来研究磷脂酶的活性。Zlokamik等设计并合成一种β-内酰胺酶的会发荧光的底物作为能量供体，荧光素作为能量受体研究β-内酰胺酶的活性。据报道，有科学家采用Alexa Fluor或Cy染料为能量供体，罗丹明B为能量受体来研究整合蛋白的结合过程。另外，在

基于FRET的生物传感器研究中也用到了有机荧光染料作为供体受体对，如荧光素和罗丹明-X分别作为能量供体与受体的溶解酵素传感器、ATTO Dye和FITC分别作为能量供体与受体的霍乱毒素传感器等。

2.3.3 荧光染料及其荧光标记引物的制备方法

法医DNA荧光检测试剂盒，由于其对多重PCR扩增灵敏性、均一性、保真性的严苛要求，引物的荧光标记以及规模化高纯度的荧光标记引物的分离成为制约该试剂盒高质量、规模化生产的最重要的因素之一。

由于全自动DNA合成仪的广泛推广，引物的合成目前基本上采用固相亚磷酰胺三酯法，尽管采用的DNA合成仪的生产厂家不同，但不同的设备均基于同样的合成原理。即将起始引物固定在固相载体上完成DNA全链的合成。合成的方向由合成引物的3'端向5'端进行，相邻的核苷酸通过3'，5'-磷酸二酯键连接。该方法具有偶联效率高、反应速度快，起始反应物比较稳定等特点。因此，DNA短片段或引物合成已成为一项基本全自动化的机械操作。

影响引物合成质量的主要因素包括：机器的性能、合成原料的质量以及试剂的纯度。在保证以上基本条件的前提下，引物合成完毕后，切下来的引物采用何种方法纯化、分离，其技术与技巧成为影响引物质量的最关键因素。

引物的荧光标记，除了受未标记引物自身质量的影响，同时荧光素的质量好坏、标记方法、标记后引物的分离以及纯化技术是导致荧光标记引物质量好坏的重要因素。因此，这项技术成为在实际操作中制约国内生产高质量的荧光STR试剂盒的主要瓶颈之一。

引物的荧光标记方法可分为两种：一种是在固相合成引物的基础上，利用DNA合成仪采用固相合成法，将不同荧光亚磷酰胺三酯直接标记在引物5'末端，然后把标记好的引物从CPG上切下来。这一方法简便高效，已成为国内外荧光引物合成的首选方法。但该方法在引物合成去保护、固相切割的过程中易对荧光素稳定性产生一定的影响。同时，不同荧光素亚磷酰胺三酯的纯度和稳定性也是造成该方法生产的荧光标记引物质量无法得到保证的主要因素之一。

相反，通过先合成5'端氨基修饰的引物，将经琥珀酸活化的荧光素在室温或略高于室温的温和条件下进行荧光标记，然后再分离、纯化荧光标记引物。该方法反应的条件温和，反应过程中试剂以及反应条件对荧光素的破坏较小，同时琥珀酸活化的荧光素稳定性更好、产品纯度更高。我们采用的即为第二种方法。

2.3.3.1 五色荧光染料SIZ的合成

步骤一：氨基化短波长荧光素，波长460 ~ 520 nm，为单异构体，和0.1 mmol长波长荧光染料DY-630琥珀酸酯按摩尔比1∶1，溶于100 μl二甲基甲酰胺中。

步骤二：加入10 μl三乙胺并在其催化作用下，在常温进行反应。

步骤三：经过1 h的反应后，加入200 μl的pH值为7～10的弱碱性碳酸钠水溶液并混合，再在60℃反应1 h。

步骤四：反应结束后，高速离心除去沉淀。

步骤五：上清液经减压浓缩后（可加热，但应低于60℃），溶于10 ml 5%的二氯甲烷-甲醇溶液中，并用1000 ml 5%～30%（体积比浓度）的甲醇在二氯甲烷中的浓度梯度溶液经硅胶柱层析分离，除去反应副产物以及未反应的化合物，收集最后带色荧光组分。

步骤六：经减压浓缩（可加热，但低于60℃）后，即得到所要的荧光染料SIZ（图2-23）。此荧光分子在488 nm波长吸收后在650 nm波长的荧光效率有了10倍的提高（图2-24）。

图2-23 荧光染料SIZ合成分子式

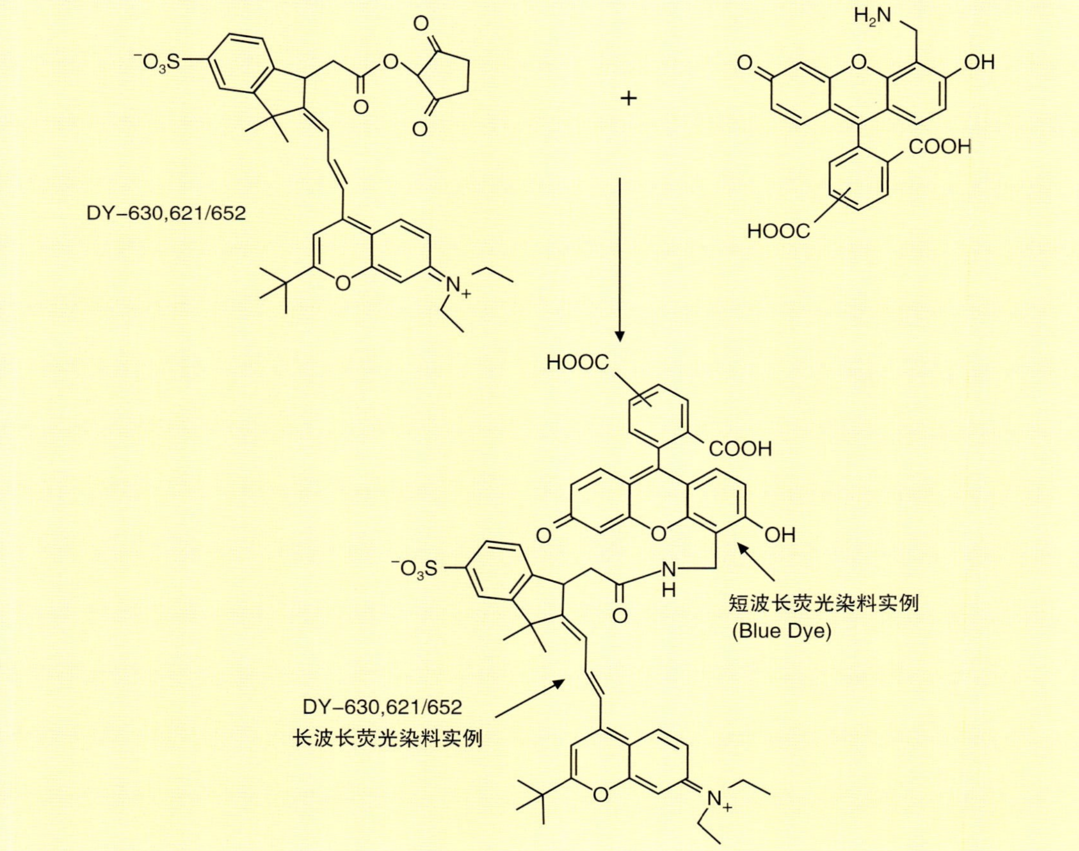

图2-24　能量转移前后SIZ荧光强度对比

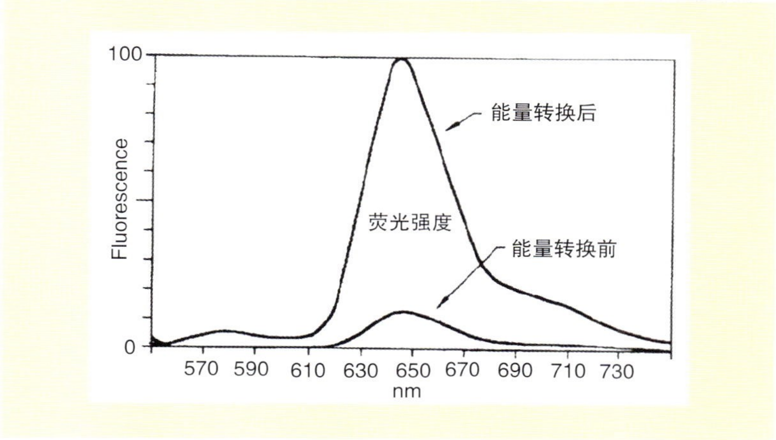

2.3.3.2　荧光引物的制备

步骤一：采用常规方法合成5'氨基修饰引物，合成获得的引物经HPLC纯化。

步骤二：制备获得的荧光染料琥珀酸酯采用硅胶柱纯化，洗脱液为30%的二氯甲烷-甲醇溶液，分离纯化的荧光染料琥珀酸酯进一步采用核磁共振图谱以及HPLC对其纯度以及结构的正确性进行鉴定。

步骤三：取5'端有氨基修饰的引物20 OD，加至500 µl的 $NaHCO_3$（0.5 mol/L，pH =9.0）溶液中。

步骤四：将活化的荧光染料琥珀酸酯5 mg加入100 µl无水二甲基亚砜至完全溶解。

步骤五：将100 µl 荧光染料琥珀酸酯加至500 µl引物溶液中，25℃搅拌反应24 h。

步骤六：反应结束后，离心除沉淀，上清液先用OPC法除盐，并去除未反应的荧光，然后将反应产物用高压液相方法（Waters 600，C18 column）除去剩余的少量反应副产物以及未反应物质，即得到荧光标记STR引物。

步骤七：纯化产物经HPLC（图2-25）以及CE检测其纯度。采用ABI Voyager ESI质谱仪分析（图2-26）荧光标记引物实测分子量与理论分子量的吻合性。

步骤八：将纯化获得的荧光标记引物生产前进一步通过ABI 3100测序仪检测其纯度（图2-27）。

图2-25　SIZ荧光引物HPLC图

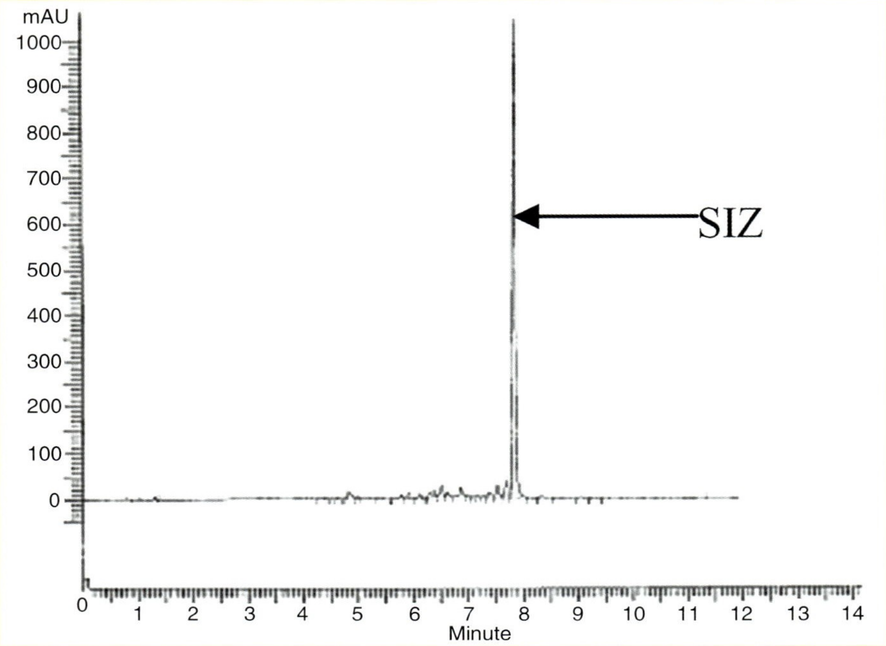

图2-26　SIZ荧光引物质谱图

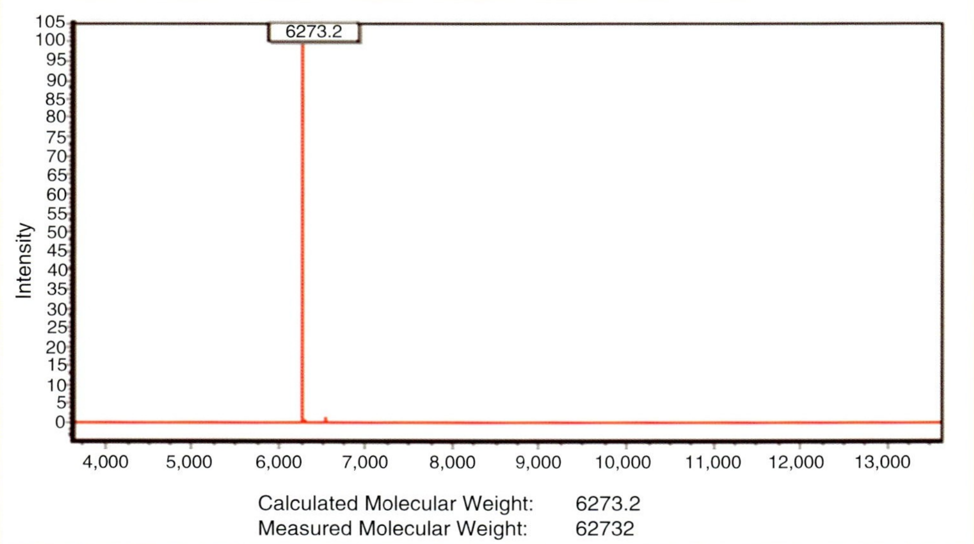

图2-27 SIZ荧光引物CE结果图谱

2.4 犬17A荧光DNA亲子鉴定试剂盒的研制

2000年，最早将人类STR检测试剂盒商品化的两个公司——Promega公司和ABI公司，相继推出了复合PCR扩增检测产品，在单个反应中能够同时扩增13个STR基因座并加入性别鉴定基因座。在STR应用的前十年里，有两种基本方法用于分离检测荧光标记的STR等位基因：凝胶电泳和毛细管电泳。如今，毛细管电泳已经成为STR检验的常规方法。

商品化STR试剂盒的制造商们经过大量研究后，选择确定了试剂盒中包含的STR基因座，并分析了引物对之间能否匹配，以及它们在复合扩增能否联合使用。大多数实验室没有时间或资源来自行设计引物、优化PCR条件和监控引物合成的质量。商业化的试剂盒由于其固定的基因座组合和相同的反应条件增加了实验室间共享数据的机会，也不用担心无效的等位基因，其应用优势得到了极大的增强。

一个典型的商品化STR检测试剂盒由以下七个部分组成：a.引物混合物，包含一套涵盖各个STR基因座的引物，且每个基因座的引物用一种荧光标记。b.PCR缓冲液，包括脱氧核苷酸、$MgCl_2$和其他必要的PCR扩增组分。c.DNA聚合酶，有时会与PCR缓冲液混在一起。d.等位基因分型标准物，某一STR基因座在犬群体中常见的等位基因的混合物，在电泳时能够用于等位基因片段大小的校正。e.阳性对照样本，用于检验试剂盒中的组分是否有效。f.荧光分子量内标，一组已知长度的荧光染料标记的DNA分子，作为一把“尺子”

用于毛细管电泳时测量片段大小。g. Matrix标准品，一组标记引物的荧光染料标准品，用于校准遗传分析仪电泳过程中荧光间的干扰。

在美国ABI公司推荐的StockMarks Animal Genotyping System的10个犬基因座中，有部分基因座遗传多态性不高，或是不同犬群间差异较大，由此给犬DNA检验技术的应用及其效率带来一定的影响，不能很好地满足使用的要求。

在解决了前两节提到的DNA聚合酶及荧光染料和标记的关键原料后，为了提供一种新的荧光标记复合扩增检验系统，使其更适合于在犬类的个体识别、亲缘鉴定和遗传育种等方面的应用，进一步提高系统的累计个体识别力和累积非父排除率，该检验系统中必须包含数目更多的、在犬中具有高度遗传多态性的STR基因座。

2.4.1 基因座的选择及引物设计

2.4.1.1 基因座选择和排布

从法医学个体识别和亲缘鉴定的实用性考虑，选择STR基因座的基本条件包括两方面的要求，即多态性程度和扩增的稳定性。理想的基因座应具备以下几个条件：a.等位基因长度在500 bp以下。b.重复单位为三核苷酸以上，尽量不含有插入的非重复单位碱基。c.等位基因数应在6个以上。d.STR基因座杂合度0.8以上，个体识别能力大于0.9。e.基因频率分布比较平均，没有特别高或者特别低频率的等位基因。f.PCR扩增稳定，突变率低。实践应用和观察认为，四核苷酸重复的简单序列比较稳定，多为应用首选。

为了兼容已有犬STR基因座的信息，保证已有DNA数据的共享与交流，同时提高犬DNA检验系统的累积个体识别力和累积非父排除率，对照上述STR基因座筛选要求，本研究选用了17个DNA基因座，它们是DAmel、PEZ1、PEZ2、PEZ3、PEZ5、PEZ6、PEZ8、PEZ12、PEZ15、PEZ20、PEZ21、FH2010、FH2054、FH2079、FH2132、FH2611和VWFX，其中，DAmel是用于鉴定犬性别的基因座。所选择的这17个基因座具有较好的遗传多态性，常见等位基因分布均匀，重复单位为三核苷酸到六核苷酸，适用于STR-PCR复合扩增。

荧光标记复合扩增系统中，同一种荧光染料标记的不同STR基因座，等位基因片段大小不能重叠，考虑到稀有等位基因的因素，前一个基因座的最大等位基因与后一个基因座的最小等位基因之间最好相差10 bp以上，且两者的差值不能为4的整倍数。因此，根据各个基因座的核心区大小（**表2–3**），将17个犬STR基因座分为四组（**图2–28**），第一组为PEZ1、PEZ2、FH2010、PEZ5和PEZ12；第二组为DAmel、PEZ21、PEZ3、PEZ6和PEZ8；第三组为FH2054、VWFX、FH2611和FH2132；第四组为PEZ20、PEZ15和FH2079。

表2-3　17个犬STR基因座的信息

基因座	片段大小/bp	核心序列	所在染色体
PEZ1	96 ~ 140	(ATAC)n	7
PEZ2	150 ~ 200	(AAGG)n	17
FH2010	205 ~ 234	(ATGA)n	24
PEZ5	250 ~ 280	(TAAA)n	12
PEZ12	290 ~ 368	(GAAA)n	3
DAmel	85 ~ 100	(TTCT)n	X
PEZ21	109 ~ 150	(AAAT)n	2
PEZ3	161 ~ 223	(GAA)n	19
PEZ6	245 ~ 299	(TTTC)n	27
PEZ8	316 ~ 390	(CTTT)n	17
FH2054	110 ~ 160	(ATCT)n	12
VWFX	169 ~ 217	(AGGAAT)n	27
FH2611	218 ~ 259	(CTTT)n	36
FH2132	264 ~ 400	(CTTC)n	2
PEZ20	100 ~ 152	(AAAT)n	22
PEZ15	157 ~ 230	(AGAA)n	16
FH2079	250 ~ 290	(GGAT)n	24

图2-28　17个犬STR基因座的排布图

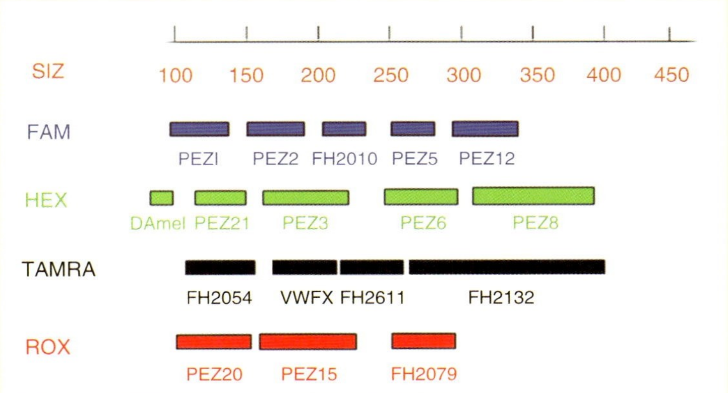

2.4.1.2　引物设计和荧光标记

好的引物设计可能是PCR反应中最重要的部分，DNA模板上的目标区是由引物确定的。引物的退火特性直接影响PCR的产率。为了使PCR能有效地进行，引物必须对目标区域特异，有相似的退火温度。引物与自身或与其他引物之间的相互影响不能太严重以致形成引物二聚体，结构上也要相匹配。另外，引物结合区域应高度保守，因为如果一旦模板DNA序列发生改变，引物就不能正确结合。表2-4列举了优化引物设计的基本指导原则。

表2-4　引物设计的基本指导原则

参数	最适值
引物长度	18 ~ 30 bp
退火温度	56 ~ 64℃
GC含量	40% ~ 60%
发卡结构	小于连续3 bp
引物二聚体	小于连续3 bp
片段大小	小于2000 bp
保守性	BLAST最佳匹配
引物对间退火温度差异	不大于5℃
Poly长度	小于连续4个碱基

很多软件可以进行引物设计，如Primer Express和Oligo。这些软件使用热力学“最近相邻法”来计算和预测引物的退火温度及引物自身或相互间的作用进行预测。专业化软件作为引物设计方面的工具已经变成一个非常有价值的资源，例如Primer 3引物设计软件，可访问怀特黑德研究所网站（http://frodo.wi.mit.edu/）获取。在使用Primer 3时，用户输入一段DNA序列并指定扩增目标区域及其他参数（PCR产物的大小、引物长度、所需的退火温度），软件将最好的引物对评分，并通过互联网反馈给用户。该软件可快速设计单重扩增的引物对，即一次只扩增一个DNA区域的引物对。

目前，很多实验室应用的STR复合扩增系统，主要采用四色或五色荧光标记（常见荧光染料见表2-5），其中一种颜色用于标记与复合扩增产物混合后同步电泳的分子量内标DNA片段。剩下的三种或四种荧光染料用于标记STR基因座，每种荧光染料可标记1 ~ 6个STR基因座，可构建包含20个以上DNA遗传标记的复合扩增系统。通过把荧光染料标记在寡核苷酸引物的5'端，扩增后使相应PCR产物的一条链均携带标记引物的荧光染料。这些带有特定荧光染料的扩增产物在后续的电泳分离检测设备上，可被清晰地识别。在选择荧光染料组合时，组合荧光染料的发射波长相差越大越好。这是由于不同荧光染料在进行光

信号检测时存在相互干扰，发射波长越接近，干扰越大。如JOE和VIC的最大发射波长均为554，用JOE和VIC分别标记等位基因长度重叠的STR基因座引物进行复合扩增，后续检测将不能分辨扩增产物是何种荧光标记及哪个STR基因座的产物。

表2-5　STR自动分析中常用荧光染料

荧光染料	最大激发波长/nm	最大发射波长/nm
6-FAM	495	535
TET	522	539
JOE	528	554
HEX	535	553
VIC	538	554
NED	546	575
CY3	552	565
PET	558	595
TAMRA	560	583
ROX	587	607
Texas Red	587	620
LIZ	638	655
SIZ	635	650
CY5	650	565

从Genbank中检索到各基因座序列信息，参照相关文献，根据微卫星两端侧翼序列的保守性，同时避开文献已报道的部分基因座侧翼序列可能发生SNP突变的区域，引物设计原则要求具有高度特异性，整套引物应按统一的参数采用Primer 3进行设计，使退火温度尽量一致（34条引物Tm值要求控制在68～72℃之间），以实现扩增稳定性和扩增平衡性。按照分组，将每组STR基因座的其中一条引物采用荧光标记：FAM标记第一组，HEX标记第二组，TAMRA标记第三组，ROX标记第四组，而SIZ标记分子量内标。一对引物中选择标记的原则：a.两条引物中Tm值高的引物标记荧光。b.非标记引物的5'端尽量为G碱基，如不是可外挂一个G碱基。c.标记引物的5'端则尽量不是G，如是可外挂一个T碱基。设计好的引物序列和标记见表2-6。

表2-6 17个犬STR基因的引物信息

基因座	荧光标记	引物序列（5'-3'）	5×引物浓度/μmol/L
PEZ1	—	GACCCCACCACAATCTCTCTC	0.12
	FAM	CGGCTGTCATTTTCCCTTTC	
PEZ2	FAM	CAGCCCTTGAATATGAACAATGAC	0.1
	—	GTGGAAGAGGTGGGATTCTG	
FH2010	FAM	CCAGAATGGAACAGTTGAGCAT	0.15
	—	GATTTTCCAGCCTGTGCCTT	
PEZ5	FAM	TAAGCCCGACGATGGTTTGTTA	0.12
	—	GTATCTTGTTTCCCACAGCATTTCT	
PEZ12	—	GCACCTCAAGAACTGGGCTT	0.11
	FAM	ATGCTTGCCTCTATGACTCTCTT	
DAmel	HEX	TGTTGATTGTTTGCCTGCCT	0.20
	—	GTTATTTCTTCAAGCTTGTGAAATTG	
PEZ21	HEX	CCTTTGTGAGTTTGTGATCTTATGC	0.16
	—	GTCTTATCCTCCATTTCTGTGTCAT	
PEZ3	—	GAGCATTTTTTAATGTTGAATCATTT	0.15
	HEX	TCACTTCTCATACCCAGACTCCT	
PEZ6	—	GATGACTTCTTTTTTTCTGTCCTTAGC	0.23
	HEX	ACTGGGTGTTATACTATATGTTGGCAA	
PEZ8	HEX	TTCATGCAGGGGTGCTGA	0.30
	—	GGGTGGCTGACTTGGTTACAC	
FH2054	—	GTAATAAAAGCAGAAACTTTGGAGC	0.25
	TAMRA	TGCTGAGTTTTGAACTTTCCCT	
VWFX	—	GCACCTCTAACTTCATCTCATCCCT	0.30
	TAMRA	TCACCAGGTCACACACTGAGG	
FH2611	—	GAGACATCTTCCAAATCTTTTCGTTG	0.35
	TAMRA	TGTGACCATTATGGCTATTGTTGC	
FH2132	TAMRA	TTTGTGTGTGCCCCACTTG	0.29
	—	GTGGGAGTGGAGACTGCTTG	
PEZ20	—	GCATAAAAGTTTAGTCCTCTAACAACC	0.35
	ROX	CTGGTAGGGGAAAATCCTAGAA	
PEZ15	ROX	TCAGTGGGGCTTAACTCCAA	0.50
	—	GCCTCTCCTCTGCCTCTTCC	
FH2079	—	GGTTTGTGTTAAACAAATGTTTGAA	0.95
	ROX	AATTGATTCTGATGTGCCCAG	

2.4.2　复合扩增体系的建立与优化

开发一套高效的多重复合PCR反应体系，需要仔细的设计和大量的测试，努力平衡各引物间及反应组分间的配比关系，一系列热循环参数，如退火温度和延伸时间，往往需要多次实验优化，才能最终确定。

开发一套具备每个PCR产物都具有相近产率的、均衡性好的多重复合PCR反应体系是一项很具有挑战性的工作。对于广泛使用的商业化试剂盒，单个实验室一般不会对PCR再进行优化实验，而是围绕试剂盒推荐说明中提供的最佳条件内部进行有效性验证，对不同条件下多重扩增的性能表现进行研究，例如，以STR峰高的形式研究商品化试剂盒在最佳退火温度、高于和低于其2℃和4℃条件下的PCR产率。如果与推荐最佳的退火温度存在任何差异，则会标注出来。

引物的浓度在多重PCR反应中是比较关键的影响因素之一，它决定每个扩增子的总产量，通常需要反复实验和摸索来获得最佳的配比。相对于单一PCR反应来说$MgCl_2$和dNTP的浓度略有增加。全面评价多重PCR反应还可以通过加入和去除引物对来考察其他扩增子的整体均衡性是否受到影响。

1.单基因座引物评价

通过每个DNA基因座引物的单一常规扩增评价该对引物的特异性和扩增效率等。

2.复合扩增体系基础模型的建立

根据单基因座引物扩增的最佳条件，将17对引物按照适中的比例混合，设计复合扩增体系模型。

3.引物浓度的优化

在以上复合扩增体系获得扩增结果的数据基础上，根据各基因座扩增强弱，通过正交实验确定各基因座最佳引物使用浓度。

4.Reaction Mix体系的优化

确定了复合扩增体系的引物使用基本浓度后，优化Reaction Mix组分的最佳配比（见表2-7），主要包括：Mg^{2+}浓度，dNTP浓度以及PCR添加剂对复合扩增特异性以及灵敏度的影响。

表2-7　Reaction Mix组分及浓度

组分	浓度
Tris-HCl（pH=8.0）	10 mmol/L
KCl	50 mmol/L
$MgCl_2$	3.0 mmol/L
dNTP Mix	0.25 mmol/L
BSA	0.3 mg/ml
SSB	4 mg/ml

5.最佳退火温度的优化

从扩增特异性以及扩增灵敏度评价退火温度对复合扩增体系的影响，退火温度设置从58～64℃进行优化，其中包括建立降落PCR条件（表2-8）。

表2-8　优化后的PCR扩增程序

初始变性	热循环	终延伸	保 温
95℃ 11 min	10个循环：94℃、1 min， 64℃、1 min，72℃、1 min 20个循环：90℃、1 min， 62℃、1 min，72℃、1 min	60℃ 60 min	4℃ 维持

2.4.3　SIZ-500 Size Standard的制备

荧光分子量标准品是STR毛细管电泳检测过程中的参照系统，它是由一组已知大小的DNA片段组成。电泳过程中，荧光分子量标准品中每个DNA片段都获得一个电泳相对时间值，它与已知碱基数的DNA分子内标构建一个直线回归方程，则一个未知大小的DNA扩增片段经电泳获得相对时间值，通过此回归方程可计算出它的片段大小。因此，荧光分子量标准品就像是一把丈量待检DNA片段大小的“尺子”，其好坏直接影响着检测的准确度和精度。

SIZ-500由下列14个片段组成：75 bp、100 bp、139 bp、150 bp、160 bp、200 bp、250 bp、300 bp、340 bp、350 bp、400 bp、450 bp、490 bp和500 bp。

从Genebank中寻找并选取一段非犬的DNA序列，设计一条共用引物并标记SIZ荧光，以及14条普通引物。

将14条SIZ片段扩增并混合，调平各组分配比，氯仿抽提纯化后-20℃避光保存（图2-29）。

图2-29　SIZ-500荧光分子量标准品图谱

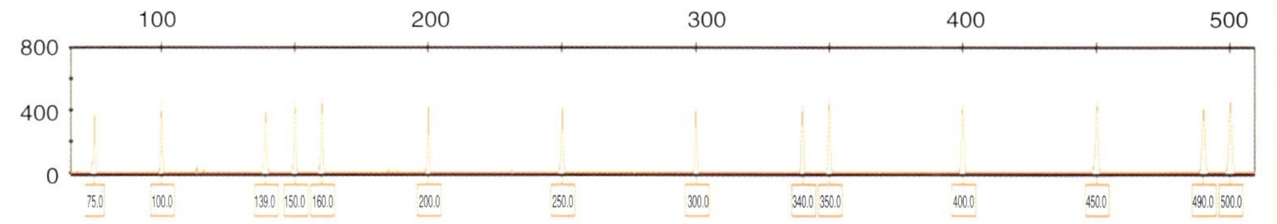

2.4.4　Allelic Ladder的制备

等位基因分型标准品（Allelic Ladder）是指某一STR基因座在犬群体中常见的已知等位基因的混合物，它们和扩增样本时使用的引物和荧光标记相同，为每一个等位基因提供DNA片段大小相同的参照物。Allelic Ladder对于STR基因座的精确分型十分重要，它们能够对不同实验室因为仪器、检测条件的不同，而对同一等位基因检测出不同带下片段进行校正。

在每批样本电泳分析时，Allelic Ladder会同时电泳，其获得的结果数据经过颜色分离和计算每个片段大小后，执行分型程序时，程序首先对Allelic Ladder中的各基因座等位基因按照STR命名规则进行命名。软件设定了每个基因座的颜色种类和等位基因片段大小范围。在获得Allelic Ladder命名的基础上，再将样本数据中各种颜色及每种颜色中各片段峰对应到Allelic Ladder相应颜色和片段范围，比对样本片段峰大小是否与Allelic Ladder中等位基因相同。如果比对结果二者相同，则用该等位基因数字命名样本片段峰；如果不相同，则标识为off-ladder。逐一将样本中的每个片段峰与Allelic Ladder相应基因座比对分型，完成对样本各基因座等位基因的数字化命名。

以上对毛细管电泳结果数据的颜色分离、片段大小测量及与分型标准品比对，确定STR基因座等位基因数字化分型，均是由计算机软件程序化完成。在此基础上，专业人员可对软件自动生成的命名进行检查，根据经验来决定是否修改完善软件标记的命名。检查修改后的等位基因分型可以通过软件功能生成特定的表格进行进一步的数据处理，分型或录入DNA数据库。基因座的STR分型是比对样本与Allelic Ladder相应基因座等位基因的大小而确定的，因此，每次电泳原则上需要同批电泳Allelic Ladder和阴性对照及分型参考样本，才能较好保证等位基因分型标准品与未知样本间正确比对。

1.犬群各基因座常见等位基因片段的扩增与纯化

选取含各基因座常见等位基因的血样，提取基因组DNA，非荧光引物扩增各个血样，PCR扩增产物经1.7%的琼脂糖凝胶电泳分离，0.5 μg/ml EB染色，切胶回收和纯化目的产物。

2.目的等位基因的单克隆

将目的片段与pMD18–T载体连接成单克隆，并转化到事先准备好的感受态细胞中，LB平板培养过夜，蓝白斑筛选，挑取转化好的单克隆并进行PCR验证和测序确认，提取质粒和甘油菌保存。

3.等位基因的制备

将克隆有各个基因座等位基因的质粒作为模板，采用50 μl反应体系扩增。将同一基因座各等位基因PCR产物混合，电泳检测，根据峰高比例调整平衡。单基因座的Ladder组配好后，采用氯仿抽提纯化。根据单个基因座Ladder的平均峰高比例，换算成体积比组配17个DNA基因座Ladder（**图2–30**），并于调平后–20℃避光保存。

图2-30 犬17个DNA基因座Allelic Ladder图谱

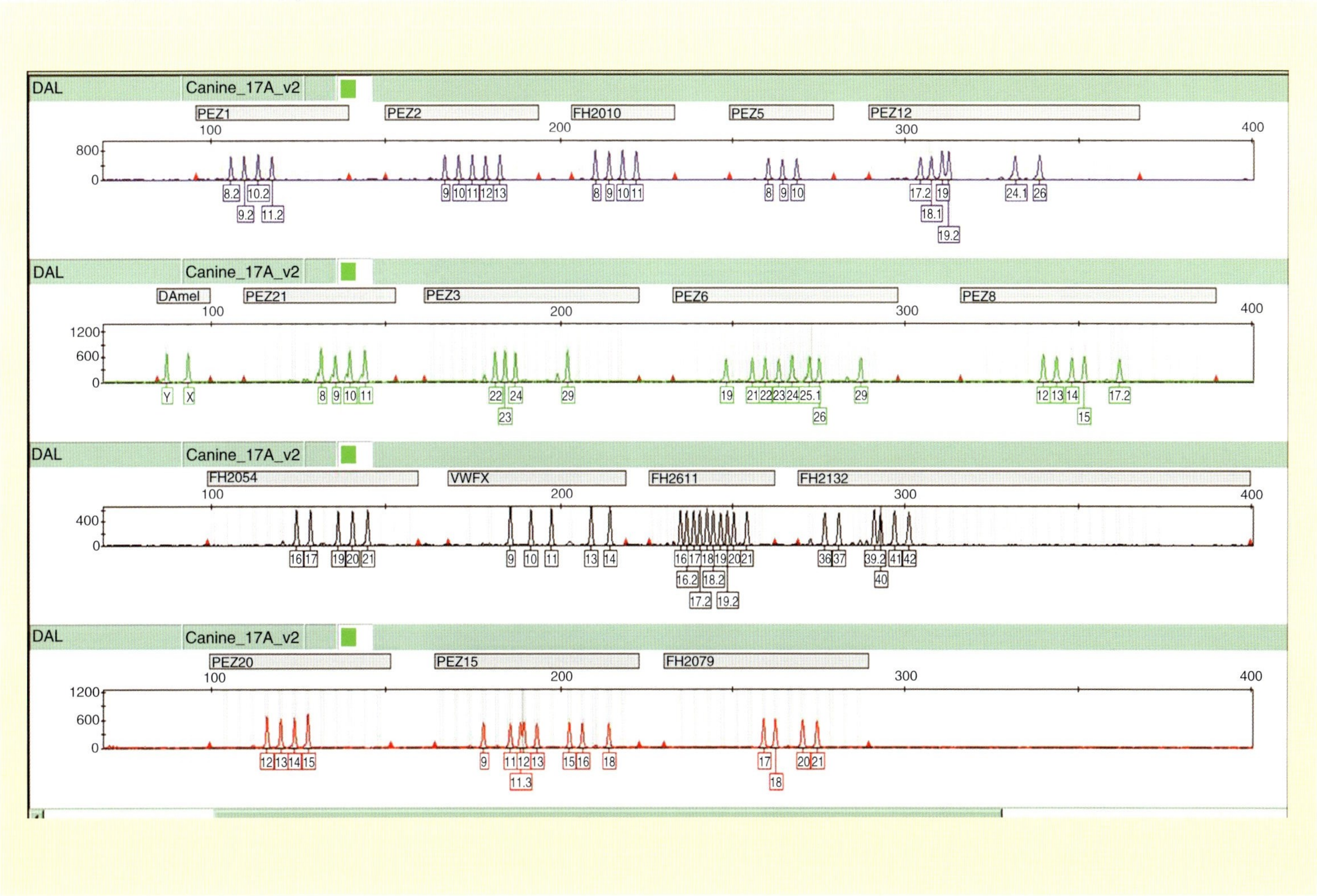

2.4.5 5-Dye Matrix标准品的制备

如本章第一节所述，不同荧光标记体系以及不同的荧光组合，需要建立合适的光谱校正文件，即Matrix文件。Matrix文件建立的好坏是遗传分析仪评估多色荧光系统的关键。该17A试剂盒选用的五色荧光系统为6-FAM、HEX、TAMRA、ROX和SIZ。

从Genebank中选取一段非犬的DNA序列，设计一条下游共用普通引物，以及上游5条不同大小的引物，并依产物片段大小，按照从大到小顺序分别标记上6-FAM、HEX、TAMRA、ROX和SIZ。

将5条标记有不同荧光的片段分别扩增并混合，调平各组分配比，氯仿抽提纯化后-20℃避光保存。

在遗传分析仪上采用Spectral Calibration模式，用组配好的5-Dye Matrix标准品电泳建立E5 Matrix文件（图2-31），当C值大于4、Q值大于0.98即该Matrix文件通过。

图2-31 E5 Matrix文件图谱

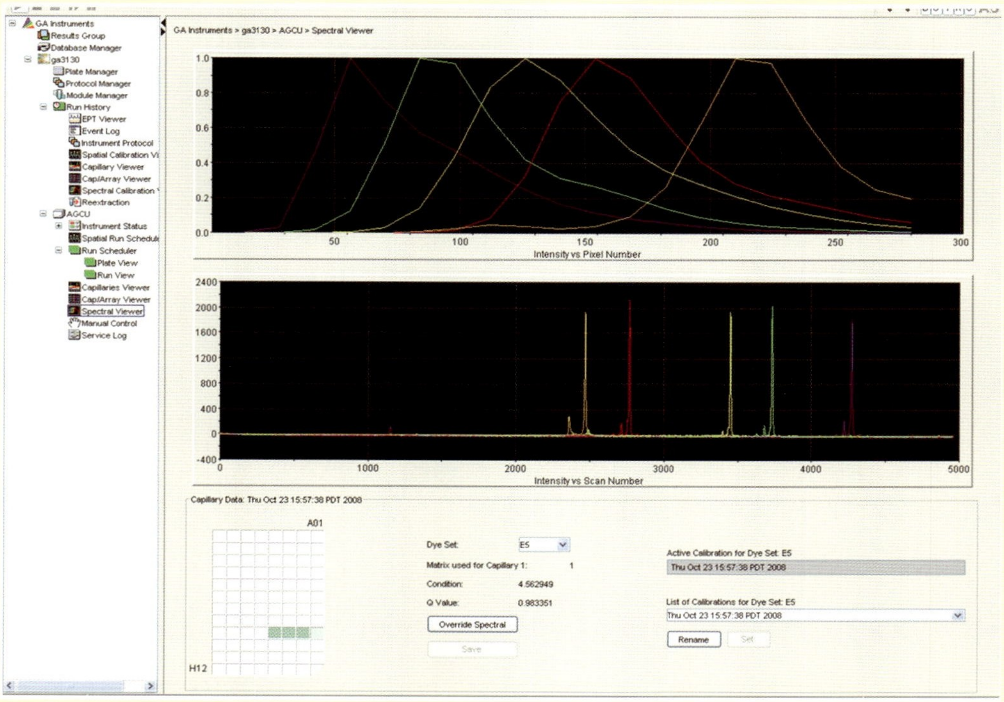

2.4.6 Control DNA的制备

取5 ml犬抗凝血，酚氯仿法抽提其基因组DNA，紫外-可见分光光度法定量分析，用TE将基因组DNA浓度定标为2 ng/μl，分装后于-20℃保存。

2.4.7 试剂盒验证及其技术参数

2.4.7.1 试剂盒验证

犬17A STR荧光检测试剂盒采用五色荧光标记、多重PCR复合扩增方法对犬基因组DNA中STR基因座的多态性进行检测，通过分析扩增结果来确定血样、精斑、毛发、唾液斑等生物检材的基因型。

对试剂盒的评价从以下几方面进行：试剂盒的灵敏度、特异性、均衡性、重复性、稳定性，以及各类检材适用性。

试剂盒重复性、稳定性、种属特异性验证：取不同批次的试剂盒对同一样本进行扩增检测，验证试剂盒的稳定性和重复性；通过对犬类和非犬类检材进行检测，验证其扩增特异性。

试剂盒灵敏度验证和评价：25 μl标准反应体系扩增不同浓度的Control DNA，验证试剂盒的灵敏度、特异性以及试剂盒的最佳模板浓度范围如**表2-9**。

表2-9 验证试剂盒的灵敏度、特异性以及试剂盒的最佳模板浓度范围

PCR反应体积	体系中Control DNA浓度			
25 μl	1.0 ng	2.0 ng	4.0 ng	8.0 ng

检材适用性验证：对于血样、精斑、毛发、唾液斑等样本，经Chelex-100法抽提，用本试剂盒进行多重PCR扩增。另外，对于血斑和唾液斑样本，打下1.2 mm孔径后加入反应体系直接扩增，检验能否获得清晰易读的17个DNA基因座的基因型结果（同一个体的不同检材应得到一致的基因型检测结果）（**图2-32**）。

图2-32　犬1.2 mm孔径血斑扩增结果

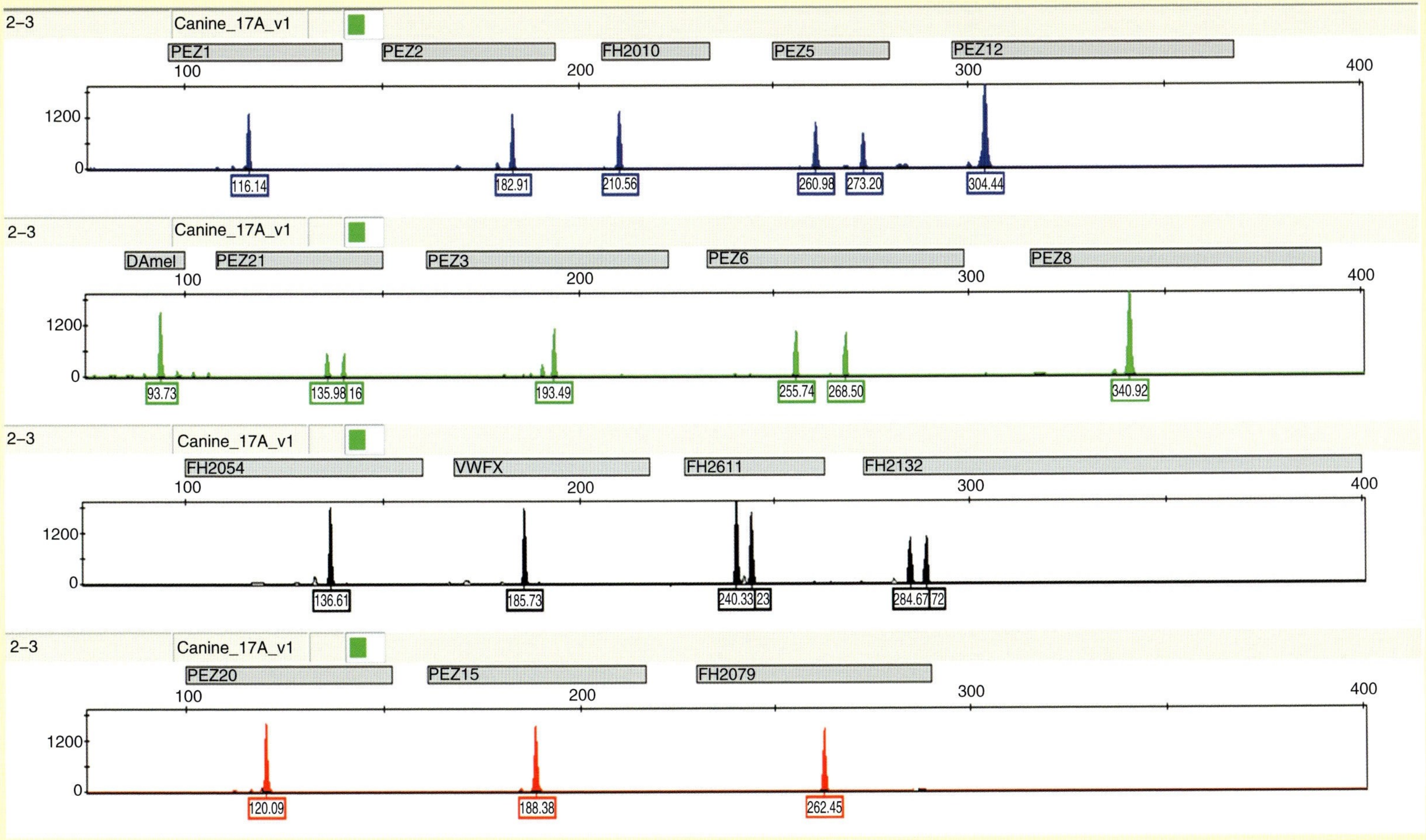

2.4.7.2　试剂盒的技术参数

灵敏度实验：25 μl标准体系能够扩增1 ng犬Control DNA样本，每一个基因座均能得到检测，且峰值和在100 RFU（相对荧光单位）以上。

均衡性实验：Control DNA扩增产物电泳检测后，同一基因座内两个目的峰不能相差30%；同色不同基因座间的峰值和比例不得低于50%。

特异性实验：Control DNA扩增产物电泳检测后，产生的非特异性峰低于最低目的扩增峰的10%。

Allelic Ladder：等位基因峰值200 RFU以上，同一基因座内峰值差异不得高于50%。

5-Dye Matrix标准品：应包含有Blue、Green、Yellow、Red、Orange五色的单峰；五色的单峰峰值在1000 RFU以上，整体峰值偏差±20%以内；无杂峰；C值大于4.0，Q值大于0.98。

SIZ-500分子量标准品：SIZ-500的14个片段齐全，各片段的计算值应该与各峰的平均观察值的差异在1 bp以内，各片段最低和最高峰值相差在10%以内，整体峰值偏差±20%以内。

2.4.8　试剂盒应用图谱分析

样本STR分型结果可以存储和打印分型图谱，也可将分型结果转化为数字化命名表格或其他表格形式供数据库录入等使用。在正式报告STR分型结果之前，需要检查核对和评价STR分型结果，由有经验的专业人员分型STR分析图谱。STR分析实践中，并不是每个批次的每个样本分析都能由计算机程序准确自动地完成。有时，样本的自动分型结果是错误的，需要专业人员调整分析参数，重新分型才能获得正确分型。在图谱分析中，经常会遇到下面一些影响分型甚至导致错误分型的情况，在图谱分析中应引起足够的重视。

2.4.8.1　Allelic Ladder命名错误

样品等位基因命名是与分型标准品（Allelic Ladder）比对完成的，Allelic Ladder等位基因命名错误必然导致样本分型错误。如果电泳检测过程中，在某个基因座的等位基因范围内比定义的等位基因多或少了一个峰，数据分析时，该基因座的等位基因未能被正确识别。在对Ladder进行等位基因命名时，相应基因座的等位基因全部或部分不能被命名或被错误命名。出现这种问题的原因可能是某一等位基因低于检测阈值漏检，或者stutter峰过高被错误标示，电泳过程中产生的电流峰也会导致等位基因命名错误。为了防止这种错误的发生，要求STR分析中，先观察荧光分子量内标是否正常，再分析Allelic Ladder中所有等位基因是否命名正确。同时，每次检测电泳时需要同步分析一个已知对照DNA样本，如Control DNA样本。

2.4.8.2　stutter峰

在STR扩增过程中常常会出现复制滑脱（见图2-4），从而会产生比目的等位基因额外多一个或少一个重复单位的峰，这种额外的峰就是阴影带（stutter band）或影子峰（stutter peak）。通常情况下，stutter峰的峰高或峰面积不应超过目的等位基因峰的20%，位置总是在目的等位基因峰前小1个重复单位或其后大1个重复单位的位置。通常由于模板量过多导致峰信号过强，或者在纯合子基因座时，stutter峰更容易观察到。扩增时减少样本DNA模板，降低电泳上样量以降低峰信号强度，提高峰阀值或采用峰信号过滤，可以消除stutter峰对分型的影响。stutter峰的存在，对单一样本的正确分型不会产生严重的影响，主要影响是给混合样本的分型结果解释带来困难。

2.4.8.3　荧光分子量内标识别错误

荧光分子量内标信号太低或者信号不全，分析软件不能生成正确的回归曲线，从而导致自动分型系统将不能完成对分型标准品的数字化命名。内标识别错误的常见原因是信号太低，分型范围设置错误和电泳数据不全。信号过低有时通过调整峰阀值可正确识别内标，若调整峰阈值后仍不能识别，需要增加内标量重新电泳。分型范围设置错误可通过调整分型范围纠正。电泳数据不全表现为内标片段没有被全部收集，数据未包含大片段的内标，这种情况下，通过修改分子量内标参数可以正确识别内标，或者调整参数重新电泳。实践中，电泳时的环境温度对电泳速度有显著影响。25℃室温与10℃室温条件下的电泳速度有明显差异。电极缓冲液和毛细管使用次数过多，将使电泳分辨率下降。毛细管质量问题，电泳缓冲液错误及两者超期使用，都是形成分辨率下降和严重漂移的重要原因。

2.4.8.4　非模板依赖加A（腺苷酸）

PCR过程中还有一种现象，即对扩增产物的非模板依赖加A。DNA聚合酶能够在扩增产物的3'末端非特异性地连接一个腺苷酸（A）。通常情况下，通过引物设计和扩增循环

结束后的保温，可以使每个扩增产物片段3'端都被添加一个A，这样，每个等位基因片段的所有扩增产物DNA分子的碱基数是完全相同的。

电泳分析通常呈单一峰图。如果这个加A过程只完成了一部分，则会使扩增的同一个等位基因片段含有加A和未加A的两种DNA片段，两者相差1个碱基。这种一个等位基因的两个扩增产物在电泳分析时被识别为两个峰，两个峰紧邻，且在基部融为一个峰，尖部分叉形成两个峰尖，称为双尖峰。形成部分加A的常见原因是扩增时DNA模板过多，扩增体系中含有PCR抑制物，*Taq* DNA聚合酶量过少或活性严重衰减。

2.4.8.5 基线跳跃或摆动

图谱分析中另一种常见情况是基线跳跃或摆动。基线跳跃和摆动可使基线太高，超过峰阀值的基线识别为无数个峰片段，在图谱上标识为off-ladder峰。形成这种情况的主要原因是分析调用的matrix文件错误或不适合。这种情况在电泳数据中，峰信号过强时表现尤为明显。峰信号过强的电泳数据还常常出现干扰信号消除不完全的情况，未完全消除的干扰信号伪峰被错误识别为一个峰，如果峰的大小刚好与ladder的某个等位基因相同，被错误地识别为一个等位基因，与ladder片段大小均不相同，被识别为off-ladder峰。为了获得良好的分型图谱，应避免盲目增加电泳上样量。理想的峰型图是数据中的每个峰信号强度在1000 ~ 3000 RFU之间。峰信号过强的样本可减少上样量或将产物稀释后重新电泳分析。

2.4.8.6 峰的均衡性

在STR图谱分析中，良好的复合扩增检测体系，各基因座的片段峰信号强度应比较接近。纯合子产物峰的峰高和面积比杂合子高，杂合子两个等位基因峰高和面积接近。全部基因座的所有等位基因均能被分型软件自动识别并数字化命名。但实践中，一个基因座的两个杂合子片段峰的信号强度存在差异比较常见，原因主要是扩增不平衡。通常小片段等位基因面积比大片段等位基因大。但大片段峰面积应在小片段峰的70%以上，即同一基因座不同等位基因的峰面积差异在30%以内。扩增时模板量过少，DNA模板降解，PCR反应体系中存在抑制剂（如血红蛋白衍生物等），将会增加扩增不平衡。另外，引物结合位置出现突变也会导致同一基因座内两个等位基因扩增不均衡，甚至会造成等位基因丢失，杂合子被错误地判断成纯合子。

2.4.8.7 off-ladder峰

在STR分型图谱中，常会遇到部分样本的少量片段峰未被程序化数字命名，在分型图谱中被标识为off-ladder峰。off-ladder峰大部分是由于电泳过程中的漂移作用使它们被软件测量的片段大小稍微偏离相应的等位基因，不能被软件自动命名。对这种off-ladder峰，通过分析前后已自动化正确命名的片段相对于ladder等位基因的漂移偏离情况，再对off-ladder峰进行漂移校正和人工修改命名。

当Allelic Ladder中等位基因未包含待检测样本的等位基因时，这个新的等位基因能够被软件识别片段大小和荧光标记种类，但在与ladder对比时，找不到对应的ladder等位基因，被分型软件标识为off-ladder峰。这种情况可能是由于等位基因片段出现个别碱基的缺失或插入引起的基因微变异所致，或者是STR基因座滑动突变形成的稀有等位基因。

3

中国昆明犬复壮与改良研究及应用

3.1 昆明犬本品种选育复壮与标准研究

昆明犬是我国采用群体继代、本品种选育的方法培育而成，适应我国国情、人文、地理环境的第一个工作犬品种。自20世纪50年代开始，科研人员在云南民间选择20头种犬的基础上，不断扩大犬群规模，在训练、使用中选优汰劣，逐步形成了性状相似、遗传性能相对稳定的犬群。1988年，选育改良后的犬种通过公安部的课题鉴定，被命名为“昆明犬”。昆明犬从1988～1992年，开始被大规模推广应用，由部分省市向全国推广，由公安、军队专用发展到海关、企业等。1992年，公安部昆明警犬基地启动昆明犬应用研究相关课题。这些课题的启动主要是为发展市场经济保驾护航，为相关行业提供可推广应用的科技成果。1998年，公安部调整警犬技术工作管理体制以来，公安部昆明警犬基地在业务工作方面，一直致力于中国昆明犬的品种开发、训练、使用和推广研究工作。2001年，公安部昆明警犬基地针对昆明犬存在的问题启动了“昆明犬复壮与改良研究”项目，其目的在于改善昆明犬的体形外貌，提高整齐度，提高其警用性能和作业能力，以期提高昆明犬的整体质量，使之进入世界名犬行列，成为我国优秀的警犬品种。

3.1.1 复壮昆明犬的育种路线

3.1.1.1 建立选育机构，改善基础群，建立良种繁育体系，建立核心种犬群

成立昆明犬本品种选育协作组织进行重点培育，制定统一的选育计划。基础群的改善上是通过选留和调回配发出去的“草黄”品系犬作为种犬，恢复濒临缺失的“草黄”品系；从各地公安机关及企事业单位保卫部门选回来一批远血缘的“狼青”品系昆明犬，拓宽“狼青”品系的血缘关系。

核心犬群的组建实行内选外引相结合。在组建核心群之前，对原有种犬的生产性能、体形外貌、警用性能及后裔品质逐个进行鉴定，根据鉴定结果，选择其中优良者进入核心群。同时，为了导入优良基因，科研人员到民间考察，对具有良好体形、毛色及警用性能的“狼青”、“草黄”和“黑背”3个品系的优良昆明犬也纳入核心种犬群进行饲养考察。

3.1.1.2　严格选种选配，制定配种计划，实行等级选配、品质选配与亲缘选配相结合的选配制度

等级选配是昆明犬育种核心群选配的基础，按照《警犬繁育工作规则》，规定种犬等级不低于一级，主配公犬必须达到三级，与配公犬的等级应高于母犬。

品质选配是通过把与配公母犬的质量性状（体形外貌、警用性能和毛色等）和数量性状（体重、体尺等）进行对比后确定的选配方式。

亲缘选配多数是在本品系选育中采用的。科研人员完成对昆明犬育种核心群优良个体的预留和选择后，按血统和类型，贯彻“由远及近，由低至高”的原则，实施一定范围内的亲缘选配，在后代出现分离后，加强选择，规整犬群，为品种保护和选育奠定基础。

3.1.1.3　建立性能测定制度，实施“三级”选择法，加强对核心种犬群后代的选育

初选：按系祖建系留种计划，在2.5～3月龄内，生长发育良好、活动灵敏、对物品占有能力强、无遗传缺陷的犬视为合格。

复选：在6～12月龄内，经幼训强化，对警用性能进行考察后，胆大兴奋、占有欲强、身体健康、活动灵敏、体重毛色符合的犬视为合格。

筛选：经交配、繁殖并产仔1～2胎次，对其自身繁殖性能及其后裔各项性能进行测定并筛选，符合核心种群要求条件的犬，即可确定选入核心种群，归群饲养。

对不符合条件的一律淘汰。

3.1.2　实施育种路线遵循的基本原则及技术

昆明犬选育的基本原则即明确选育目标，辨证对待数量和质量，严格考核归入核心种犬群犬只的各项条件，做到“多留精选”，不盲目增大养殖密度和数量，正确处理一致性和异质性。

避免近亲繁殖而产生抗逆性减弱、后代生产能力、生活能力和繁殖能力下降等遗传衰退情况。在繁殖过程中做好原始记录，建立细致的档案管理，对各项统计数据认真分析比较，一旦发现问题，及时进行研讨，解决问题。

防止不良环境条件对昆明犬繁育工作的影响，杜绝因环境条件使昆明犬原有的各种优良性状得不到充分的表现，导致昆明犬品种退化。环境条件包括：生态条件、繁育方式、训练方式、食物结构、管理措施等。

加强用分子生物学技术对昆明犬三个品系毛色基因、神经类型等数量性状的研究工作。

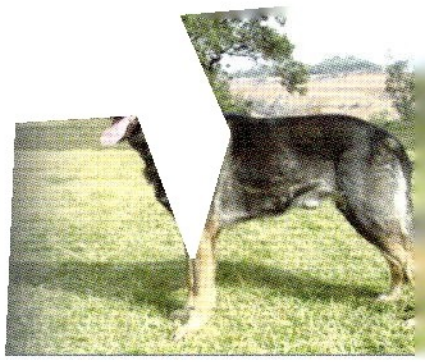

3.1.3 昆明犬复壮育种方法

3.1.3.1 恢复濒临缺失的草黄品系

通过调回配发出去的“草黄”品系工作犬作为种犬和加大选留种犬的力度，在短期内就恢复濒临缺失的“草黄”品系。

3.1.3.2 拓宽“狼青”品系的血缘关系

科研人员先后从各地公安机关及企事业单位保卫部门选取一批远血缘的“狼青”品系昆明犬进行繁殖，拓宽“狼青”品系的血缘关系。

3.1.3.3 提高种群体形整齐度

一是对原有犬群的体尺、体重数据进行重新测定，找出相关性，然后拟定昆明犬选育的体尺标准（体高60～70 cm）、体重标准（32～42 kg），最后以此目标进行选留种犬，以形成体形相对整齐的群体。二是分别确定“狼青”、“草黄”和“黑背”品系的标准毛色，然后在选种选配中有意剔除毛色不标准的个体，特别是隐性基因纯合或因基因突变而出现的个体，以形成三个品系毛色明显的相对整齐的群体。三是通过种犬外貌评分、犬品种展评、后裔外貌信息反馈等方法，选择尾形好、耳形优秀的个体进行留种，明确规定严重卷尾、短尾、耳朵耷拉、耳朵过长、耳朵过大的为不合格犬。

3.1.3.4 提高繁育性能

通过个体选择（根据母犬本身的成绩以及选择体重大的母犬）可以提高犬群的窝产仔数。通过改善营养状况、加强种犬的运动和饲养管理、科学安排交配等一系列的培育措施，可以提高繁殖性能。

3.1.3.5 提高警用性能

通过以下一系列措施可以提高犬的警用性能：从优秀的工作犬中选留种犬；根据训练和使用反馈信息寻找优良家系，把优良家系确定为培育工作犬的重点对象；改善仔犬饲养方式，开展仔犬早期诱导培育；加强幼犬培育，适时分窝，增强对环境的适应能力，培育对人的依恋性；研究适合昆明犬的训练方法和程序。

3.1.3.6 研究品种标准

按照国家畜禽品种标准的规定，结合昆明犬的特征，科研人员草拟了昆明犬的品种标准初稿，并在育种过程中反复校正相关数据，经国家畜禽遗传资源委员会审定，最终形成了昆明犬的品种标准。

3.1.3.7 开展社会化训养，扩大种犬群和幼犬培育量

在公安部昆明警犬基地技术人员的指导下，在保证按照选种选配方案实施的前提下，把种犬按每个自然户2～3只的方式分发给农户饲养管理，既增加了饲养员数量，达到了扩大犬群的目的，又有效地保障了品种的保全和繁育。同时，在技术人员的指导和监督下，把幼犬以每个自然户每批2～3只的方式分发给农户训养，由他们饲养管理并进行幼犬的警用性能培育，使幼犬既得到良好的生长发育，又能接受到良好的早期培训，达到生长发育健壮、警用性能得到提前开发。

3.1.3.8 抗病能力的研究

以昆明警犬基地复壮后的昆明犬核心犬群、马里努阿犬和德国牧羊犬等品种为研究对象，对犬相关易感疾病进行研究。犬群按年龄和用途划分类别，0～70日龄为仔犬，70日龄～6月龄为幼犬，6～10月龄为训练犬，10月龄以上的繁殖犬和选留的后备种犬为种犬。所有研究对象均用相同的疫苗、相同的免疫程序、相同的治疗方法。通过分析犬的发病情况和死亡情况等，找出不同品种抗病能力的强弱。

3.1.4 昆明犬复壮成效

昆明犬种犬复壮前只有43只，复壮后存栏种犬群（包括预留种）数量达到1200多只。特别是“草黄”品系种犬群得到了壮大，存栏的“草黄”品系种犬（包括预留种犬）数量有60只，“狼青”品系种犬血缘关系得到了扩大。采用保纯繁育，即留种采用父系与母系各自单独的留种方法选出后备种犬（父系只留公犬而母系只留母犬），目前，四代血统无共同祖先的种公犬达到了5个系列，母犬达到6个系列（见图3–1、图3–2和图3–3）。

昆明犬复壮后，毛色更纯、更标准，个体差异较小，整齐度达90%以上，形成具有昆明犬自身品种标准的中等偏大体形的工作犬品种。通过前文所述的一系列繁殖培育措施，昆明犬的配种受孕率、窝产仔数、产活仔数、初生重和2月龄体重、抗病能力等指标都得到了较大提高。

通过一系列警用性能提高措施，昆明犬幼犬培训合格率达90%，专业受训犬合格率达85%。昆明犬在训练中形成条件反射快，且比较巩固，基础科目成绩优秀，追踪科目优秀，鉴别科目良好，现场使用适应强等，成为警用性能突出的品种。

图3-1 昆明犬“狼青”品系系谱图

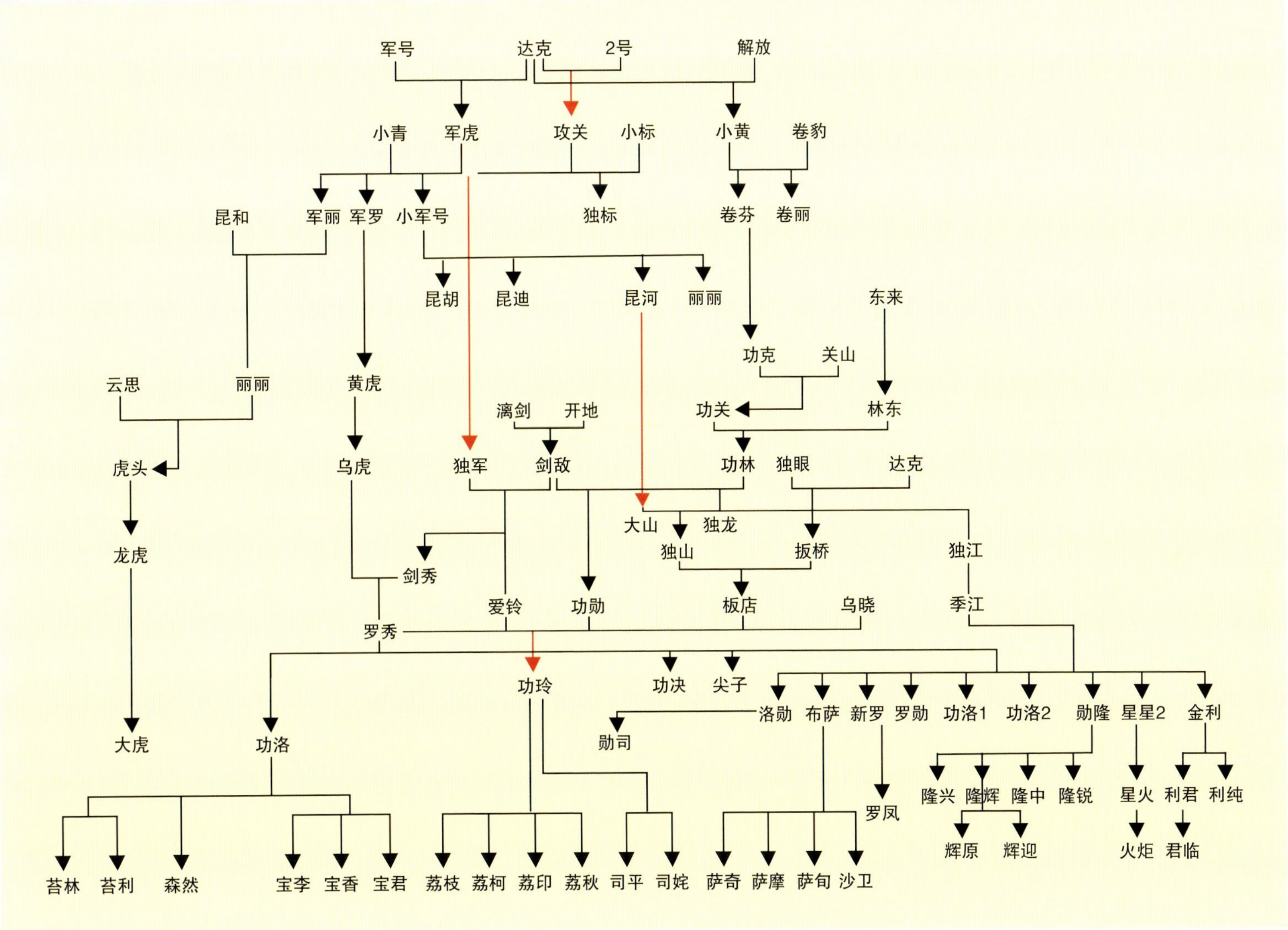

图3-2 昆明犬“草黄”品系系谱图

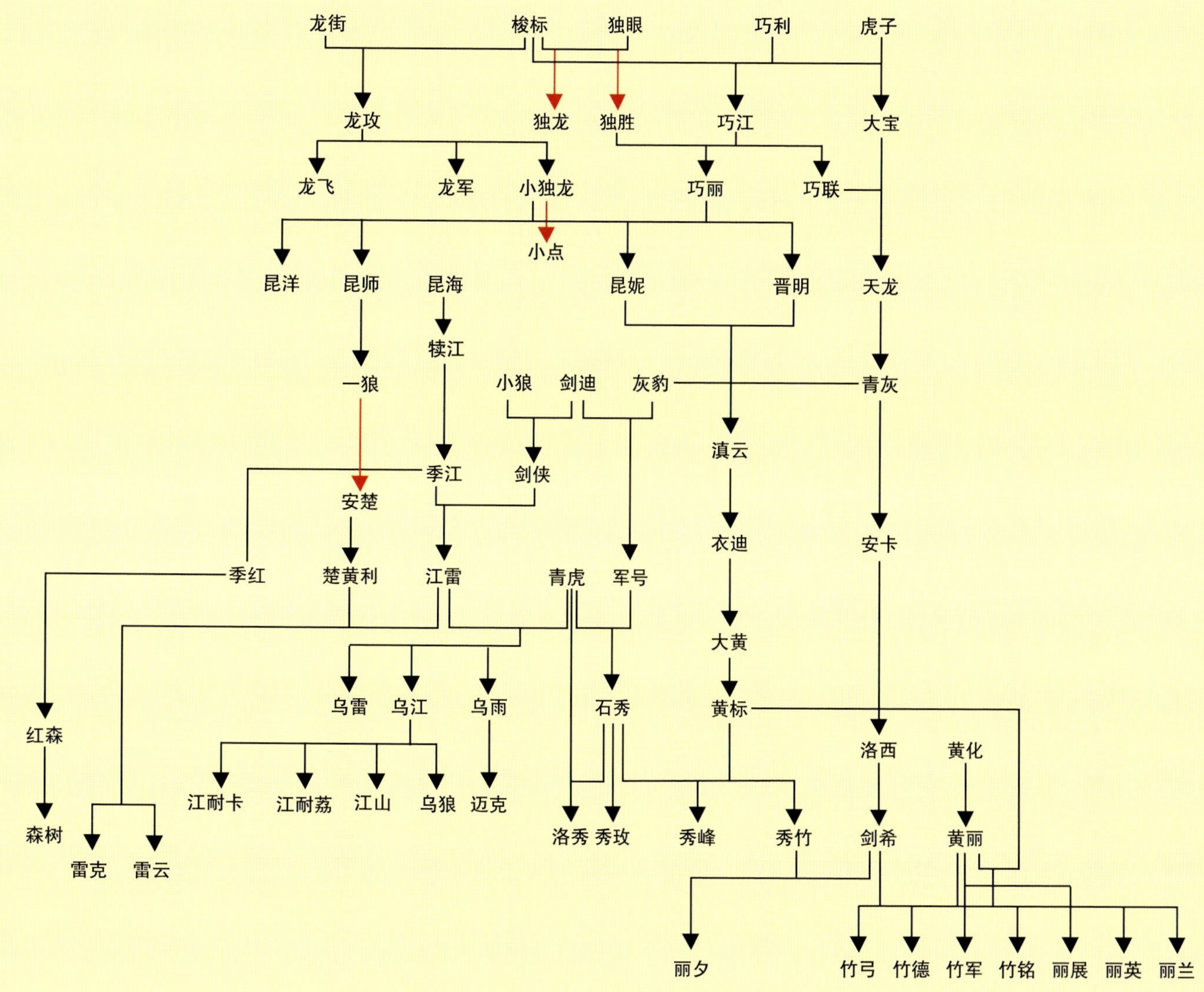

图3-3　昆明犬“黑背”品系系谱图

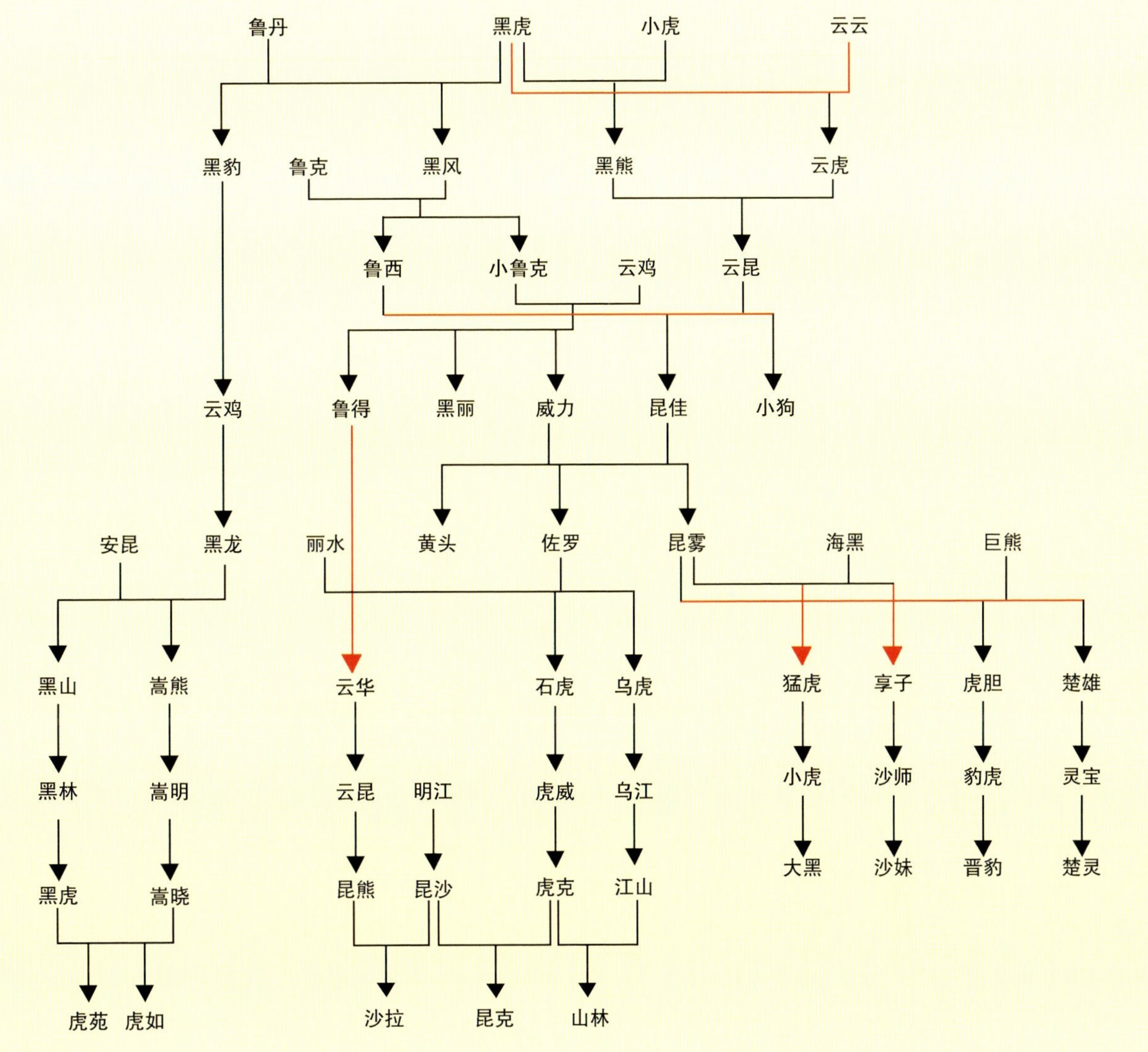

3.1.5 昆明犬的品种标准

3.1.5.1 范围

本标准规定了昆明犬的品种特性、体形外貌、繁殖性能、工作性能、种用要求和出栏标准。

本标准适用于昆明犬的品种鉴定。

3.1.5.2 术语和定义

下列术语和定义适用于本标准：

1.体重（body weight）

在早晨空腹时称重（用台秤或电子秤），单位为kg。

2.体尺（body size）

用量具测量犬体特定部位所取得的长、宽、高及围度数值。

3.体高（body height）

鬐甲最高点到地面的垂直距离，用专用测杖量取，单位为cm。

4.体长（body length）

肩端到臀端的直线距离，用专用测杖量取，单位为cm。

5.胸围（chest circumference）

沿肩胛骨后缘垂直量取的胸部周径，用卷尺量取，单位为cm。

6.胸深（chest thickness）

由鬐甲到胸部底沿的垂直距离，用专用测杖量取，单位为cm。

7.荐高（sacrum height）

荐部最高点到地面的垂直距离，用专用测杖量取，单位为cm。

8.管围（wrist circumference）

犬左前肢管部最细处的水平周径，用卷尺量取，单位为cm。

9.耳号（ear mark）

3月龄以后，用专用耳钳在犬右耳内侧打上终身记号。

10.芯片（chip ID）

2月龄以后，在犬的颈部皮下埋植的电子标签（芯片）。

3.1.5.3 体形外貌

1.整体外貌

昆明犬体型中等偏大，外形轮廓清晰、匀称，略近方形，体长稍大于体高，比例约为10：9.0～9.5（母犬体长指数比公犬体长指数略大），体高与荐高近等。全身结构紧凑，肌肉发达、骨骼结构紧密、粗细适中，关节强健，自然状态下各关节角度相对稳定，后肢比较直立；皮肤紧绷，被毛较短。头部显现性特征。

2.体尺体重

公犬体高为65～70 cm，体重为35～42 kg；母犬体高为60～65 cm，体重为32～38 kg。

3.头部

头部呈楔形，轮廓清晰整齐，皮薄，皮下组织少。头部显现性特征，公犬头大粗壮，母犬头稍纤细。表情敏锐，威严自信。眼大小适中，眼睑紧绷，眼球为杏形，不凸出，暗褐色（“狼青”品系和“黑背”品系）或杏黄色（“草黄”品系）虹膜。眼神机警。两耳自然直立，大小适中，向外张开，活动灵活。颅顶部呈圆形，脸无明显皮褶，有轻度的额鼻阶。吻部较细长、其长度大于或等于额部长度，鼻镜黑色，光泽湿润，唇紧贴而结实。牙齿整齐坚固，共42颗，呈剪状紧密咬合，被嘴唇完全包裹而不暴露，齿式为2×（I3/3 C1/1 P4/4 M2/3）。

4.颈、背线及躯干

颈部圆形，轮廓清楚，大小、长度与头部相称，皮肤紧绷。鬐甲略高，背腰线比较平直，背部两侧有斜面，体高与荐高近等，臀部较短、略带倾斜。胸廓较深而稍窄，胸深小于体高的一半，胸围尺寸大于体长尺寸。自胸骨剑状突向后到腹部形成向上弯曲的光滑腹线。腹围中等。俯视背腰部结实，背宽腰短。侧视背腰线接近水平，呈现收腹状。尾根粗壮，长度适宜，尾形呈剑状或钩状，静止时自然下垂，兴奋时略向上翘起。

5.前躯

肩胛向后倾斜，上臂与肩胛的关节约成直角，两前肢直立，互相平行，骨骼呈椭圆形，粗细适中。前肢长度与体形比例协调，肘部平行，下臂直立，掌部与垂直线形成的角度小于20°，关节强健，肢体较细，脚趾紧贴，部分犬有退化趾，脚垫较厚结实，爪短而色深，指间毛短，颜色较一致。

6.后躯

大腿肌肉发达，后肢比较直立，骨骼呈椭圆形，长短粗细适中。跗关节强健而有弹性，脚趾紧贴，多数犬有退化趾（狼爪），呈悬空状（退化趾一般在出生后1周内切除），脚垫较厚结实，爪短而色深，趾间毛短，颜色较一致。

7.被毛

毛短而紧贴，色泽光亮，毛直而均匀（部分“草黄”品系犬被毛有轻微卷曲），针毛层密。随着环境气候的变化，针毛与绒毛的比例也会发生变化。

8.毛色

毛色分为狼青色（“狼青”品系犬的毛色）、草黄色（“草黄”品系犬的毛色）和黑色带黄褐色斑纹（“黑背”品系犬的毛色）。

9.步态

昆明犬的步态伸展有一定弹性，典雅且起伏富有节奏，善于疾步跑。行走时，步跨度大、前后步幅均等。奔跑时，步幅最大，移动十分有力，身体无摇摆。跳跃快速轻松，自然协调。爬山越岭时重心不会严重后倾，因此耐力持久，可适应各种地理条件，具有广泛的使用范围。

10.品系特征

（1）“黑背”品系

背部毛色为黑色，腹部带黄褐色斑纹，头大，脸面较宽，鼻梁较短，嘴筒短粗，两耳间距大，脸部有明显的蝴蝶斑，眼球虹膜暗褐色，颈短，腹围较大，四肢发达，躯体粗壮。

（2）“草黄”品系

毛色为草黄色，头、颈、腹围介于“狼青”与“黑背”品系之间，鼻表面饱满，眼球虹膜呈杏黄色。背部易长卷毛。

（3）“狼青”品系

毛色为狼青色，头颅和脸面较小，鼻梁显得较长，吻部细长，两耳间距较小，眼球虹膜呈暗褐色。颈长，腹围小，肌肉结实，尾稍长且比较直。

体形外貌评分标准见**表3-1**。

表3-1　体形外貌评分标准

<table>
<tr><th colspan="2" rowspan="2">项目</th><th colspan="6" rowspan="2">项目要求</th><th colspan="2">满分</th></tr>
<tr><th>公</th><th>母</th></tr>
<tr><td rowspan="6">总体外貌</td><td>比例</td><td colspan="6">各部位匀称，身体结构紧凑、坚实，体尺比例恰当，体长略大于体高</td><td>13</td><td>12</td></tr>
<tr><td rowspan="3">体尺标准</td><td></td><td>体高/cm</td><td>体长/cm</td><td>荐高/cm</td><td>胸围/cm</td><td>胸深/cm</td><td rowspan="3">12</td><td rowspan="3">12</td></tr>
<tr><td>公</td><td>65～70</td><td>70～76</td><td>63～68</td><td>70～80</td><td>30～34</td></tr>
<tr><td>母</td><td>60～65</td><td>65～70</td><td>58～63</td><td>65～75</td><td>26～32</td></tr>
<tr><td>被毛</td><td colspan="6">毛短而紧密，针毛层密、毛直而粗糙，绒毛层较少，有狼青色、草黄色和黑背黄腹</td><td>5</td><td>5</td></tr>
<tr><td>小计</td><td colspan="6"></td><td>30</td><td>29</td></tr>
</table>

续表3–1

项目		项目要求	满分	
			公	母
头颈部	头部	头部呈楔形，外形轮廓明显，吻部比额部稍长或等长	6	5
	眼	眼呈杏仁形，暗褐色或杏黄色	2	2
	耳	耳呈三角形，两耳自然直立，大小适中，活动灵活	5	5
	口鼻	鼻梁直，基部宽，鼻镜为黑色，吻粗短、嘴唇为黑色	4	3
	牙齿	42颗，位置正确，排列整齐，剪式咬合	5	5
	颈部	颈部肌肉较少，无松弛皮肤	3	3
	小计		25	23
躯干部	前躯	鬐甲突出，向后倾斜，上臂与肩胛的关节约成直角	6	7
	中躯	背腰平直，背腰线接近水平，胸稍窄，胸深小于体高的一半，腹部收缩，腹围较小	6	7
	后躯	臀部肌肉结实，大腿肌肉发达，后肢比较直立	6	7
	小计		18	21
四肢与步态	四肢	四肢强健，前肢直立，肘部不弯曲，掌部与垂直线形成角度小于20°，后肢比较直立，跗关节强有弹性、脚趾紧贴、脚垫厚结实，爪色深，趾间毛短，色一致	10	10
	步态	步态伸展有弹性，典雅且起伏富有节奏，前后步幅均等，善疾步跑，无摇摆和扭动	10	10
尾部	尾型	尾呈剑状或钩状，静止时自然下垂，兴奋时略翘起	2	2
发育	外生殖器	生殖器官发育正常，公母犬性特征明显，公犬睾丸对称，母犬外阴正常	5	5
	总计		100	100

注：总分85分以上为优秀，75～84分为良好，60～74分为合格，59分以下为不合格

3.1.5.4 生长发育性能

1.生长过程体重、体尺

昆明犬生长过程体重、体尺见表3-2。

表3-2 各年龄组体重、体尺表

年龄＼类型	体重/kg≥	体高/cm≥	体长/cm≥	胸围/cm≥	胸深/cm≥	荐高/cm≥
初生	0.43	—	—	—	—	—
断奶	4.5	31	38	39	14	30
2月龄	5	32	39	40	15	31
4月龄	12	43	45	50	18	41
6月龄	18	52	53	58	21	50
9月（♂）	23	55	58	62	23	52
9月（♀）	21	53	56	60	21	51
12月（♂）	25	58	64	70	25	56
12月（♀）	24	56	62	68	24	54
18月（♂）	30	65	74	80	30	63
18月（♀）	28	60	72	79	29	59

2.成年犬体重、体尺

公犬体高65～70 cm，体长70～76 cm，体重35～42 kg；母犬体高60～65 cm，体长65～70 cm，体重32～38 kg。

3.遗传性能

昆明犬体形外貌遗传稳定、繁殖性能遗传稳定、性格特点与工作性能遗传稳定。同窝仔犬初生体重和2月龄体重离平均体重的偏差不超过15%。无遗传疾患。

4.适应性能

在-20～38℃的温度，相对湿度20%～96%，海拔0～3800 m的环境能正常生长、发育、繁殖、训练和使用。

3.1.5.5 繁殖性能

1.公犬要求

初情期11～14月龄，初次配种年龄为24月龄。公犬性欲旺盛，性反射强（交配次数为

每年100次左右），可常年配种。精子密度高，活力在0.7以上。

2.母犬要求

母犬初情期8～11月龄，4～6个月为一个性周期。适宜初配时间为18月龄。发情期平均为12天，妊娠期为58～62天。母犬发情无明显季节性。母犬受胎率≥80%，窝平均产仔数≥8只，仔犬2月龄成活率≥85%。

3.1.5.6　工作性能

昆明犬嗅觉灵敏，具有扑咬凶猛、猎取欲强、驰骋力强、机警灵活、易于训练、适应性强、忠实主人等品质。该品种犬适用于追踪、鉴别、缉毒、搜爆、巡逻、守候、警戒、防暴、消防救援、地震救援等工作领域。幼犬培训合格率≥90%，成年犬受训合格率≥85%，训练中形成条件反射快，且比较巩固，基础科目成绩优秀，追踪科目成绩优秀，鉴别科目成绩良好，能较好地适应各种现场使用。

3.1.5.7　失格

断耳或垂耳，鼻子出现红色或白色，牙齿出现明显上超或下超咬合，凹背或荐高超过体高，断尾或严重卷尾，白胸、白指（趾）以及明显混杂的毛色，隐睾、疝气，严重被动或恶意攻击人。

3.2 导入马里努阿犬血缘改良昆明犬的研究

昆明犬虽然具有体型适中，繁殖力高，嗅觉灵敏及适应性强等特点，但其在胆量、兴奋性和占有欲方面还有待提高，是杂交改良的理想母本。为此，自2001年起，公安部昆明警犬基地通过引进胆大凶猛、兴奋性持久和占有欲强的比利时马里努阿犬作为父本，开展了采用引入杂交的方法改良昆明犬的研究，以期提高昆明犬的警用性能。

3.2.1　马里努阿犬的特点

马里努阿犬原产地为比利时，体型中等、比例协调、外形匀称、流畅、富有力量、姿态高雅、身躯精干、肌肉发达、肢体敏捷、肌肉强健、精力充沛、灵敏且富有活力。公犬体高62～65 cm，体长64～67 cm，体重26～29 kg。母犬体高57～60 cm，体长58～64 cm，体重23～26 kg。体长略大于体高，四肢站立时呈方形。头部轮廓分明，皮薄、被毛短，浅黄褐色到深褐色，毛尖为黑色，口吻部毛色为黑色；眼中等大小、眼睑黑色，眼球褐色；耳大小适中，呈三角形、自然直立；额顶部平坦，额段适中；吻尖，鼻梁平直，鼻镜黑色；唇呈黑色紧密；牙齿排列整齐、剪式或钳式咬合；背腰平直结实；胸深而不宽，腹部发育适中，轻微收腹，腰部短而宽。股部肌肉发达，两后肢平行，脚垫厚，猫形爪，为黑色或少数白趾尖；尾长适中，根部发达，静立时下垂达飞节，兴奋时翘尾、尾稍卷但不扭曲。

公犬初情期12～14月龄，性欲旺盛，性反射强，精子密度高，活力在0.75以上，可常年配种。母犬初情期8～12月龄，4～6个月为一个性周期，发情无季节性，春秋两季较多，繁殖性能好，母犬受胎率90%以上，窝平均产仔数7.5只，母性强，仔犬成活率97.62%以上。

马里努阿犬活泼兴奋、嗅觉灵敏、胆大凶猛、攻击力强、警觉性高、探求反射强、衔取兴奋、占有欲强、服从性好、体能好、速度快、跳跃性好、耐力持久该品种犬广泛应用于气味鉴别、追踪、物证搜索、搜捕、搜毒、搜爆、巡逻、警戒、守候、抓捕、防暴和救援等工作领域。

3.2.2　导入马里努阿犬血缘改良昆明犬的技术路线

从国外引进马里努阿犬后，经观察、统计分析比较可知，马里努阿犬与昆明犬成年个体主要体尺差异不显著，是理想的父本，并通过预备实验证明可以和昆明犬母犬交配生产后代。导入马里努阿犬血缘改良昆明犬，把马里努阿犬的警用性能融入昆明犬中，达到改良昆明犬警用性能的目的，使昆明犬既具有优良的繁殖性能和体形外貌、较强的环境适应性，又具有突出的警用性能。

导入马里努阿犬血缘改良昆明犬的技术路线按以下四个阶段进行：

第一阶段，选取外形标准但警用性能欠佳的昆明犬作为母本，体貌特征与昆明犬接近且警用性能突出的马里努阿犬作为父本，杂交产生杂交一代（F_1），监测F_1代的生长发育和训练使用数据，分别与亲本进行对比分析，找出其优势点和优势率，并选若干理想个体留种。

第二阶段，用F_1代与昆明犬回交，产生杂交第二代（F_2）或叫回交一代，同样监测有关数据，并进行分析，并再次选若干理想个体作种犬备用。

第三阶段，用F_2代与昆明犬再次回交，产生杂交第三代（F_3）或叫回交二代，同样监测F_3有关数据，并进行分析，继续选优留种。

第四阶段，在F_3代基础上横交固定，扩群繁育，选优去劣，培育出警用性能突出，体形外貌美观，经济适用，遗传性能稳定的新型昆明犬，从而达到昆明犬复壮改良的目的。

3.2.3　导入马里努阿犬血缘改良昆明犬的具体方法

3.2.3.1　实施方案

昆明犬来自公安部昆明警犬基地昆明犬核心种犬群，马里努阿犬为从欧洲引进的原种及其优质后代种犬。昆明犬（母）与马里努阿犬（公）杂交产生杂交一代（F_1），选出F_1代最优良的公犬与昆明犬的母犬回交产生杂交二代（F_2）或选出F_1代优良的母犬与昆明犬最好的公犬回交产生杂交二代（F_2），F_2代与昆明犬再次回交产生杂交第三代（F_3），产生的杂交第三代（F_3）有1/8马里努阿犬血缘和7/8昆明犬血缘。

记录各组犬发情时间、发情周期、配种时间、产仔时间、窝产仔数、产活仔数、断奶成活数，称量其初生重、初生窝重、断奶重、断奶窝重，统计各组母犬发情率、受胎率。

3.2.3.2　昆明犬改良结果

1.昆明犬与马里努阿犬杂交改良各组合的初情期

昆明犬与马里努阿犬杂交F_1代、F_2代和F_3代母犬初次发情时间分别为8.8 ± 2.1月龄、9.0 ± 2.3月龄和9.1 ± 2.6月龄，其母犬初次发情时间差异不显著（见表3–3）。

表3–3　昆明犬与马里努阿犬杂交改良各组合母犬初情期及发情周期

组别	初次发情/月	发情前期/天	发情期/天	发情出血/天	发情间隔/天
F_1	8.8 ± 2.1^a	8.7 ± 2.8^b	11.6 ± 3.6^a	21.4 ± 5.7^a	190.4 ± 31.8^a
F_2	9.0 ± 2.3^a	8.3 ± 3.2^a	10.9 ± 4.1^a	22.5 ± 5.0^a	181.6 ± 40.1^a
F_3	9.1 ± 2.6^a	8.1 ± 2.6^a	11.2 ± 3.0^a	19.8 ± 5.3^b	159.9 ± 37.5^b

注：同一栏内平均值右上角字母不相同者，差异显著（$P<0.05$）；字母相同者，差异不显著（$P>0.05$）

2.杂交改良各组合的母犬发情周期

昆明犬杂交改良组合F_1代、F_2代和F_3代之间母犬的发情期差异不显著，发情前期F_1代与F_2代、F_3代之间差异均显著，而发情出血、发情间隔F_1代、F_2代与F_3代之间差异均显著（见表3–3）。

3.杂交改良各组合的母犬全年发情时间及发情率

昆明犬与马里努阿犬杂交改良组合F_1代、F_2代和F_3代母犬全年每个月份均有发情，且全年均出现2次发情，其全年发情率分别为209%、211.1%和210%，F_1代、F_2代和F_3代之间母犬全年发情率差异不显著（$P>0.05$）。F_1代母犬在4月、5月份发情率最高，为27.3%；F_2代母犬在5月份发情率最高，为33.3%；F_3代母犬在5月份发情率最高，为40%。在受胎率方面，F_1代、F_2代和F_3代均表现出较高的受胎率，分别为93.2%、91.4%和92.4%，其中F_1代与F_2代、F_3代之间的受胎率差均显著（$P<0.05$）杂交优势尤为明显，F_2与F_3之间的受胎率差异不显著（$P>0.05$）（见表3–4）。

表3–4　昆明犬与马里努阿犬杂交改良各组合母犬发情时间及发情率

组别		1月	2月	3月	4月	5月	6月	7月	8月	9月	10月	11月	12月	全年
F_1	母犬数	22	22	22	22	22	22	22	22	22	22	22	22	
	发情犬数	2	1	3	6	6	5	3	7	5	4	2	2	46
	发情率	9.1%	4.5%	13.6%	27.3%	27.3%	22.7%	13.6%	31.8%	22.7%	18.2%	9.1%	9.1%	209.0%
	受胎率	80%	100%	100%	100%	83%	100%	75%	100%	80%	100%	100%	100%	93.2%
F_2	母犬数	15	15	15	15	15	15	15	15	15	16	16	16	
	发情犬数	1	1	2	4	5	4	3	4	3	2	1	2	32
	发情率	6.7%	6.7%	13.3%	26.6%	33.3%	26.6%	20%	26.6%	20%	12.5%	6.3%	12.5%	211.1%
	受胎率	100%	100%	50%	100%	80%	100%	100%	100%	66.7%	100%	100%	100%	91.4%
F_3	母犬数	10	10	10	10	10	10	10	10	10	10	10	10	
	发情犬数	1	0	1	2	4	3	2	2	3	1	1	1	21
	发情率	10%	0	10%	20%	40%	30%	20%	20%	30%	10%	10%	10%	210%
	受胎率	100%	–	100%	50%	100%	100%	100%	100%	100%	100%	100%	100%	92.4%

4.杂交改良各组合的母犬产仔性能

F_1代、F_2代和F_3代窝产仔数均低于昆明犬，F_1代、F_2代与昆明犬之间的窝产仔数差异

均显著，F_3代与昆明犬之间的窝产仔数差异不显著；F_1代、F_2代、F_3代与昆明犬之间的产活仔数差异均不显著；产活仔率、初生窝重、初生重三个指标，F_1代、F_2代与昆明犬比较差异均显著，F_3代与昆明犬之间比较差异不显著（见表3–5）。

表3–5　昆明犬与马里努阿犬杂交改良各组合母犬产仔性能

组别	产仔胎数/胎	窝产仔数/头	产活仔数/只	产活仔率/%	初生窝重/kg	初生重/ kg
F_1	80	8.63 ± 3.27^a	8.42 ± 2.13^a	97.5^b	4.75 ± 0.45^b	0.55 ± 0.08^b
F_2	50	8.85 ± 3.15^a	8.48 ± 2.28^a	95.8^b	4.69 ± 0.39^b	0.53 ± 0.07^b
F_3	30	9.15 ± 3.64^b	8.60 ± 2.91^a	94.0^a	4.57 ± 0.34^a	0.50 ± 0.07^a
昆明犬	100	9.18 ± 3.50^b	8.55 ± 2.80^a	93.1^a	4.59 ± 0.30^a	0.50 ± 0.06^a

注：同一栏内平均值右上角字母不相同者，差异显著（$P<0.05$）；字母相同者，差异不显著（$P>0.05$）

5.杂交改良各组合的母犬哺乳性能

F_1代、F_2代和F_3代母犬的哺乳性能与昆明犬比较结果显示：除F_3代断奶成活率和幼犬断奶成活数略高于昆明犬外，其他指标均低于昆明犬。其中，幼犬断奶成活数、断奶成活率和断奶窝重三个指标，F_1代、F_2代与F_3代、昆明犬比较，差异显著，断奶平均个体重F_1代与F_2代、F_3代、昆明犬之间比较，差异显著。而杂交改良各组合总体上，哺乳性能F_3代与昆明犬之间各项指标相当，差异不显著（见表3–6）。

表3–6　昆明犬与马里努阿犬杂交改良各组合母犬哺乳性能

组别	幼犬断奶成活数/只	断奶成活率/%	断奶窝重/kg	断奶平均个体重/kg
F_1	7.88 ± 2.05^a	93.59^a	32.54 ± 3.56^c	4.13 ± 0.61^a
F_2	7.92 ± 2.15^a	93.40^a	36.35 ± 3.87^a	4.59 ± 0.59^b
F_3	8.10 ± 2.18^b	94.19^b	38.47 ± 3.67^b	4.75 ± 0.45^b
昆明犬	8.05 ± 2.25^b	94.15^b	38.72 ± 3.22^b	4.81 ± 0.43^b

注：同一栏内平均值右上角字母不相同者，差异显著（$P<0.05$）；字母相同者，差异不显著（$P>0.05$）

通过对昆明犬与马里努阿犬杂交组合F_1代、F_2代和F_3代的初情期、发情周期、发情时间、母犬产仔性能和哺乳性能等繁殖性能的观察与研究发现，其杂交组合F_1代、F_2代和F_3代繁殖性能良好，窝产仔数为8.63～9.15只，F_3代在繁殖性能各个性状均与昆明犬指标相当，这说明昆明犬具有明显的母本多胎性特征。F_1代、F_2代和F_3代在初情期、发情周期和发情时间方面表现为差异不明显，这可能是因为这些性状在昆明犬与马里努阿犬杂交亲本间相似。

杂交组合母犬产仔性能方面，仔犬的生活力表现出较强的杂交优势，F_1代、F_2代的产活仔率、初生窝重、初生重均显著高于昆明犬，F_3代与昆明犬之间比较差异不明显。这表明昆明犬导入马里努阿犬进行杂交改良，能有效地提高其生活力。

体形外貌方面，F_1代体形外貌更为适中，结构更为紧凑，毛色偏马里努阿犬；F_2代与F_1代相比，体形外貌更趋向昆明犬，毛色较上一代相比向昆明犬靠拢；F_3代体形外貌与昆明犬基本保持一致，毛色变为昆明犬毛色。F_3代杂交犬的横交固定和扩群所形成的具有1/8马里努阿犬血缘、7/8昆明犬血缘的昆明犬杂交犬，也与昆明犬基本保持一致，毛色变为昆明犬毛色。

在警用性能方面，F_1代表现为亲和期缩短、猎取欲望特别强、胆大凶猛、活泼兴奋、灵活敏捷，但服从性稍差，外抑制较强；F_2代表现为亲和期较短、猎取欲望较强、胆大凶猛、活泼兴奋、比较灵活，服从性稍差，环境适应较好，外抑制减弱；F_3代表现为在亲和性、猎取欲望、环境适应性、凶猛性和敏捷性方面的遗传保持较好的稳定性。

在使用效果方面，F_1代、F_2代代最适宜于警觉、快速反应能力的作业（如巡逻、警戒、守候等）和攻击、扑咬能力的作业（如搜捕、护卫、处突、警戒、守候等），也可用于嗅觉能力的作业（如搜毒、搜爆），但这两代在鉴别、追踪作业方面不太稳定，如F_1代的“江耐迩”在2002年1月9日的搜查中，从一辆卡车上搜出隐藏于备胎内的毒品海洛因40855克，创下我国警犬单次搜毒的新纪录。F_3代作业能力全面，尤其是鉴别、追踪作业能力明显超过F_1代和F_2代，灵活性超过昆明犬。

昆明犬导入马里努阿犬进行杂交改良，其杂交组合后代繁殖能力稳定，昆明犬表现出较高的母本效应，为工作犬在数量上的发展创造了良好的条件。

3.3 昆明犬遗传背景分析研究

3.3.1　利用RAPD技术分析昆明犬的遗传关系

近年来，在昆明犬种犬群的扩大、昆明犬繁育模式的转变（群体继代选育到系祖建系）和生态因素等诸多内外因素的影响下，从表型上看昆明犬各品系间已发生了一定的遗传分化，昆明犬的起源、遗传背景以及种群遗传多样性等成为研究热点。本研究采用RAPD方法深入探讨昆明犬的遗传背景、系统发育、各品系之间的亲缘关系和整个种群的遗传多样性。

3.3.1.1　RAPD扩增程序

研究对象为昆明犬“狼青”（简称L）、“草黄”（简称C）、“黑背”（简称H）品系以及“狼青”、“草黄”品系与马里努阿犬的杂交犬（简称Z），年龄2～6岁。

在犬的前肢静脉采血，用盐析法抽提基因组DNA。提取的DNA通过SDS和蛋白酶K消化，NaCl盐析，氯仿抽提，酒精沉淀，最后溶解于TE 溶液中4℃保存。

1.采用溴化乙锭荧光法检测DNA含量及纯度

取1 μl DNA样品与3 μl （6×）上样缓冲液（0.25%溴酚蓝，40%蔗糖溶于水中）混合。标准DNA上样法同样品。将样品加入30 ml 0.8%琼脂糖凝胶胶孔中，80 V，电泳，一般电泳40 min左右即可。取出的凝胶放入浓度为0.5 μg/ml溴化乙锭染色液中染色15～20 min，再将凝胶取出用清水冲洗后一遍置于Image Master紫外成像系统（Pharmacia Biotech）上观察并摄像。样品DNA的浓度是依据标准DNA（不同浓度的λDNA）的荧光强度进行估计的。同时，DNA片段的完整性还需要进行检测。

2.RAPD引物的筛选

将所用样本等量混匀作为混合模板，根据所查阅的文献选出260条随机引物进行初步筛选扩增，从中筛选出43条引物进行单个模板筛选，通过单个模板筛选后选出11条引物进行RAPD扩增。所用引物的序列见表3–7。

表3-7　11条引物的序列

引物	序列
S10	CTGCTGGGAC
S13	TTCCCCCGCT
S14	TCCGCTCTGG
S24	AATCGGGCTG
S108	GAAACACCCC
S147	AGATGCAGCC
S261	CTCAGTGTCC
S273	CACAGCGACA
S277	GTCCTGGGTT
S353	CCACACTACC
S382	TGGGCGTCAA

3.RAPD扩增反应体系及扩增程序

PCR反应在Eppendorf扩增仪上进行。条件的优化后，扩增效果最好的反应体系中每一个25 μl的反应体系里含有：（10×）PCR Buffer 2.5 μl，25 mmol/L $MgCl_2$ 2 μl，2.5 mmol/L dNTP（Promaga公司）2 μl，1U *Taq*酶，5 pmol引物，50 ng模板。反应程序为：94℃预变性3 min，94℃变性1 min，36℃退火1 min，72℃延伸2 min，最后72℃延伸7 min，共进行40个循环。

4.扩增产物的检测

取扩增产物5 μl于1.5%琼脂糖凝胶电泳，电泳缓冲液为（0.5×）硼酸缓冲液TBE（Tris 4 g，硼酸27.5 g，0.5 mol/L EDTA 20 ml定容至1000 ml），电泳在120 V电压下进行1.5～2 h。将凝胶浸在浓度为0.5 μg/ml溴化乙锭染色液中染色15～20 min，取出凝胶用清水冲洗一遍后置于Image Master紫外成像系统上观察并摄像。

5.扩增产物的分析

DNA扩增带的统计及数据处理：用DL2000作为分子量标记，确定反应产物在凝胶上的对应位置，比较同一引物全部个体的扩增结果，具有不同相对迁移距离的条带称作不同的RAPD标记，而相对迁移距离相同的条带则为一个RAPD标记。判断每一个体的全部扩增结果，若存在某一RAPD标记，则将其记为“1”，若不存在则记为“0”。将“0”、“1”数据制成Excel电子表格，转化为二进制数据，利用Statistical统计分析软件，应用非加权组对平均聚类法（unweighted pair-group method with arithmetic mean, UPGMA）构建系统树状图谱。

3.3.1.2　分析

1.昆明犬的RAPD扩增图谱分析

所选用的引物均扩增出清晰、稳定的条带，引物S24和S147的扩增图分别见图3–4和图3–5。引物扩增的条带数从4～10条不等，所用的11条引物共扩增出85条带，其中每一条引物扩增条带的多态率均为100%（见表3–8）。

图3–4　引物S24的部分扩增图谱

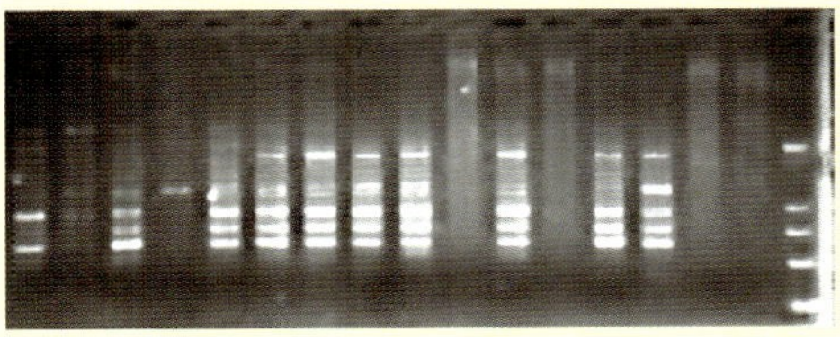

图3–5　引物S147的部分扩增图谱

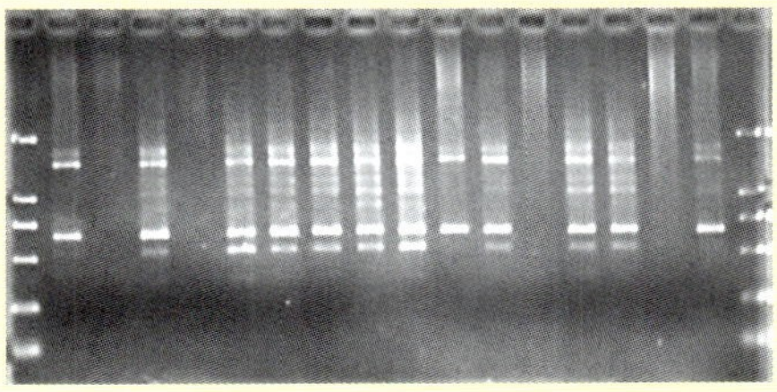

表3–8　供试犬RAPD扩增谱带数

引物编号	条带总数	多态带数	多态率
S10	10	10	100%
S13	5	5	100%
S14	5	5	100%
S24	10	10	100%
S108	6	6	100%
S147	10	10	100%
S261	4	4	100%
S273	8	8	100%
S277	8	8	100%
S353	10	10	100%
S382	9	9	100%
合计	85	85	100%

2.昆明犬的聚类分析

经过对扩增条带的统计分析，得出聚类图（图3–6）。

图3-6　昆明犬的DNA分子系统聚类图

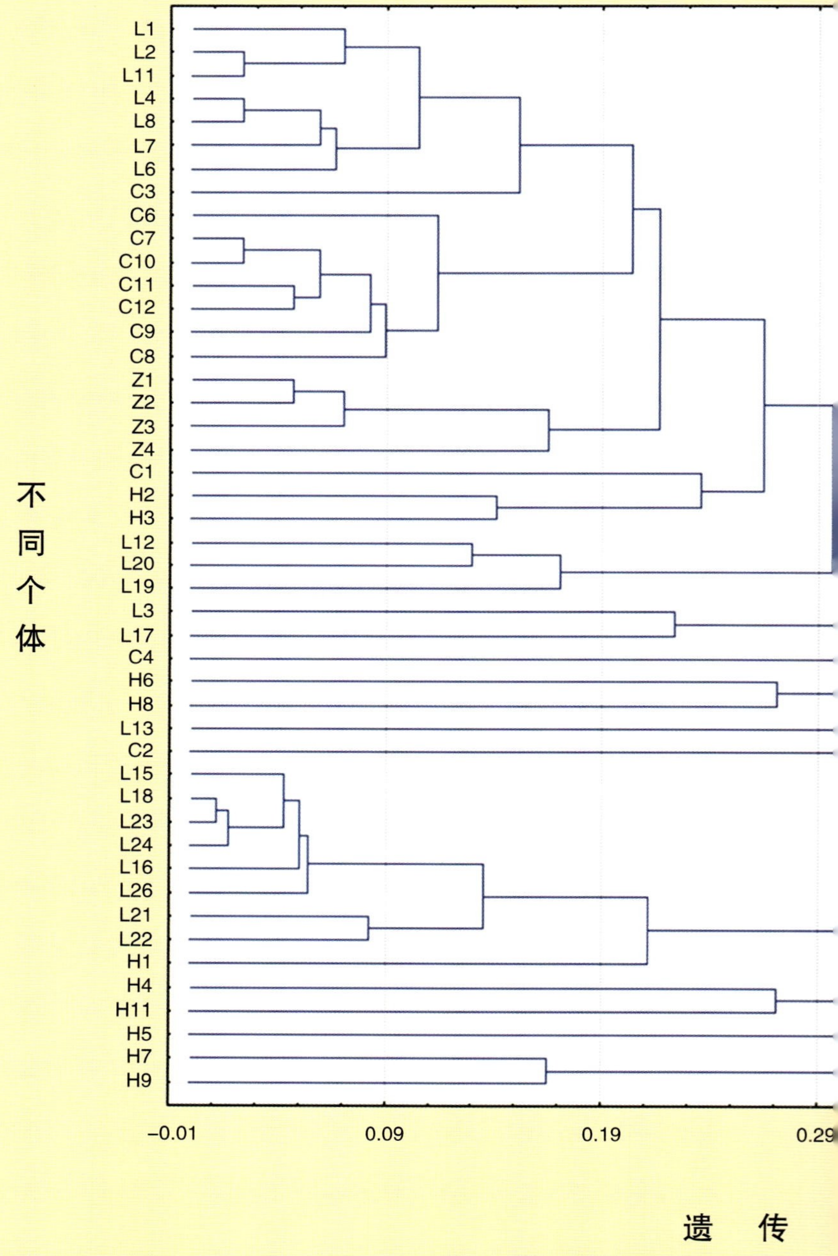

系　数

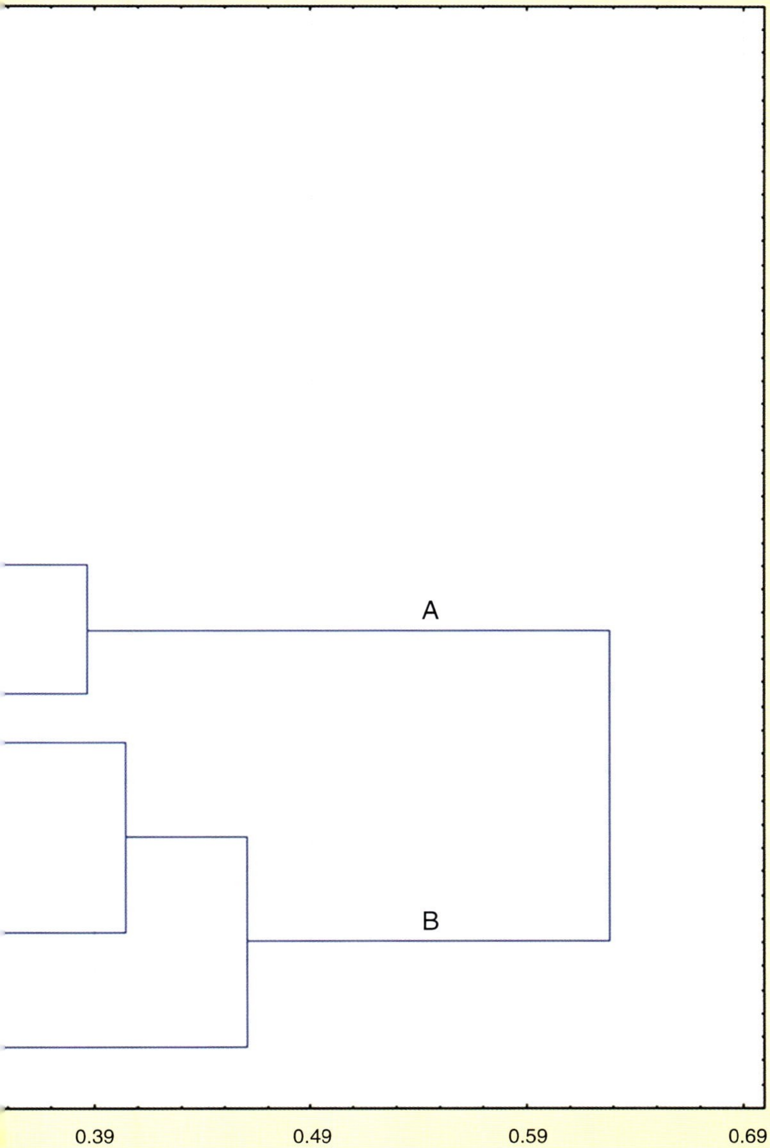

系　数

样品经11条十聚体随机引物RAPD扩增后得到二元数据，以非加权组对平均聚类法聚类，当遗传距离系数为0.63的水平时，整个受试样品分为A、B两大分支。其中，“草黄”品系大部分在遗传距离系数为0.39的A分支上聚成一类；“黑背”品系大部分在遗传距离系数为0.66的B分支上聚成一类；而“狼青”品系分别聚在A分支和B分支上。这说明“草黄”品系和“黑背”品系的遗传背景相对比较单一，“狼青”品系的遗传背景较为复杂。

整个样本犬的遗传背景特点是“既集中又分散”。集中体现在全同胞的犬在较高的相似水平上聚为一类。全同胞的L1、L2、L11在遗传距离系数为0.07的水平上聚在一起；全同胞C7、C10、C11、C12则在遗传距离系数为0.05的水平上聚为一类；全同胞H2、H3在遗传距离系数为0.15的水平上聚为一类。说明所用的11条RAPD引物能够区分昆明犬之间的亲缘关系，具有很好的分辨率，可以看出昆明犬群体具有较高的品系间差异和个体间差异，整个种犬群具有丰富群体遗传多样性。

从整个聚类图来看，“狼青”和“草黄”的亲缘关系最近，“狼青”和“黑背”的亲缘关系较近，而“黑背”与“草黄”之间的亲缘关系较远。这与3个品系形态学的结果和血统记录基本吻合。聚类图显示每个品系的个体在较高的相似水平上没有单独聚为一组，这说明昆明犬群体有较高的多态性。本研究结果可作为昆明犬品系和品系内个体血统不清的初步划分依据和育种依据，尤其是为“狼青”品系的保种目标和措施提供了新的理论依据。

在聚类图中， Z1、Z2、Z3、Z4样品（昆明犬和比利时马里努阿犬的杂交后代）在遗传距离系数为0.17的水平上聚为一类，并在遗传距离系数为0.22的水平上和部分“狼青”、“草黄”品系聚成一类，这与实际中利用“狼青”品系和“草黄”品系与马里努阿犬杂交所得的统计数据相吻合。

3.昆明犬遗传多样性

11个引物对所有受试样品扩增结果都显示出良好的多态性。所有样品没有一条共同的带，多态性程度高达100%。本研究结果显示，昆明犬的种质资源在DNA水平上具有十分丰富的遗传多样性。如此高的多态性，与昆明犬是从全省范围内收集优良狼种犬作为基础群造成的遗传背景复杂，以及在后来的育种中采取的育种方式有一定关系。

昆明犬群体具有丰富的遗传多样性。在昆明犬的育种中，应用远缘杂交原理，为昆明犬选育优势后代亲本及结合表型特征进行优良、特异品种的选育提供一个良好的理论依据，从而减少了育种过程中的工作量和盲目性，提高了育种效率，同时也为按家系留种和生产型留种的选择提供可靠的科学依据。本研究的数据可使今后昆明犬的育种工作能在遗传背景相对清楚的基础上进行，以提高保种繁育的效益，为繁育出更多优良受训犬提供准确保障。

对昆明犬种群遗传关系的RAPD初步研究，为以PCR为基础的分子标记技术（如微卫星DNA座位扩增多态和相关的SSR、RFLP、AFLP等）能准确深入研究昆明犬的系统起源、发育及育种提供了条件。

3.3.2　微卫星DNA（STR）技术分析昆明犬品系分化

为给昆明犬复壮改良提供技术，科研人员利用分布在不同犬染色体上的10个微卫星基因座对昆明犬的3个品系进行遗传学分析，计算基因频率、杂合度、多态信息含量以及品系之间的遗传距离和聚类图关系。

3.3.2.1　DNA提取

选取昆明犬核心种群的3个品系，血统基本无相关性，用美国ABI犬微卫星四色荧光商业试剂盒进行检测，10个微卫星基因座特征见表3–9。

表3–9　10个微卫星基因座特征

基因座名称	染色体	核心序列	荧光类型	长度范围/bp
PEZ1	CFA07	四碱基重复 Tetra_repeat	FAM	92 ~ 136
FH2054	CFA12	（GATA）~16	FAM	140 ~ 183
FH2010	Synt05	（CAAA）10	FAM	210 ~ 260
FEZ5	CFA12	四碱基重复 Tetra_repeat	JOE	97 ~ 121
FEZ12	CFA03	四碱基重复 Tetra_repeat	JOE	250 ~ 320
FEZ20	—	—	JOE	174 ~ 201
FEZ3	CFA19	三碱基重复 Tti_repeat	NED	95 ~ 154
FEZ6	CFA27	四碱基重复 Tetra_repeat	NED	164 ~ 214
FEZ8	CFA17	四碱基重复 Tetra_repeat	NED	222 ~ 260
FH2079	CFA24	Mix（GGAT）~47 scrambled	NED	263 ~ 299

用常规酚氯仿抽取法从犬静脉血白细胞中提取基因组DNA。从犬外周静脉采血，加入血液裂解液破解白细胞，冷冻运输，加入蛋白酶K至终浓度100 ng/L，55℃消化12 ~ 24 h，

加入等体积苯酚：氯仿：异戊醇（15：24：1）、等体积氯仿：异戊醇（24：1），3 mol/L NaAC、无水乙醇沉淀DNA，70%乙醇洗涤1次，在TE缓冲液中保存。

反应体系为10 L，1 L模板DNA（30 ng/L），1.39 L StockMarks Buffer，0.36 L 25 mmol/L $MgCl_2$，2.20 L 1.25 mmol/L each dNTP，2.80 L 5 mmol/L Primer mix，0.36 U *Taq* Gold，加蒸馏水至总体积为10 L。反应程序：95℃预变性12 min，95℃变性30 s，58℃退火30 s，并且每循环1次降低0.1℃直至56℃不变，72℃复性1 min，共35个循环。

3.3.2.2　分析

1.基因分型和多态性分析

10个微卫星基因座经荧光检测后的结果见图3-7。

图3-7　10个微卫星基因座峰值图

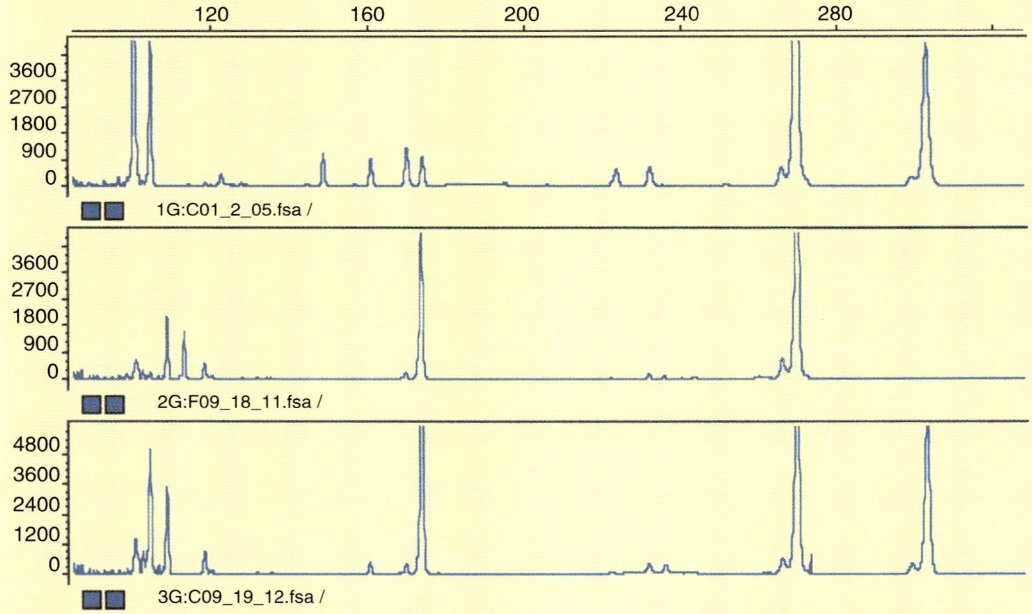

根据昆明犬3个品系中的10个微卫星基因座等位基因分型数据，进行基因分布和多态性分析，基因频率、出现的等位基因个数（n）、杂合度（H）以及多态性信息含量（PIC）等见表3-10。

表3–10　昆明犬3个品系10个微卫星基因座等位基因分型数据

基因座名称	草黄			狼青			黑背		
	n	H	PIC	n	H	PIC	n	H	PIC
PEZ1	4	0.604	0.550	3	0.398	0.354	5	0.508	0.483
FH2054	7	0.797	0.769	7	0.766	0.730	7	0.736	0.699
FH2010	4	0.736	0.688	4	0.643	0.584	4	0.694	0.647
FEZ5	5	0.643	0.597	4	0.719	0.667	3	0.583	0.508
FEZ20	1	0	0	2	0.264	0.229	2	0.298	0.253
FEZ3	7	0.795	0.766	6	0.666	0.621	6	0.769	0.736
FEZ6	8	0.791	0.764	6	0.658	0.610	7	0.777	0.744
FEZ8	4	0.408	0.375	5	0.371	0.348	5	0.558	0.527
FH2079	5	0.486	0.447	4	0.326	0.308	3	0.558	0.527
平均值	5.1	0.585	0.551	4.4	0.545	0.502	4.5	0.606	0.563

昆明犬3个品系共发现60个等位基因，其中，“草黄”品系发现的等位基因数量最多，总数达55个，“狼青”和“黑背”比较接近，分别为44个和45个，而“黑背”品系的杂合度与多态信息含量最大。在10个微卫星基因座中PEZ20的多态性是最差的，在草黄品系中甚至出现单态性纯合。

2.遗传距离

根据第1章中的公式计算3个品系间的遗传距离，见表3–11。经过比较，以“草黄”品系为参照，与其遗传距离近的是“狼青”。以“黑背”为参照，与其遗传距离近的是“狼青”。但它们之间总的差别不大。

表3–11　3个昆明犬品系的遗传距离

	草黄	狼青	黑背
草黄	0	0.055146	0.086591
狼青	0.055146	0	0.072132
黑背	0.086591	0.072132	0

3.聚类图

用Phylip3.6软件中的neighbor执行程序，采用相邻连接方法建立3个昆明犬品系的系统发生树，见图3-8。3个品系分别向三个方向分化，没有明显聚成的一类。但相对而言，“草黄”和“狼青”品系更为接近一些。

图3-8　3个昆明犬品系相邻连接方法系统发生树

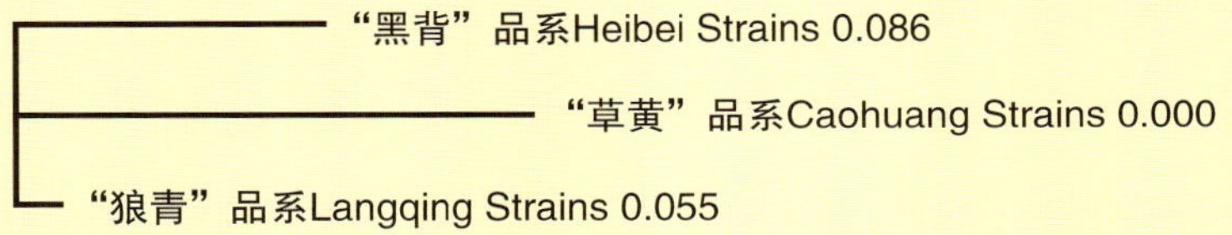

3.3.3　昆明犬毛色基因研究

为探索昆明犬3个品系毛色与基因的关系，本研究选取了黑皮质素受体1基因（MC1R）、鼠灰信号缩氨酸基因（ASIP）、犬β-防御素103基因（CBD103）进行昆明犬毛色相关研究。

3.3.3.1　DNA提取及测序

选取昆明犬的3个品系作为研究对象，“狼青”为全身黑黄相间，“黑背”毛色为背部全黑，腹部四肢黄色，3个品系均存在黑色与黄色共存。

采取常规DNA提取及测序方法，测序时保证每个个体每个位点至少双向覆盖一次。测出上述3个基因的序列之后，利用DnaSP 5.10.01输出每个个体单倍型，计算群体遗传参数，利用MS程序在昆明犬群体统计历史假设上产生10000次独立重复模拟，利用GenepopV4使用F检验评估群体分化。

3.3.3.2　分析

测序后获得的序列为：MC1R（954 bp，954 bp编码区）；CBD103（1540 bp，396 bp编码区）；Agouti（1920 bp，包含第1、2外显子，192 bp编码区）。

为了排除群体事件的影响，科研人员使用MS程序进行了群体事件的模拟分析。结合昆明犬育种历史及育种过程中的数次瓶颈效应，根据目前两个群体的D值检验（Tajima's D）在中性模拟10000次的分布位置，可知两个群体都位于$P < 0.01$之外，也就是极显著的结果。因此，排除群体事件的影响后，两个群体受到平衡选择仍然极显著，见表3-12。

表3–12　黑黄相间毛型色和黑背毛色型群体分析

毛色类型	基因名称	片段长度	等位基因数	π	θ_w	Tajima's D
黑黄相间	MC1R	954	44	0.00202	0.00083	2.90729**
	CBD103	1540	44	0.00431	0.00373	0.47848
	Agouti	1920	44			
黑背	MC1R	954	54	0.00188	0.0008	2.64503**
	CBD103	1540	54	0.00203	0.00358	–1.30205
	Agouti	1920	54	0.00057	0.00089	–0.88104

注：**表示极显著

CBD103和Agouti单倍型数据及两个群体的主要单倍型全部为同义突变，可能与受到功能限制相关；Agouti可能由于隐性纯合致死。

MC1R找到4个SNP位点，共3种单倍型，全部为异义突变（没有同义突变可能由于奠基者效应），见表3–13。“黑背”主要单倍型为M1，黑黄相间毛型主要单倍型为M3。可以注意到M1与M3每个SNP都不相同。卡方检验看出两个群体有显著不同。

表3–13　昆明犬MC1R单倍型表

单倍型	核苷酸位点				氨基酸突变				单倍型分布	
	268	313	476	790	90	105	159	264	黑黄相间毛色型	黑背毛色型
MC1R_1	A	G	C	G	S	A	P	V	27	65
MC1R_2	A	G	C	A	S	A	P	M	12	9
MC1R_3	G	A	A	A	G	T	Q	M	49	34

根据群体分化指数FST法证明，每个SNP和整个群体间都存在显著分化，MC1R在两个群体间显著分化。根据MC1R在两个群体间的显著分化，MC1R不同基因型可能与兼具褐色和黑色的毛色性状相关联。CBD103和Agouti都为显性，MC1R的不同基因型在不同区域的细胞中亲和度不同，不同剂量MC1R的表达导致了两个群体间的不同毛色。

3个基因分别在两个昆明犬群体中测序，获得序列。经中性检验，MC1R会受群体事件影响，同时也会受到平衡选择；CBD103和Agouti未受到显著选择作用。

通过单倍型分析，经F检验，MC1R在两个群体间分化显著，MC1R不同基因型可能与兼具褐色和黑色相关联；MC1R在昆明犬两个群体中都受到了显著的平衡选择，可能是由于昆明犬黄黑色混合的模式造成；CBD103和Agouti未受到显著选择作用；根据MC1R在两个群体间的显著分化及其分布，MC1R不同基因型可能与兼具褐色和黑色的毛色性状相关联。

3.3.4 昆明犬遗传资源的建立

畜禽遗传资源是生物多样性的重要组成部分，是国家重大战略性基础资源，更是人类赖以生存和发展的基础。昆明犬于2007年5月通过了国家畜禽遗传资源委员会的审定，成为国家级畜禽新品种。通过分析昆明犬遗传现状，从活体保存、精液保存、体细胞保存、DNA保存及数据库构建等五个方面建立遗传资源库，对昆明犬进行保存及利用。

3.3.4.1 昆明犬的种质资源现状

目前，全国公安、军队、武警等专业部门、社会企事业单位应用及个人训养的昆明犬有2万余只。昆明犬核心群的种犬数量保持在500只左右，全部植入符合国家标准的射频识别芯片进行个体标识，通过警犬信息管理系统由公安部昆明警犬基地直接管理；而对于数目庞大的基础群犬只，则通过中国工作犬管理协会的犬籍管理中心负责芯片的植入并进行登记管理，数据收入公安部主管的“中华人民共和国犬信息管理数据库”，实现与警犬信息管理系统的对接，保证了昆明犬育种过程中的信息一体化。

昆明犬的基础群庞大，分布广泛。由于近年来围绕昆明犬开展的商业活动增多，广泛饲养昆明犬扩大了昆明犬基础群数量，丰富了昆明犬种群的遗传多样性，有利于昆明犬的长远育种。

3.3.4.2 昆明犬遗传资源保存及育种目标

保存犬的遗传资源并不是单纯保护其遗传多样性， 在保存的同时还需要挖掘、评估和开发利用。结合近年来畜禽保存“多层次、立体化”的趋势及要求，针对昆明犬的实际情况，我们将保存目标确定为“活体保存持续高效、配子保存初见成效、分子保存行之有效”。

作为工作犬种，昆明犬的育种目标不仅明确了常规的生物学性状，更特别强调了工作性状的意义。准确反映育种目标的昆明犬品种标准于2007年5月制定并公布，它从体形外貌、生长发育性能、繁殖性能、工作性能、失格五大方面近百个点对理想昆明犬做了描述或要求。

3.3.4.3　昆明犬遗传资源基因库构建

1.实行动态活体保存

将保种与选育相结合，即在保种群中进行保种的同时，在选育群中进行选育。选育所获得的效果，可以使保种更具有生命力，这样可做到保种与选育的统一。

在活体保存的技术实施过程中，如何在“种内整齐度高”与“种内遗传多样性丰富”这二者之间维持动态平衡成为一个重要命题。“种内整齐度高”意味着昆明犬作为一个独立犬种必须拥有其独特而稳定的遗传特性；“种内遗传多样性丰富”又要求昆明犬有足够的遗传多样性来为其后续发展奠定基础。针对这种要求，昆明犬3大品系内根据犬群状况及近交程度划分一个“家系群”和一个“闭锁繁育群”，具体规模及相互比例依照犬群实际情况而定。

“家系群”选取基因型优秀的若干种公犬作为系祖分别进行建系，同质选配，每个家系中最初选取少量母犬与系祖相配，随后各世代逐渐增加与配母犬，前两代避免近交，随后交替采用高度近交与远交相结合的方式，严格淘汰出现遗传衰退的后代，培育出规模适中、纯合度高且具有典型优良性状的若干家系。

“闭锁繁育群”采用群体继代选育法，在避免近交的原则下随机交配，尽量选留血缘相对广泛的后代，保护昆明犬的遗传多样性。

在若干家系独立育种成型的基础上，展开家系间的杂交，利用杂交优势，培育出外观相对一致且工作性能更优的F_1代，直接用于工作犬的训练。

选留F_1中理想个体，横交定型后，汇入“闭锁繁育群”，从而提升昆明犬整个种群的品质。直至基因型更佳的个体出现，开始进行下一轮育种。

制定合理的交配制度，在一个闭锁的有限群体内，特别是小群体中，任何基因都有可能消失。一是因为遗传漂变，它可使任何等位基因中的一方固定为纯合子，而使其相对基因消失；二是因为近交，不仅能引起衰退，还能使基因趋向纯合，在选择与漂变的作用下，使某些基因消失。当种群较大时，实行随机交配制度；当群体小时，则实行避免全同胞和半同胞交配的不完全随机交配制度，或利用非近交的公犬轮回配种制定。

2.建立昆明犬精子库

遗传资源冷冻保存可延长世代间隔，避免保种费用过高和活体保种的不足，还可以使近交和遗传漂变的作用降到最低限度。犬精液冷冻技术可以推动犬现代育种体系的建立，加快养犬产业化的进度，同时摆脱了犬自身生理年限的限制，实现了遗传资源的保存。昆明犬遗传资源的配子保存方式依托警犬精子库实验室，在总结国内外先进冻精技术的基础上，结合“炸熏法”等技术手段对优良种公犬的精液进行冷冻，将其浸入液氮中超低温长期保存，可以获得较好的冻精复苏率和解冻活力。其具体操作流程如下：

选取遗传性能良好的健康昆明犬种公犬，定期采精，采用手握按摩法进行鲜精采集，收集第二部分精液，通过精液质量检测系统进行镜检，对鲜精的形态参数及动态参数进行分析。

精液稀释液的具体方法为：Tris 2.422 g、柠檬酸1.36 g、果糖1.0 g、卵黄20 ml、青霉素10万IU、链霉素10万IU、加双蒸水至100 ml、甘油的量按稀释后精液总量的8%加入。

采集到的犬精液，同温条件下根据检测出的密度按1～5倍进行稀释。稀释好的精液封口，包上纱布，置于3～5℃冰箱内降温平衡2～3 h后，再按总量8%的比例添加甘油，轻混匀后再平衡5 min。

使用自制的犬精液冷冻炸熏器制作犬颗粒冷冻精液，将平衡后的精液直接滴于炸熏器的炸室内的液氨中，每次15粒，在炸室内煎炸，再待精液温度降到-50～-60℃后快速转移到熏室内加盖熏蒸4～6 min，制作成直径约0.5 cm的颗粒精液，然后收集装袋，标记批号及制作日期等信息，浸入液氨中保存。

3.昆明犬体细胞库的构建

胚胎、幼犬或成年犬的肺、肾、皮肤等组织，经体外传代培养，可长成成纤维细胞或上皮细胞，经消化处理后，收获的细胞悬浮在添加抗冻剂的培养基中。这些细胞以预定的程序冷冻，然后就可以在液氮中长期保存。这样建成的细胞系需要时再解冻复苏，就可以恢复在体外的生长、分裂。

4.昆明犬遗传资源分子保存

随着分子生物学的迅速发展，分子水平上的科研活动给遗传资源的保护带来新的解决途径。目前，科研人员主要采取以“研究带动保存”的方式，应用昆明犬全血总DNA的提取与超低温保存技术，开展昆明犬种群遗传关系RAPD分析、昆明犬线粒体D-loop区数据库及母系遗传状况、MC1R基因与昆明犬毛色的相关性、AFLP、SNP等分子标记辅助育种等一系列研究。

5.昆明犬综合信息数据库

借助警犬工作信息管理系统与中华人民共和国犬信息数据库，以公安部昆明警犬基地为主导，依托中国工作犬管理协会昆明犬专业委员会，构建昆明犬综合信息数据库，收入3部分内容：犬个体信息（包括犬籍基本信息、外貌特征、体尺指标、神经类型等四大类数十项具体描述犬体貌及性情特征的信息）；系谱信息（包括家系划分情况、群体近交系数等）；个体育种值信息（包括评估各类警用行为性状及繁殖性状等育种信息）。

3.3.4.4 昆明犬遗传资源库建设成果

保种是一项长期而持久的工作，昆明犬作为中国唯一的自主培育的工作犬种应得到更

好的利用与保护。自通过国家畜禽遗传资源委员会审定后，围绕昆明犬保种开展的一系列科研工作及常规技术手段不断地被完善、充实，成效显著。科研人员建成昆明犬遗传资源库，特别是保存冷冻精液561头份、1351 ml，保存血样369头份，DNA样本277头份，收录了包括犬基本情况及图片等信息3245条次，从活体、细胞和分子3个层面对昆明犬的遗传资源进行科学合理的保存及利用，建立了昆明犬综合信息数据库。这些保存的遗传资源及相关数据信息为昆明犬更深层研究提供了经济、便捷的实验材料，更为昆明犬今后繁殖育种工作的可持续发展奠定了坚实基础。

3.4 昆明犬的推广应用

由于昆明犬嗅觉灵敏、攻击性强、适应性强、易于训练、使用成绩优异，该品种已经成为一个优秀的工作犬犬种，并推广到军队、公安、武警、海关、企业和农场等部门，并广泛应用于追踪、鉴别、缉毒、搜爆、巡逻、守候、警戒、防暴、消防救援和地震救援等工作领域。

3.4.1 昆明犬的应用情况

3.4.1.1 昆明犬推广应用历程

1.昆明犬培育阶段

20世纪50～70年代，昆明犬主要在云南、贵州、四川等省公安机关应用，数量比较有限。20世纪80～90年代，昆明犬在全国各地的公安、武警、企业保卫等部门推广和应用，其犬群规模逐渐扩大。在云南、贵州、广西等省区，昆明犬的应用取得了较好的成效，公安人员利用昆明犬破获了一批案件，形成较好的社会影响。

2.昆明犬发展停滞阶段

1993～1998年，公安部昆明警犬基地当时是由云南省公安厅管理，由于服务的范围缩小、人力物力投入的减少，科研经费严重不足，昆明犬的发展处于停滞状态，随后出现了昆明犬种犬数量减少，质量下滑的现象。再加上昆明市限养犬等诸多因素的影响，昆明犬数量锐减，当时仅存1万只左右。

3.昆明犬的复壮阶段

1998年底，全国警犬技术管理体制调整以后，为了扩大昆明犬群和进一步提高其质量，科研人员加大了昆明犬的研究和推广应用，开展了昆明犬复壮改良研究，对昆明犬不同品系种犬群进行了扩大，注重改良体形外貌，提高警用性能。最终，昆明犬通过国家畜禽遗传资源委员会的审定，成为国家级新品种，填补了国产定型工作犬的空白。随后，科研人员对昆明犬繁育性能、训练使用效果进行跟踪调查，广泛收集昆明犬资料，筹建了昆明犬资料室。近几年，在功勋犬评选中，昆明犬就占公安部昆明警犬基地分管片区申报总犬数的1/3，这主要是由于其在使用中成绩突出、犬种投入较其他品种犬小、繁育成活率高以及选训率高。在各类犬展比赛中，昆明犬时常成为夺冠“黑马”。昆明犬再次受到基层民警、用犬单位和民间广大人士的青睐。

3.4.1.2 昆明犬应用范围

昆明犬现已遍布全国31个省区和香港、澳门特别行政区，以及巴基斯坦、越南、朝鲜、新加坡和泰国等国家，在公安、军队、武警、海关、地震救援、动植物检验检疫等工作犬系统和企事业单位保卫部门被广泛使用。昆明犬已成为目前工作犬类别中优秀的全能型工作犬品种。

3.4.2 昆明犬的应用性能和推广条件

3.4.2.1 昆明犬的应用条件

昆明犬作业主要分两大类。一是嗅觉作业：包括气味鉴别、追踪、物证搜索、搜捕、搜毒、搜爆和救援等。二是护卫（震慑、保卫及攻击）作业：包括搜（抓）捕、巡逻、警戒、守候和防暴等。除此以外，昆明犬的使用还有多种专业能力结合的方式，如警犬追踪到犯罪嫌疑人后，民警实施抓捕时，犯罪嫌疑人拒捕或攻击时，可利用警犬进行扑咬等。

警方、军方和民间应用昆明犬的条件各有侧重。

警方主要是充分开发和利用犬的嗅觉、警觉、驰骋力、威慑力和扑咬能力。昆明犬的具体使用要求民警接受专业培训，对工作犬需进行规范管理及依法使用。昆明犬的警用专业方向有追踪、鉴别、搜毒、搜爆、搜捕、物证搜索、巡逻、守候、警戒、防暴、救援等。

军方主要利用昆明犬的警觉和嗅觉作业，如军事管区、边境巡逻、守候、警戒、追

踪、探雷和扑咬等。

民间、企业主要利用昆明犬的警觉作业，对工地、仓库和庭院等进行巡逻、守候和警戒等，用作个人护卫和陪伴。昆明犬的训练主要是护卫和服从训练。

3.4.2.2　昆明犬应用价值

1.警用价值

同其他工作犬一样，昆明犬不论用于军队、公安，还是企业和家庭，它已经涵盖了其实用价值的属性。

通过对昆明犬在通过品种鉴定与复壮改良后的使用调查情况分析，昆明犬的起作用率是比较稳定的；从另一方面看，昆明犬在拓宽警犬使用领域的起作用率非常显著，昆明犬在禁毒、反恐防暴和救援等工作中发挥出独特作用，形成了“品牌效应”，造成一定社会影响。可以看出，昆明犬复壮后的警用性能表现比较稳定，具备良好社会使用价值。

2.社会使用价值

警犬的训练和应用都离不开犬源的保障。目前，受训犬源的提供主要以有繁育资质单位繁育和选训的方式进行。随着民间养犬业的规范，如果能够从质量和数量上补充公安、武警、军队和企业等部门的需要，提供社会化及基础性训练服务，为专业部门提供高质量的受训犬源，则专业繁殖人员可以节省或转轨，将主要精力用于训练和应用，这可以刺激地方犬业经济的发展。

3.4.3　昆明犬的发展前景

昆明犬的发展一是要抓住机遇、深化改革，以中国工作犬管理协会为引导，逐步提高大众对昆明犬的认识；二是借助社会各方面的力量，做到多管齐下，有序发展；三是加强对犬类疫情的监测和防控；四是加强科技指导的力度，不断提高昆明犬的繁殖、训练和使用水平，打造品牌昆明犬。在保障资源共享的基础上，适时组织品质优秀的昆明犬出口，促进昆明犬的实用价值和经济价值的相互发展，使昆明犬向稳步健康的方向发展。

3.4.3.1　公安、军队、海关等应用昆明犬的发展

加强昆明犬训练方法的创新研究，提高自主创新能力，提高昆明犬的训练技术，培养出高质量的昆明犬工作犬。总结经验，稳步发展，将培训工作逐渐纳入技术培训和职业教育，提高从事养犬、训犬、用犬及管理等相关人员的素质，促进中国犬业总体水平的提升。

在公安和军队系统原有应用昆明犬的基础上，立足行业全面探索昆明犬新的应用深度和广度，尤其在目前我国改革发展的关键期，要发挥好昆明犬在反恐工作、防暴处突工作、侦查破案及保护重要人物等方面的独特作用。相关人员还应以专业为导向，进一步拓宽昆明犬在企业或民间的应用，如检查煤气泄漏、检查特殊病例、押运、看守仓库和导盲等。同时，继续组织好昆明犬展赛，全面促进昆明犬相关技术的交流、提高和发展，促进昆明犬在各领域的应用。

3.4.3.2　企业或个人应用昆明犬的发展

依托民间和社会团体的力量，为公安和军队系统提供优质的受训犬。建立社会养犬管理系统、疫情防控系统，促使养犬向产业型发展。我国的昆明犬虽然已经推广到巴基斯坦、新加坡、泰国和朝鲜等国作为警用工作犬，但在使用数量和使用区域上，与德国牧羊犬和马里努阿犬相比，还有较大差距。科研人员还需进一步对昆明犬的品质、外貌、应用性能等方面进行改进提高，厚积薄发，将会被更多国家和地区的军、警选用。

总的来看，昆明犬的发展正处在一个良好的机遇期，充分利用现代科技手段、管理手段、经济手段，积极吸收国外发展犬业的良好经验和做法，突出自身优势，依托社会各界力量，组织昆明犬展赛活动，对培育优秀昆明犬的人士或团体要加大奖励、扩大宣传，引导民间广大爱犬人士喜爱昆明犬、饲养昆明犬、训练昆明犬和应用昆明犬，努力推进昆明犬向更高层次的发展。

4

引进罗威纳犬本土化培育与应用研究

4.1 罗威纳犬的品种特性

4.1.1 我国警犬品种退化的原因分析及防止与延缓退化的对策

自1978年我国恢复警犬工作以来，为了促进警犬技术的迅速发展，更好地发挥警犬在侦察破案，治安防范中的独特作用，公安部从1978～1986年分五批从国外引进了西德牧羊犬、罗威纳犬和杜伯文犬共计319只，分配给部属4个警犬基地及全国23个省区的公安单位。同时，我国于20世纪80年代成功开展了昆明犬选育。1988年，昆明犬通过公安部的鉴定，被命名为“昆明犬”。近十多年来，部分省公安机关积极筹集经费从德国引进了一些德国牧羊犬作为种用。军队、武警、海关以及民间组织或个人也从国外引进了大批工作犬种。这些引进种犬为发展我国警犬和军犬事业发挥了很好的作用。这些犬经过严格训练，在打击、预防犯罪实战中取得可喜成绩。然而，由于种种原因，多年来，我国警犬种质严重退化，有的品种（如上个世纪引进的杜伯文犬）已经失传，品种资源未能保留下来。我们自行选育的昆明犬也有较严重的退化趋势，其中“草黄”品系目前群体数量已大大减少，质量远不如原代。这严重阻碍了我国警犬事业的顺利发展。解决这一问题最好的方法就是利用科学技术延缓引进犬的退化速度。

做好工作犬品种资源的保护和利用、控制和延缓犬种退化，是我们警犬技术工作者面临的一大艰巨任务。现就种犬退化的表现、退化原因及控制和延缓退化的对策试作论述，供同行们参考。

4.1.1.1 工作犬种退化的主要表现

1.工作性能退化

其主要表现为：一是嗅觉分析功能退化，尽管科研人员尚未在这方面做精确的比较研究，但通过对追踪、鉴别和搜索等以发挥嗅觉功能为主的训练、使用科目情况观察，以及工作犬训练使用者普遍反映，多代繁殖后的犬，其成绩与进口初期前几代繁殖的犬相差甚远，冒尖的作业犬极少，发挥作用不理想、效益不佳。二是犬凶猛性降低，一代比一代更“善良”，甚至胆小怕人，丧失威慑力。三是犬作业的兴奋性降低，表现为神经类型兴奋、活泼、灵活的犬数量少，安静型、弱型的犬数量较多。四是犬体能下降，表现为训练和使用时，其耐力差，体力不支，易疲劳，作业强度稍大就难以坚持。五是犬服从性差，训练服从科目时间较长，对主人依恋性不强，“野性”重。

2.繁殖性能退化

在繁殖方面退化的主要表现：一是产仔数下降，从某警犬基地1986～1996年德国牧羊犬窝产仔平均数来看，1986年13窝平均产仔数为7.8，而1996年21窝平均产仔数为6.2。二是空胎、难产、死胎、弱胎明显升高，统计1986年配种68胎，空怀9胎，空怀率为13.2%，未发生过难产病例，产仔365只中死胎有7只，死胎率约为2%，产后24小时内死亡的弱胎有11只，约在3%，而1996年4～9月份统计31窝犬，空胎率为23%，难产的有5只，其中因难产死亡2只种母犬，死胎率为7%，弱胎率为13%。

3.体形毛色发生变化

繁育10年后的犬体形变化主要表现为体形较原代小，引进的原代犬平均体高公犬63 cm，母犬59 cm，体长公犬70 cm，母犬65 cm，体重公犬38.5 kg，母犬30 kg；而1996年科研人员对27只成年德国牧羊犬测定后发现，其体高平均为公犬58 cm，母犬52 cm，体长公犬64.5 cm，母犬90.5 cm，体重公犬32.4 kg，母犬27.5 kg，各指标分别下降了8%～10%。而近两年繁殖的德国牧羊犬后代其体重、体长和体高的下降20%以上，被称为“铁犬”、“袖珍犬”。德国牧羊犬通常有3种毛色，即黑背黄腹、全黑和狼青，而近年来发现有些分娩仔犬出现灰色毛。正常犬鼻镜皮肤本色为深黑，近年观察到有少部分犬出现肉色鼻镜。

4.发病率、死亡率变化

某警犬基地从20世纪80年代初到90年代末，警犬发病率、死亡率出现了“U”字形变化，即两头高，中间低。1981～1986年幼犬发生传染病，死亡率高于20%，1987～1994年，幼犬因病死亡率15%左右，1994～1998年，幼犬病死亡率接近25%，其中，1998年幼犬死亡率超过30%。这一现象是因20世纪80年代新引进犬尚不能适应气候环境，且犬瘟热病、犬细小病毒病等疾病的疫苗尚未研制成功而造成。而20世纪80年代后期到90年代初，引进的犬适应性增强。同时，犬细小病毒免疫研究已获成功，因而该病发病率和死亡率降低。近年来，犬种退化，犬抵抗力下降，犬瘟热、犬冠状病毒病蔓延，因此，犬发病率和死亡率又上升。其中，犬瘟热发病率高达80%以上，死亡率和淘汰率高达50%以上。

4.1.1.2 种犬退化原因分析

警犬品种退化，究其原因是多方面因素综合作用的结果。但归纳起来，这主要是人为因素，自然环境的变化、生存条件的改变以及犬体基因变异等方面因素所致。现分析如下：

1.人为因素

（1）对犬种保纯防退化认识不足，重视不够

近六七年，工作犬繁育存在不同程度的“重繁殖轻培育，重使用轻保种，重眼前利益轻长远发展”的现象。无论对国产犬种，还是国外引进犬种，一味追求繁殖数量，超负荷生产，缺乏计划性；没有长远的选留种方案和计划，将繁殖的犬统统下发基层训练或片面追求经济效益，只要价钱好，优质后备种犬也售卖。某单位曾一度将繁殖的优质犬全部下发训练和出售，而训练中不合格的犬又退回作种用，优质犬留不住，保不下来，劣质犬反而充作种用，周而复始，形成恶性循环，种犬质量越来越差，最后，原代种犬老化，继代种犬退化。此外，优质犬资源流失严重，犬基因库的保护没有受到应有的重视。核心群种犬没有得到充分保护，基础群的犬品质下降，使种质资源流失和破坏严重，犬基因库保护受到威胁，犬种退化现象严重。

（2）种犬群太小，血统系谱过窄，近交系数过高，隐性有害基因重合率提高

在引种时，由于经济的承受能力有限，或缺乏长期发展考虑，有的单位引进的种犬数量太少，公母比例失调，甚至有的单位引种时，没有专业人员参加，引进同窝的犬，种用价值不高。1986年，某单位引进的罗威纳犬中，只有3只公犬，其中2只是近亲的血缘关系，这3只公犬又分配给2个单位，最后因种犬基础群太小，血统过窄，不得不实行近亲繁殖，其后代近交系数在25%以上。近年来，部分省（区）公安机关从国外引进种犬也出现同样情况。多数是2公3母或3公4～5母。在繁殖过程中，各单位（部门）互相封闭，缺乏协作，在狭小的种群内繁殖。在选配时，有些单位往往只注重某只种公犬的某一表型性状，或只凭个别人的喜好，而过频使用个别种公犬配种，其他的种犬则不用或用得很少，其基因不能保存下来。随着时间的推移，原代优质种犬逐渐衰老不能作种用，其甚至尚未留下后代，留下的只是个别种犬后代，人为造成种基因库狭小和过高的近亲系数。

（3）饲养管理粗放

很多单位在犬的管理方面，水平普遍较为低下。如公犬使用过频、过早。有的在种公犬尚未体成熟就开始配种，造成种犬本身及后代个体矮小。有的一个星期就让同一只犬配种多次，使用过频。母犬发情即配，不加限制。不同种类、年龄、用途的犬饲养管理的模式单一，未予区别对待。母犬发情、妊娠期间让其剧烈运动，造成其流产和早产，甚至死胎。产期管理不当，造成幼犬被压死、冻死、被咬死和饿死。对生病的犬，不能细心护理，造成病情加重、死亡、遗留后遗症，丧失种用性能或种用性能退化。有的种公犬长期圈养，缺乏运动，过于肥胖，性欲下降，种用性能下降；母犬过于肥胖，不排卵或排卵数下降。

（4）缺乏全价营养

缺乏全价营养是造成犬种退化的另一原因。有人甚至认为这是犬种退化的主要原因。

各种品种的犬，甚至同一品种在不同用途、不同年龄、不同生理状态下，对营养的需求均不相同。但在实际工作中，供给全价营养不充分的问题普遍存在。首先，许多单位经费不足，不能保证足额提供犬的伙食费。某警犬基地1992年以来犬的伙食标准一直只能维持100多元，而按公安部20世纪80年代制定的“三个一”（即每天一斤蛋白质饲料，一斤粮食，一斤蔬菜，一斤为500 g）标准计算，以当地物价购买，每月每犬需300元左右伙食费。其次，犬营养不全面、不均衡的现象普遍存在。按照犬正常生长发育及各种生理状态需要，应给犬提供全价的蛋白质，适当的脂肪，足量的能量饲料，丰富的维生素，必需的矿物质，以及充足清洁的饮水。但在实践中，一提起营养，往往片面强调增加一些肉类蛋白质饲料，而忽视了其他的营养成分。某警犬基地曾在20世纪80年代末至90年代初出现较大范围的幼犬B族维生素缺乏症，造成大规模犬只发病，甚至整窝死亡。还有些犬因缺钙症或钙磷比例失调而发生佝偻病，及母犬产后抽搐，造成整批犬被淘汰。因能量及蛋白质的缺乏而造成犬只生长发育迟缓、个体矮小的现象也较为普遍。再者，饲养方法不当的现象也时有发生。有的饲养管理人员责任心不强，不安心于警犬繁殖工作，要么让犬暴食暴饮，要么使其挨饿。按照饲养管理要求，幼犬要尽早开食，少吃多餐，空怀犬、妊娠犬、哺乳犬、种用公犬及不同生长期的犬在营养保障方面都要区别对待，精心饲养。但实际工作中，很多警犬饲养员并没有按此要求去做。可以说，营养不足是导致犬体型偏小的一个重要原因。

（5）训练、锻炼不够

种犬和幼犬未予以足够的训练，缺乏锻炼，这是造成犬胆小的重要原因。种犬是否训练有素，对其后代警用性能影响至关重要，仔幼犬往往是通过模仿成年犬，特别是母犬的行为进行学习。如果母犬经过训练，胆大凶猛，兴奋活泼，衔取欲强，猎取欲望高，则幼犬各方面素质也相对较高。反之，如果母犬胆小怕人，整天躲在犬舍内，则其繁殖的幼犬也会胆小怕人，其警用性能丧失。同时，幼犬的训练也很重要。事实证明，幼犬训练与否直接影响其警用性能好坏和体质强弱。训练幼犬可提高其对不同环境的适应性，对主人的依恋性和服从性，锻炼其胆量，增强体质。而幼犬的锻炼训练的时间应在2～3月龄就开始。因为此时，幼犬活泼好动、对主人依恋性很强，如训练太晚则效果较差，甚至无效。1996年，广州市公安局警犬大队从某地接回5只8个月龄的受训犬。由于该批犬从小就从未散放锻炼过，胆小怕人，后来虽然经过数个月的胆量锻炼，但仍无济于事，最后，该警犬大队将这批“废犬”全部淘汰。

（6）犬病防治不能适应现阶段工作需求

我国对犬病防治的研究起步晚，基础差、底子薄，投入少。尽管近年来，有关单位在犬病防治方面取得了一些成果，并推广应用于实际工作，但总的来看，犬病防治工作不能适应当前警犬工作需要。一是犬病防治技术人员数量少。据了解，还有相当一些省级警

犬工作机构没有专职或兼职犬病防治技术人员。一旦犬只发病，到处求医，十分被动。二是技术水平不高。由于很少交流，缺乏专门培训，部分犬病防治技术人员忙于其他事务，平时只能应付一般犬病防治，一旦出现疑难危重病症，就难以实施有效的诊治。三是投入少，设备差。有的单位连基本的犬病防治费用也不能保证，严重影响了犬病防治工作正常开展。四是一些危害大的犬烈性传染病尚无特效防治措施。如近年来，各地不断出现犬瘟热、犬冠状病毒病的发生和流行，导致成批犬死亡或淘汰，甚至造成种犬报废或因后遗症使其种用价值下降。这些问题迫切需要通过科技手段予以解决。

2.自然环境及犬种本身的因素

（1）自然环境的影响

有些犬种在长期的进化过程中，逐渐适应了某种环境，当其生存环境发生明显变化，不能适应时，将使其某些性能发生变化，甚至退化。例如，德国牧羊犬的原产地为德国，德国年平均气温为10℃左右，每年7～8月份平均气温为15～20℃。而我国南方部分地区气温较高，有的地区气温可超过40℃，长毛德国牧羊犬不能很好地适应此种气候，工作性能受到影响，特别是在炎热天气进行工作强度较大的工作，如追踪、扑咬等作业时，往往很难持久，其种用和警用性能均逐渐退化或丧失。

（2）犬种自身遗传基因的变异，有害基因的显性表现

生物进化学说认为，任何一个物种在其进化过程中，都会受到自身和外界诸因素的作用。为了适应各种环境的变化及诸因素的作用，生物本身内部的遗传物质可能发生某种可遗传的变异，以适应新变化。这就是适者生存，优胜劣汰。犬种在长期的环境变化中，也可能发生遗传基因的变异。同时，某些不良基因出现显性表现，如德国牧羊犬髋关节发育异常，多数人认为是多因子或基因遗传疾病。犬体内可能存在许多缺陷，当受到环境因素影响就改变了基因的表现型。有人曾对244只德国牧羊犬髋关节发育异常的遗传力进行了研究，结果表明，约有25%的犬为遗传变异所致，其余75%的犬髋关节发育异常均为环境因素所致。

4.1.1.3　防止和延缓犬种退化的对策

要防止和延缓犬种退化，必须从技术和管理等方面下功夫，采取综合措施。只要下大决心，措施得力，必然收到良好的效果。要防止和延缓犬种退化要重点从以下几个方面做好工作。

1.提高认识，加强领导，把防止和延缓犬种退化当作大事来抓

做好犬种资源的保护工作，搞好良种犬繁育，是做好警犬工作的前提，没有量足质优的受训犬，警犬、军犬的训练使用就无从谈起。因此，各警犬相关单位必须高度重视，加

强领导，充分认识保护犬种资源、防止和延缓犬种退化的重要性。

（1）成立犬种保纯组织

公安、军队和武警系统的警犬、军犬部门都应成立专门的犬种保纯工作领导小组，可由有关领导和专业人员组成。其职责主要是制订犬种保纯规划、方案、制度；检查督促有关工作的落实情况；组织评比；解决协调工作中存在的重大问题。成立全国统一的犬业组织和利用现有组织协助开展全国性工作犬种保纯、繁殖和培育工作迫在眉睫。据资料介绍，德国牧羊犬自1895～1985年底在德国已登记出生犬160多万只。德国牧羊犬在这个国家没有发生任何退化现象，历经百年不衰。其根本原因就是德国牧羊犬协会在繁殖、培育、选种、训练、考核、系谱登记和饲养管理方面有严格的制度，而且能一直坚持实施。该协会对犬的系谱管理十分严格，每只犬都有详细的系谱表，每个州都有专门的犬血统系谱监督员，严格执行四代以内不准近亲交配。拟列为种犬的犬，必须提出申请，严格考核，按条件批准，发给证书，才有资格繁殖。一旦发现种犬有微小的变异，坚决禁止交配繁殖。德国牧羊犬协会这一套严格的制度和措施对我国犬种保纯、防止退化很有借鉴作用。

（2）加大宣传工作力度

要通过各种途径、不同方式宣传加强犬种资源保护、防止和延缓犬种退化的重要性和必要性。表彰鼓励在这方面努力工作，做出贡献的工作人员。积极推广各种先进经验和技术措施。使犬业工作者加强对犬种保纯工作意义的认识，增加保护意识，并在具体工作中自觉实施。

（3）开展人才培训和学术交流

要定期和不定期地举办有关专业培训班，讲述选种、保种、繁殖、培育、饲养管理、训练、犬病防治等专业知识。采取“请进来，派出去”的方式，请外国专家讲学，派出专业人员到国外学习考察，提高专业技术水平。培养警犬繁育方面的专家和骨干，同时利用专题讨论会，学术研讨会等形式，开展学术讨论，互相交流工作经验，促进犬种保护利用、防止和延缓犬种退化工作的顺利进行。

2.扩大种犬基础群，扩大基因库，为保种防退化打下基础

（1）适当引进种犬，扩大种犬基础群体

要根据工作需要，制订引种计划，从国外引进数量适当的种犬。引种时，既要考虑体形外貌，又要考虑其工作性能、神经类型；既要考虑其个体的表现性状，又要通过血统资源和后裔、旁系情况，掌握其内在基因型。同时，注重公母比例，一般为1∶5左右。从国内西德牧羊犬种犬现状看，目前更为缺乏的是优秀的种公犬，应考虑增大其引进比例。

（2）加强协作，建立犬种资源共享机制，充分利用好现有种犬

近十多年来，我国公安、军队、武警、海关及民间都通过不同途径，从国外分别引进了德国牧羊犬、罗威纳犬、拉布拉多犬、杜伯文犬及其他一些工作犬品种，其中，引进

的德国牧羊犬数量多，质量好。但多年来，各部门单位都基本上封闭繁殖，导致种犬群体小，各单位又缺乏协作，很少交流，造成种犬资源的浪费。因此，应通过有关部门采取适当的组织形式，开展广泛的犬种交流，建立全国性跨系统、跨部门之间的协作，把局限于某单位、某系统或某部门的过小的种犬群体充分扩大，最大限度地利用好种犬资源。

（3）制定繁育计划，搞好纯繁保种

在繁殖工作中，要根据种犬现状，制定出纯种繁育保种计划。一是通过本品种纯种繁育。扩大种犬基础群体数，建立核心群。二是根据实际需要和培育方向，搞好纯种繁育后备种犬的选育，可通过综合评分，将神经类型、工作性能和体形外貌均佳的优质犬选出留种，尽可能平衡各品系的选留种数，以充分保护犬体基因库的有效含量，避免犬群近交系数上升。三是在选配时要尽量避免随意性，防止近交。四是根据选留后备种犬标准，坚决淘汰不合格犬，特别是患有严重遗传性疾病的犬。

3.规范管理，科学饲养，加强训练

（1）做好犬的日常管理

一要制定健全犬的档案系谱管理制度，做好选配留种记录，编制种犬群体系谱。二要加强犬只、犬舍管理，做好犬舍卫生、通风、干燥、保暖等工作，经常清洗犬身，促进其血液循环，建立亲和关系。三要加强散放运动，按规定保证每天的散放运动量，以增强体质，锻炼胆量。尤其要重视并保证种犬有足够的运动量。四要针对妊娠犬、哺乳犬、初生仔犬、幼犬及病犬的特殊生理状况，采取不同的管理措施。防止妊娠犬流产、早产、死胎，初生仔犬冻死、饿死、被踩死、被咬死，防止病犬因护理不当而病情恶化或死亡。

（2）科学配备全价营养饲料，精心喂养

根据不同品种、年龄、性别、用途及生理状态的犬，分别制定不同的营养标准，保证其营养需要。在制定营养标准时，特别要注意营养全面均衡，不可顾此失彼。要防止暴食暴饮，做到少吃多餐，定时、定温、定量、定点饲养。确保犬必要的伙食费开支。

（3）加强锻炼，适当训练

无论是种犬，还是后备种犬，或幼犬，都要加强胆量、体质、适应性等方面的锻炼，同时予以适当的训练。特别要重视犬只警用性能的培养，如对主人的依恋性、服从性，对陌生人的凶猛性、防御的主动性，调节其作业时的兴奋性、灵活性，注意培养其猎取反射等。 、

4.开展犬的繁育科研，加强犬病防治工作

要灵活应用现代化生物技术，从种犬的选种、选配、遗传育种、种质保存和繁殖基础理论方面，针对犬种退化的各种原因，开展有关课题的研究工作，解决实际问题，提高保纯工作的效率。要坚持“以防为主，防重于治”的原则，搞好犬病防治工作，特别要注意做好各种高致病性传染病的防疫、防治和控制其发生和流行，要从检疫、消毒、防疫接

种、驱虫、卫生管理和病犬隔离治疗等各个环节狠抓落实，最大限度地控制发病率，降低死亡率。

总之，防止和延缓种犬退化是一个系统工程，需要采取各种综合措施。只要坚持不懈地努力，狠抓各项工作的落实，控制和延缓犬种退化的目标一定能达到。

4.1.2 罗威纳犬的警用性能

图4-1 巡逻中的罗威纳犬

通过训练、调查、测评和实验等方法，一线民警掌握了罗威纳犬品种的警用性能（见图4-1）。与德国牧羊犬相比较，其品种优势有以下几点。

4.1.2.1 警觉性高

罗威纳犬对捕捉目标警觉性高，注意力集中且高度兴奋，不受外界环境因素变化的干扰，不咬获目标不肯松口。测试时，我们反复利用助训员逗引后，混入运动的人群，或是让其他助训员与负责逗引的助训员近距离同方向奔跑，罗威纳犬能够始终锁住指定攻击目标，其他助训员对其没有影响。利用多只罗威纳犬攻击数个助训目标，罗威纳犬也

能根据训导员指挥分别攻击被锁定的助训目标，不会出现因争咬一个助训目标而放任另一个助训目标逃跑的现象。用德国牧羊犬做同样的实验，德国牧羊犬则很难达到罗威纳犬的这种作业能力。

4.1.2.2　攻击性强

罗威纳犬在攻击起步、奔跑速度和放口反射等方面比德国牧羊犬稍差，但扑咬目标时的攻击欲望、冲击力量、咬合力和撕扯力却是德国牧羊犬不可企及的，且其抗击打能力强。测试中，它不仅白天对运动目标扑咬凶猛，而且夜间对趴在草丛、庄稼地里的静止目标攻击也特别凶狠。尤其是在扑咬假人时，罗威纳犬表现出的凶猛性同扑咬真人一样；德国牧羊犬，要么出于本能轻轻咬两下，要么嗅认假人后重新寻找扑咬目标。

4.1.2.3　体力较强

山林搜捕是对犬体力和兴奋性最好的考验方式之一。德国牧羊犬一般在半个小时内作业意识强、体力充沛、兴奋性高，超出半小时则搜索意识弱、体力不支、兴奋性大幅度下降；罗威纳犬最佳作业状态远远超出半小时，适应较长时间的搜捕作业，且体力恢复时间也较短。

4.1.2.4　兴奋性高且持久

由于罗威纳犬较德国牧羊犬兴奋过程转换速度慢，罗威纳犬兴奋起来后往往难以抑制下来，兴奋时间较长，行为表现比较稳定、对感兴趣的事物高度注意、争抢意识比较强，活动频率明显增加。

4.1.2.5　衔取欲望好，占有欲高

罗威纳犬衔取欲望和抢夺意识都很强，能经受住繁重训练任务的考验。此外，罗威纳犬对主人忠诚度高，保护主人的意识强，服从命令，有高度的依恋性，忍受刺激量大等优点。但罗威纳犬也存在一些弱点。一是嗅认能力不强，罗威纳犬嗅认频率较高，可能源由鼻腔构造和气质的原因，其嗅觉灵敏度比德国牧羊犬差。二是罗威纳犬兴奋和抑制相互转换的灵活性欠佳、建立条件反射较慢，但其一旦形成条件反射后会比德国牧羊犬更为牢固，而且长时间不退化。

4.1.3 罗威纳犬的生长发育和生殖生理规律

4.1.3.1 罗威纳犬的生长发育规律

图4–2 罗威纳犬的体尺

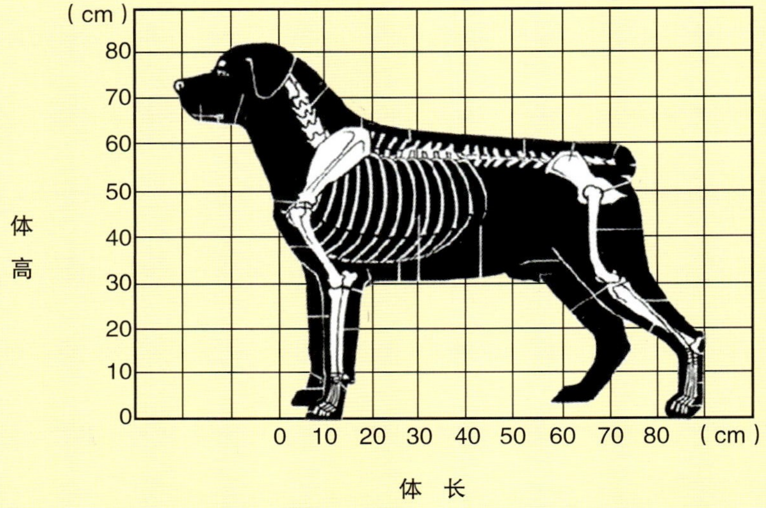

生长发育是遗传基础与环境共同作用的结果，既涉及遗传基因的表达，也涉及表型性状的充分发育。如何利用生长发育的规律，在不同阶段采取不同措施加以影响，不断改进犬质量和提高其工作性能，是我们研究的目的。掌握不同品种犬的生长发育规律，除了可以根据犬不同年龄特点进行鉴定外，更重要的是可以根据犬的生长发育规律，对其进行培育和训练，以获得所需要的类型。通过开展相关的实验，定期对犬的体重体尺进行测定，并将所得的材料进行统计分析，科研人员有效掌握了罗威纳犬的生长发育规律（见图4–2）。

1.幼犬生长发育规律

选择南昌警犬基地同期繁育的罗威纳幼犬8窝56只（31只公犬，25只母犬）作为研究对象，通过对该批幼犬60～180日龄阶段每10日进行一次体重、体尺测量，以研究掌握罗威纳品种幼犬生长发育规律。

（1）体重生长发育规律

研究结果表明，罗威纳幼犬的生长强度（相对生长值）总的趋势是逐渐降低，与理论

上的相对生长曲线基本吻合。**表4-1**中显示出相对生长曲线有一定的波动，如在120～150日龄中有小幅度的升降，这也符合客观实际情况，它与当时的环境因素和饲养管理水平以及个体的健康状况有关。

表4-1 罗威纳犬2～6月龄体重增长分析表

日龄 / 阶段生长分析	60	70	80	90	100	110	120	130	140	150	160	180
累积生长值	7.75	9.97	11.48	13.24	14.99	16.71	19.28	21.80	23.57	26.30	28.55	30.25
相对生长值	—	0.25	0.14	0.14	0.12	0.11	0.14	0.12	0.08	0.11	0.08	0.06
绝对生长值	—	0.22	0.15	0.18	0.18	0.17	0.26	0.25	0.18	0.27	0.23	0.15

罗威纳犬的增长速度（绝对生长值）总体上说呈正态曲线。但在60～70日龄、110～130日龄和140～160日龄均出现了高峰，其原因是固有的生长发育规律与环境、饲养管理水平和个体健康状况共同作用的结果。综合各方面因素分析，科研人员认为罗威纳幼犬的增长速度高峰在3～5月龄，比德国牧羊犬略为推后。45～60日龄也有一个生长小高峰，它与断奶后的饲养管理密切相关。

（2）体尺生长发育规律

从**表4-2**可知，罗威纳幼犬的体尺在不同的阶段，其生长发育的速度不同。了解犬各体尺的分化生长率，对犬的选种选育、训练和饲养管理都有重要的参考价值。

表4-2 罗威纳幼犬2～6月龄各体尺的生长幅度

阶段（月龄）	各体尺的生长幅度						
	体高/cm	体长/cm	胸深/cm	胸围/cm	荐高/cm	头长/cm	管围/cm
2	—	—	—	—	—	—	—
3	1.3753	0.7009	1.2057	0.8657	1.2662	1.0094	0.5443
4	0.9969	0.9815	1.2603	0.9663	0.9388	1.1912	0.6611
5	0.4571	1.4965	1.4484	1.1824	0.6291	0.6291	0.3463
6	0.6351	1.7510	1.1191	0.3908	0.8776	1.7283	0.2333

从**表4-2**的统计数可知，罗威纳犬各体尺的生长发育有一定特点。

从横向看，罗威纳幼犬（2～6月龄）在各阶段的生长发育顺序为：

2～3月龄体高＞荐高＞胸深＞头长＞胸围＞体长＞管围。

3～4月龄胸深＞头长＞体高＞体长＞胸围＞荐高＞管围。

4～5月龄体长＞胸深＞胸围＞荐高＝头长＞体高＞管围。

5～6月龄体长＞头长＞胸深＞荐高＞体高＞胸围＞管围。

从纵向看，罗威纳幼犬（2～6月龄）各体尺的生长发育高峰不同，体高、荐高、管围的生长发育高峰在4月龄以前，体长的生长发育高峰在4月龄以后，胸深、胸围的生长发育高峰在4～5月龄。

因此，罗威纳犬的选种选育、训练和饲养管理工作，应根据上述特点制定相应的工作方案。例如，选种时应考虑犬在各生长阶段体尺的发育情况。犬4～5月龄左右，应增强体质锻炼，适当加大运动量和运动强度，克服我国饲养的罗威纳犬胸围过小的缺点。犬在4月龄前应特别注意补钙和鱼肝油，以促进罗威纳犬的骨骼发育。

2.罗威纳犬体尺性状遗传稳定性

将公安部南昌警犬基地繁育的第二代、第三代及第四代罗威纳犬的体尺数据与20世纪80年代从德国引进的罗威纳成年犬的相关数据进行比较分析，以研究分析罗威纳犬的体尺性状的遗传稳定性。

表4-3　各世代罗威纳犬的平均体尺

世代	性别	体高/cm	体长/cm	胸深/cm	胸围/cm	荐高/cm	头长/cm	管围/cm
原代	公	58.20±3.74	69.00±4.22	34.50±1.72	86.00±3.67	57.30±3.65	25.10±1.44	14.05±0.97
	母	56.33±3.13	65.33±3.98	29.67±1.55	77.50±3.19	53.33±3.18	22.17±0.97	12.50±0.46
第二代	公	57.95±3.99	68.11±4.30	30.16±1.93	82.20±4.11	57.36±3.93	23.04±1.26	13.48±0.61
	母	54.00±4.01	63.67±4.17	26.30±1.66	74.13±3.87	53.76±3.90	20.03±1.17	13.16±0.59
第三代	公	60.33±3.37	70.10±4.81	28.70±1.63	82.00±3.31	57.50±3.29	24.67±0.87	13.50±0.53
	母	55.83±3.49	66.50±4.02	26.51±1.34	74.75±3.14	51.17±3.38	23.08±0.79	12.27±0.42
第四代	公	60.18±3.35	70.18±3.96	28.51±1.77	82.19±3.13	57.88±5.05	24.65±1.11	13.95±0.66
	母	56.11±5.06	66.80±4.03	26.16±1.48	74.59±3.61	52.16±3.94	23.01±1.05	12.50±0.54

表4-3数据表明，除第二代和第三代公母犬的胸深和胸围外，其他各类体尺差异不显著（$P>0.05$），这说明罗威纳犬体重体尺性状的遗传相对稳定。而第二代和第三代公母犬的胸深和胸围与原代有显著差异（$P<0.05$），分析原因主要有三个方面。首先，该犬种的引入地南昌属亚热带季风气候，夏季气温高且持续时间长，德国属温带海洋性气候，

冬季较温和，夏季较凉爽，气候的影响可能使犬的自发性运动有差异。其次，引进犬的后代饲料是稀饲料，需大量进食以满足其营养需要，从而使犬进食多而懒于活动导致胸发育较小，原代犬生长发育已成熟，各体尺已定型，而第二代和第三代犬生长发育受到了较大的影响。第三，德国为开放性养犬，并会经常进行训练和体质锻炼，犬有充足的运动时间和空间，而我国的罗威纳犬因饲养密度大，活动空间相对狭小，客观上限制了犬的运动量。因此，第二代和第三代公母犬的胸深、胸围相对较小。

4.1.3.2 罗威纳犬的生殖生理及其规律

1.繁殖性能

采用观察记录、实验室检查、统计分析等研究方法，分别对罗威纳犬的性成熟期、体成熟期、发情周期、发情征兆、公犬精液品质、配种能力、受孕率、平均产仔数、初生犬体重、平均窝重、死胎、弱胎及仔犬生长发育情况等项目进行了系统的研究。

结果表明：罗威纳犬性成熟期为8～10月龄，体成熟期为18～24月龄，春季、夏季、秋季和冬季母犬的发情比例为26.43%、21.78%、27.85%和23.93%，平均发情间隔为176.5天，有些罗威纳犬的发情征兆与德国牧羊犬相比不够明显，公犬精液品质测定结果为每次射精量10～16 ml，平均为11.5，精子活力为0.8～0.95，配种锁结时间平均为14 min，平均受孕率为79.1%，仔犬平均初生重为0.5 kg，平均窝重为3.77 kg，平均窝产仔数为6.5只，30日龄的仔犬日增重为0.1 kg，30～60日龄的犬日均增重为0.1～0.15 kg。

2.母犬发情规律

2000～2005年，对63只罗威纳犬的281次发情记录按照月份进行统计分析。从表4-4和表4-5的结果来看，虽然罗威纳犬的发情没有明显的季节性，但3～4月份和10～11月份发情犬数量明显较多，而5～9月份发情数量相对较少，说明该品种犬仍然保留少许季节性发情的特点。了解以上规律有利于繁育工作者做好罗威纳犬的繁育工作。一般来说，配种受胎的最佳时间在3～4月份和10～11月份，这两个时间段发情数量多且又避过了受胎率低的炎热夏季。同时根据统计，母犬发情周期为5～8个月，平均为7个月。其中发情间隔小于2个月的犬主要原因是上次配种空怀所致，通常这种情况很少。而发情间隔在12个月以上再次发情也属于不正常现象，应尽快采取措施。

表4-4　63只罗威纳犬6年281次发情统计表

年份＼月份	1	2	3	4	5	6	7	8	9	10	11	12
2000	1	0	3	5	1	4	5	0	1	2	4	2
2001	4	4	4	3	1	1	0	6	2	5	5	4

续表4-4

年份＼月份	1	2	3	4	5	6	7	8	9	10	11	12
2002	4	6	4	2	3	4	6	5	2	7	4	4
2003	5	4	6	9	5	1	3	3	6	6	4	3
2004	3	6	7	3	5	5	3	6	3	4	5	6
2005	5	2	5	5	3	5	2	2	7	8	3	5
注：表中数字为某年某月发情犬数量												

表4-5 63只罗威纳犬发情间隔期统计表

间隔期（月）	1	2	3	4	5	6	7	8	9	10	11	≥12
次数	2	0	4	11	28	37	55	34	17	5	4	5

4.1.4 罗威纳犬的训练方法和使用方向

4.1.4.1 罗威纳犬的训练原则

罗威纳犬的训练原则，与其他各品种警犬一样，同样按照“循序渐进、因犬制宜、巩固提高、服务实战”的原则。训练中要充分考虑罗威纳犬的品种特征与行为特点，具体操作过程也要略有侧重。

循序渐进，因犬制宜。罗威纳犬的训练要遵循警犬能力形成的规律和特点，按照警犬训练的要求和程序，根据犬的个体差异和不同反应的具体特点，有区别地使用相应的训练手段，采取相应的训练方法，分阶段、有步骤、由简单到复杂，先易后难，循序渐进地提高警犬的作业能力；还要充分地考虑到罗威纳犬的品种行为特征，因势利导，因犬制宜，这样才能取得事半功倍的训练效果。

罗威纳犬活泼兴奋，衔取欲高，占有欲强，高大强健，威慑力强，忍耐性和韧性好，耐受机械刺激的能力较强，稳重细心，兴奋和抑制转换时间稍长，条件反射一旦形成十分牢固。训练该品种犬时，一定要有耐心。要科学利用罗威纳犬食物反射强的特性，充分发挥食物刺激二重性的重要作用，运用食物刺激强化和平衡犬的神经活动，稳定犬的正常心态，并与机械刺激相结合，弥补机械刺激的不足。在建立某一科目的条件反射时，应通过高频率的突击训练，加速条件反射的建立。同样，在消除不良联系和泛化现象时，利用高频率的突击训练也可以收到良好效果。训练罗威纳犬时，相对其他品种的犬，需要适当加大刺激量，特别是训练生物学意义较强、犬主动趋向的科目时，可在一定限度内加大刺激量，加速犬能力的形成，规范犬的行为，如扑咬训练中面对助训员的鞭打和强拉扯刺激

时，该品种犬毫无惧色，越打越勇，愈扯愈兴奋，表现出超常的耐受机械刺激的能力。但训练生物学意义较弱、犬相对被动接受的科目时，如随行、坐、卧、立、距离指挥等，应以物品、食物诱导为主，机械刺激为辅，慎用强机械刺激，否则就难以取得理想的训练效果。

巩固提高，服务实战。巩固是指加强罗威纳犬能力的稳定性和基础的扎实性；提高是指在原有能力的基础上有新的发展和突破。训练的目的就是使用，训练是使用的前提，训练能力的高低直接影响使用效果。因此，罗威纳犬虽然形成条件反射后比较巩固，但训练必须紧贴实战，坚持在实战化环境和条件中训练，才能发现训练的不足，不断提高犬的实战技能。训练的内容要根据实战需要来选择。实战需要什么样内容就选择什么样的内容，需要什么样的科目就训练什么样的科目。

4.1.4.2　罗威纳犬的警用能力

通过长期的训练和使用实践，大量的事实证明罗威纳犬具备以下能力。

1.良好的服从能力

服从性良好是稳定发挥罗威纳犬实战能力的基本优势。因此，当人和犬之间建立了一定的亲和关系后，就应立即进行与实战能力培养相关联的服从能力训练，如随行、坐、卧、禁止、前来、队列行进、通过障碍等。训练时应因犬制宜，严而不苛，注意诱导和奖励，充分调动犬的训练积极性和作业兴奋性，同时要及时纠正犬的一切不良行为。通过训练，反复调节和平衡犬的神经活动过程，巩固和提高罗威纳犬对主人的依恋性，使犬对主人绝对服从，不论在什么环境中，都能令行禁止，动作规范。

2.良好的体质和环境适应能力

良好的体质及对复杂环境的适应性，是罗威纳犬发挥实战能力的重要基础。体能锻炼和多种环境适应性训练要贯穿于日常训练和使用的始终，而且抓早抓好，循序渐进，科学安排，有计划、有目的地进行。通常，我们可以利用带犬长跑、往返跑、变速跑、爬山、跳越障碍、游泳和让犬在跑步机上跑等多种方式进行犬的体能训练。当犬有较好的服从性后，训导员就应及时带犬到城市居民区、街道、车站、码头、机场、广场、人行天桥、地下通道和体育比赛场馆等人流量和车流量都较大的场所进行适应性训练。有效的体质锻炼及环境适应性训练，可以增强罗威纳犬的体能及作业耐力；提高罗威纳犬对各种复杂环境的适应和抗干扰能力；避免因体力原因而产生神经抑制；大大减少犬在复杂环境中产生惧怕表现和犹豫情绪的概率。

3.稳定的扑咬能力

罗威纳犬对指定目标不但咬得狠，更咬得准，在各种环境中都能快速制服犯罪嫌疑人。因此，在扑咬训练中，要求假设敌的动作逼真，服装、姿势要贴近实战。

4.牢固的追捕能力

追捕是罗威纳犬的基本实战技能之一，罗威纳犬能够在不同条件下进行追捕，特别是在变化的环境中能进行各种追捕作业，如由一般环境到复杂环境；室内至室外；室外至室内；开阔地带至山洞、树林；陆地至水域；明亮处至黑暗胡同、死角；楼下至房顶等。

5.适应实战的巡逻、警戒、守候能力

巡逻时，罗威纳犬能长时间紧靠训导员，集中注意力，及时发现可疑情况，能根据训导员的指挥，快速锁定假设敌并凶猛扑咬，能较好地进行徒步、乘车及编队巡逻。警戒时，罗威纳犬能对特定范围以外一定区域内出现的可疑人员或异常情况主动吠叫示警，并对进入警戒区的可疑人员凶猛扑咬。守候时，在不同环境、时间、气候条件下，罗威纳犬能及时发现目标，并高度注视，保持安静，不暴露目标，在训导员指挥下迅速出击，勇猛扑咬。

6.良好的处突制暴能力

罗威纳犬能适应各种枪声、爆炸声、噪音和烟火等，特别是当其置身于单向或双向枪声环境时，能听从指挥，排除干扰、明确目标，快速勇敢地攻击100 m以外的目标。其次，在各种突发事件、球场骚乱及围捕持枪、持爆炸物嫌疑人时，它能根据指挥，完成各种队形变化，快速控制人群、有效制服持枪持械犯罪嫌疑人。

4.1.4.3 罗威纳犬的训练方法

1.利用食物反射强、衔取欲望高的特性，诱导与强迫相结合，提高作业欲望

利用罗威纳犬食物反射强的特点，充分发挥食物刺激二重性的重要作用，并与机械刺激相结合，弥补机械刺激的不足。如在随行训练中，训导员可先用食物作诱导，犬若注意力集中，表现兴奋自然，训练结束再用该食物作为奖励让犬保持余兴。在前来训练或犬犯错误被猛拉扯刺激后，食物奖励可达到强化的目的；在纠正犬错误动作时，运用食物刺激有强化和平衡犬神经活动过程、稳定犬正常心态的多重作用；在某些科目的训练中，食物刺激还可替代机械刺激，从而提高犬的受训积极性。

罗威纳犬具有很强的衔取和占有欲望，对物品表现出良好、持久的注意力，对动态和静态、硬质和软质物品均能兴奋衔取，对物品表现出很强的猎取反射，有时对物品有种近乎疯狂的占有欲望。日常训练中充分利用其衔取欲望高的特性，科学地实施刺激手段，以诱导为主，诱导和强迫相结合，能加速犬条件反射形成的过程，快速培养犬的能力，提高犬的受训积极性及训练效率，快速学会相关的训练项目。

2.抓住服从性好、攻击力强的特性，服务训练目标，提高实战技能

罗威纳犬服从性好，攻击目标时攻击欲望、冲击力、咬合力、撕扯力和抗击打能力

强，不管白天黑夜，对陌生人的逗引毫不惧怕、表现非常凶猛，而且总是不惜体力去奔跑。罗威纳犬训练内容繁多，因此训练时要始终抓住凶猛性、服从性和警觉性三个中心环节，紧紧把握服务实战这个目标，有目的、有步骤地开展训练。凶猛性训练可以培养犬作业兴奋性，服从性训练可以培养犬作业规范性，警觉性训练可以培养和改善犬的灵活性，提高犬的警用素质，三个方面的组合训练可以提升犬的综合作业能力。如根据城区环境的特点，为了防止犬伤人事故的发生，应加强犬服从性训练，着重安排带犬进入人群训练，强化犬对人群的适应性。根据防暴制暴实战需要，为了防止犬惧怕强烈声响，应循序渐进地加强声光锻炼，使鞭炮、枪声成为扑咬、搜索和追捕等科目的兴奋信号。为了更好地服务实战，提高犬的实战能力，必须加强犬的扑咬训练，同时还需要注意防止犬对护袖产生兴奋反应，提高犬对人群密集场所突发犯罪的控制能力。实践证明，只要透过现象抓住训练的关键环节，就可以达到“明确目标、发展能力、服务使用”的目的。

3.在训练中正确合理运用机械刺激，限制与诱导并重，强化训练的规范性

从解剖生理学角度分析，罗威纳犬皮肤组织坚韧厚实、肌肉发达饱满，耐受机械刺激能力比较强。在“放口”训练中，罗威纳犬面对助训员的击打，训导员的强拉扯刺激，其兴奋性丝毫不受影响，注意力仍集中于助训员或护袖等物品上，表现出超强的耐受机械刺激的能力。当然，我们也要辩证地看待罗威纳犬对机械刺激的耐受力，罗威纳犬也有承受机械刺激能力差的时候，特别是在约束性强的训练中，这种表现更为明显。随行训练时，当犬侧离过远，训导员施加较大的扯拉刺激，罗威纳犬在大多数情况下会表现得难以接受，反而侧离得更远，防止主人再次刺激。训练中提倡助训员来完成对犬施加刺激，训导员尽量避免这一操作，这样可以减轻犬因被驯服而对训导员产生的抵触或被动情绪，可尽快达到培养犬良好作业能力和服从的目的。

4.充分认识罗威纳犬的特点，进行突击强化训练

罗威纳犬建立条件反射较慢，但一旦建立条件反射则非常牢固。在犬某一条件反射建立阶段，高频突击强化训练可以加速条件反射的建立，而不必担心形成不良联系。在犬能力形成过程中，如出现不良联系或泛化现象也可采取类似的方法加以纠正。如距离指挥训练犬出现顺序联系或“自动化”现象，训导员可针对相应环节进行长时间高频度强化训练，一般犬都能较快接受。

5.加大助训力度和利用合理训练时机，加速条件反射的建立

利用助训员帮助训练，能转移训导员对犬的机械刺激，改善人犬之间强迫与服从的关系，规范训练动作，加快建立条件反射的速度。助训在整个训练中所占比例较大，几乎所有科目都可以利用助训员帮助。通常，训练效果60%以上取决于助训的效果。根据科目性质，有时安排一个助训员，有时安排多个助训员。严格规定刺激，且刺激只能来源于助训员，训导员不能有刺激动作。同时，日常训练可以根据罗威纳犬一天中各个时间段表现出

来的不同生理活动特点来进行。罗威纳犬与其他动物的生理活动规律一致，一般是早晨精神兴奋、精力充沛，活动欲望强，依恋性好；中午体力、精力有所下降，活动欲望降低，兴奋性不高；晚上光线减弱，感受外界新异刺激的欲望反而增加，警觉性很高。因此，针对每只犬个体行为特征的差异，采用机会训练法科学安排训练科目和训练强度，完全能够达到主动学习、缩短周期、增强效果的训练目的。

4.2 本土化罗威纳犬工作型品系的培育

4.2.1 采用系祖建系法对罗威纳犬进行繁育改良

系祖被视为品系育种的样本，系祖建系法是以优秀的系祖为先决条件，把系祖的个体优良特性变为品系群的群体特性，使群体系祖化，其过程实质上就是选择或培育系祖及其继承者，并通过适宜的选配巩固后代的优良性状，使系祖的特点成为群体共同特点。为此，公安部南昌警犬基地开展了以“万卡”为系祖，其第一代、第二代和第三代继承者分别为“拉卡兵”、“泉拉宫”和“工泉知”的罗威纳犬系祖建系培育工作。

4.2.1.1 明确培育目标

通过对引进罗威纳犬进行研究观察，科研人员发现该品种除具备体形外貌威猛，凶猛性好，威慑力强，耐受机械刺激强，善于撕咬，食物反射强，以及抗外抑制强等良好警用特性，但也存在灵活性相对较差，繁殖力低不足等缺点。因此，培育出既保持罗威纳犬良好警用特性，又具有服从性好、神经类型好、繁殖力高的罗威纳犬是该犬种品系培育的目标。

4.2.1.2 选准系祖

开展系祖建系的首要问题是选准系祖。系祖并不一定要十全十美，只要与警用及繁育相关的方面非常优秀，其他方面能够较好地改进或控制即可。系祖的选择要在种犬系谱普

查、性能分析和后裔测定的基础上进行，并考虑其国外系祖的价值取向与我国系祖建系工作的交融，最终，科研人员确定体质强悍、结构匀称、凶猛性好、繁殖力高、抗病力强的“万卡”作为罗威纳系祖培育的系祖。

4.2.1.3　组建基础母犬群

另外，科研人员还选择了与“万卡”有一定的同质性的12只优秀母犬组成了系祖培育基础群。以“万卡”的体形外貌、警用性能、繁殖性能、后裔品质和抗病力等五项性能为标准，设定20个考核指标，筛选母犬的考核指标必须有12个以上达标才能被纳入基础群。

4.2.1.4　加强选配工作

第二代以后的选配主要进行同质选配，凡是后裔成绩优良的父母都尽可能固定配对。实践中，我们还要注意通过异质选配来改良系祖某些方面的不足，最初第一代和第二代避免近交，有衰退表现时应立即停止近交。

4.2.1.5　建立信息反馈的约束机制

在系祖建系工作中，后裔品质这一考核指标非常重要。由于警犬技术工作的专业化分工较细，繁育的后裔在繁育、幼训、教学使用和基层使用等环节上层层分流，给后裔品质考核造成一定的难度，资料的完整性面临较大的问题。因此，科研人员制定了统一的警犬后裔品质信息反馈记录表，规范信息采集的方法与标准，成立了育种小组（片区繁育小组）。育种小组通过对相关信息进行整理分析，为制定种犬选配计划、种犬选留计划、种犬评定等各项繁育工作提供决策依据。同时，通过动力机制、激励机制和监督机制，警犬后裔品质反馈工作被制度化。

4.2.1.6　选择系祖继承者，做好品系扩展工作

选择系祖的继承者是系祖建系的重要环节。继承者并不是系祖的复制品。实践中，找到完全像系祖一样的继承者也很难。通常，只要通过性能检测发现某只（些）犬继承了系祖的主要特性就可以被选定为继承者。另外，科研人员还可以通过分子遗传标记检测结果，选择携带制约性能所需基因的个体。系祖建系工作还要考虑动态的要求，对继承者进行阶段性的性能增补或降低，以达到提高使用价值和适应时代要求的目的。为此，科研人员选择了“拉卡兵”、“泉拉宫”和“工泉知”分别作为系祖犬的第一代、第二代和第三代继承者。

同时，为了控制近交系数升高，我们选择16只与系祖相对同质的种犬进行封闭繁育，

并与系祖建系同步进行，其优秀后裔根据育种进度部分纳入基础群（见图4–3）。

图4–3　罗威纳系祖培育结构图

4.2.2　本土化罗威纳犬的特征

目前，罗威纳犬已经培育到第五代。经过五代的培育，该犬种凶猛性适度，神经活动转化能力明显增强，其灵活性和训练接受能力有明显提高，成犬训练合格率从67.7%提高到92.1%。采用个体优选法，加大繁殖性能优良的种犬后代选育力度，使种犬群体繁育性能普遍提高。经过不懈努力，科研人员成功培育了适应性好，繁殖性能高，警用性能优于进口原代种犬的本土化罗威纳犬品系。其主要特征包括：繁殖性能指标基本一致，部分指标有一定提高（如发情周期缩短，窝产仔数、仔犬平均初生重提高）；抗病力增强；体重体尺指标趋于适中，但符合本品种标准；神经活动转化快，以兴奋型和灵活型犬为主。

4.2.3　罗威纳犬的遗传学研究

科研人员利用分子生物学和遗传学的理论及技术，针对罗威纳犬的基因身份证、亲子鉴定、幼犬血统抽查、DNA标记技术辅助选育、性别鉴定以及功能基因方面开展了一

系列研究。

4.2.3.1 基因身份证

罗威纳犬的DNA标记是与生俱来、终身携带的。每个有核细胞都包含独一无二的遗传信息，是每只犬天然的身份标记。公安部南昌警犬基地利用DNA的这一特点，选择了16个STR标记位点进行检测和分型，将分型数据转变为罗威纳犬的身份信息，制作了犬的基因身份证。

4.2.3.2 构建DNA数据库

罗威纳犬是公安部南昌警犬基地的特色犬种。从该品种引进至今，科研人员开展了大量的纯种繁育工作，形成了具有一定系谱结构的种群。根据DNA检测结果，该基地单独成立了罗威纳犬的DNA数据库，同时包含了其他综合信息，为该犬种的血统管理和遗传繁育提供了扎实的技术支持。

4.2.3.3 血统抽查

随着幼犬社会化驯养的深入开展，大量的幼犬被放到民间驯养点上，为了保证社会化驯养的幼犬血统准确，避免基因资源混乱和流失，科研人员不定期对驯养点的幼犬进行血统抽查，并根据抽查结果，确定了幼犬与种犬的血统关系。

4.2.3.4 辅助选育

杂种优势预测：根据犬基因互作效应，公安部南昌警犬基地提出了利用DNA数据计算配种犬DNA相似系数的方法，协助公安部警犬繁育工作管理委员会，提出更优化的配种计划。他们计算了近3年的与配罗威纳犬种犬DNA相似系数，对“默园”、“阿卡”等优秀种犬的繁殖利用进行了科学调整。

遗传多样性分析：科研人员分析了罗威纳犬种群的遗传多样性，构建了罗威纳犬与国内外品种的遗传结构，为种犬选择和品种繁育提供了科学依据。

4.2.3.5 功能基因研究

罗威纳犬每个细胞中有39对染色体，包含了超过10万个功能基因，这些基因控制着罗威纳犬的生老病死、体形外貌和行为特性等遗传性状。因此，开展功能基因研究是罗威纳犬纯种繁育和选育的重要方法。目前，科研人员已对罗威纳犬的毛色基因、行为基因、嗅觉基因以及性别决定基因的分离、鉴定进行了大量研究，并建立性别鉴定的DNA检测方法。

4.2.4 核心种群结构优化

结合引进犬的整体现状及警犬技术工作发展需要，科研人员完善了种犬核心群和生产群两个群的建设思路。核心群全部进行纯种繁育，以提供种犬为主要目的；生产群一部分进行纯种繁育，一部分用以开展杂交，其后代作为工作犬，同时优秀的生产群后裔将用于原有系群的扩群或建立新系群。

完善种犬选留模式，加强选育种犬的管理和训练。根据核心群建设工作方案，各级警犬繁育单位对种犬从初选、再选到确定其种用资格等工作流程进一步完善，规定了培育步骤和工作进度，加强选育种犬饲养训练及考核工作，从而提高种犬质量。

强化种犬后裔信息反馈工作，确保育种工作有据可依。根据种犬后裔信息反馈制度要求，各环节指定专人采集信息，并定期反馈到片区小组，将种犬后裔信息反馈工作纳入到年终考核。

编制种犬核心群结构系谱图，提高种犬选种选配计划制定和实施的科学性。根据公安部南昌警犬基地种犬群结构制定种犬核心群结构系谱图，为科学规范系祖建系奠定基础，同时对于调整完善种犬选种选配工作具有良好作用。

及时组织种犬资格认证考核，加速种犬群的更新。

4.3 母犬发情鉴定技术和幼犬培训技术

4.3.1 罗威纳犬的发情征兆及特点

4.3.1.1 发情前期

发情前期是母犬发情周期的第一个阶段，一般以阴道开始有血样分泌物（发情出血）为依据。这个时期，母犬的阴唇较其他时期更为肿胀，触诊整个阴唇发硬。母犬接近并挑逗公犬，但不接受交配，持续时间为5～15天，平均为9天。

4.3.1.2 发情期

这一时期母犬阴道分泌物由血样变为浅黄色，外阴肿胀至最大程度，且柔软，并开始消退，其内壁发亮，分泌物增多，阴唇变软而有规律地收缩，抚摸其尾根，尾巴翘到一侧。这一阶段持续时间为7～12天，平均为9天。排卵发生于发情第1～3天，排卵时阴道分泌物中的白细胞消失是其变化特征。

4.3.1.3 发情后期

发情后期的母犬血中雌激素含量降低，性欲减退。发情后期的第3～5天，卵巢形成功能性黄体，血中黄体酮含量增高；第42天左右黄体开始退化，持续时间为70～90天。发情后期的母犬无论妊娠与否，在黄体酮的作用下，其子宫内膜增生，子宫壁增厚，尤其是子宫腺囊泡状增生非常显著，为胚胎的着床做准备，未妊娠的母犬在此阶段易患子宫内膜炎和子宫蓄脓，尤其不用于繁殖的母犬更容易发生。

4.3.1.4 休情期

这一阶段的母犬除了卵巢中一些卵泡生长和闭锁外，其整个生殖系统都是静止的，无阴道分泌物，阴道涂片中上皮细胞是非角化的。但到发情前期，母犬的阴道上皮细胞逐渐角质化。在发情前期数周，母犬通常会呈现出某些明显症状，如喜欢和公犬接近，食欲下降，换毛等。在发情前期数日，大多数母犬会变得无精打采，态度冷漠，外阴肿胀。罗威纳母犬休情期持续时间比德国牧羊犬短，大概为90～140天，平均为125天。

图4–4 罗威纳犬性周期模式图

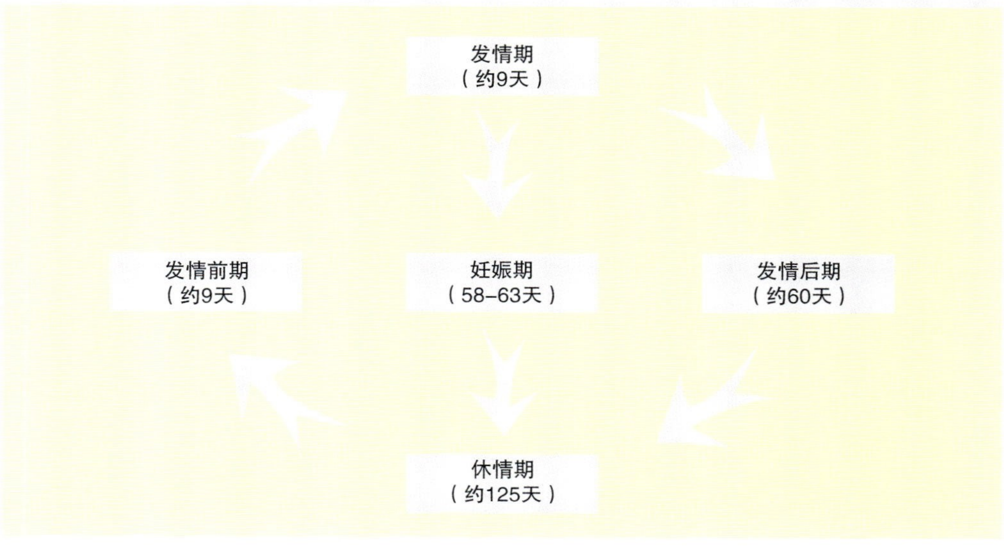

4.3.2 利用唾液检测技术进行发情鉴定

4.3.2.1 原理

处于发情期的雌性哺乳动物，其体液（唾液、血液和淋巴液）内的雌二醇含量会逐渐增加。雌性哺乳动物即将排卵时，其体液雌二醇含量最高。利用风干的唾液制片，镜检可观察到大量的羊齿状结晶体。

4.3.2.2 方法步骤

1.提取

用棉签紧贴发情母犬的唇齿，蘸取母犬唾液。但在发情母犬进食前后2 h内不宜提取，这时的唾液会影响检测的准确性。

2.制片

将湿润的棉签置于清洁的载玻片中滚动，保证载玻片上唾液量充足、涂抹均匀。

3.风干

风干可分为自然风干和加热风干。自然风干即将载玻片放置5 ~ 30 min，待表面湿唾液消失为止。加热烘干即将载玻片未涂抹唾液的一面向下，在打火机或酒精灯外焰上迅速移动，至表面唾液消失为结束，此观察效果较佳。

4.镜检

用光学显微镜放大200倍进行观察，母犬在不同的发情阶段，镜检其唾液会出现以下4个阶段的典型特征图像（见图4–5，左边为自然风干图像，右边为加热风干图像）。

4.3.2.3 结果

经过多年的检测和实验比对，科研人员发现罗威纳犬不同年龄、不同个体的各阶段发情顺序一致，持续期相对集中，但具体时间各有差异。第一阶段为休情期，第二阶段为发情前期，持续1 ~ 8天，第三阶段为发情期，发生于第8 ~ 15天，第四阶段为发情后期，发生于第15天以后。实践证明：当发情母犬出现第三阶段典型图像时，及时予以配种，可获得最高的受胎率。这说明第三阶段为母犬的排卵期。这一技术在提高母犬繁殖力和仔犬质量中作用十分显著。

图4–5　发情鉴定中显微镜放大图

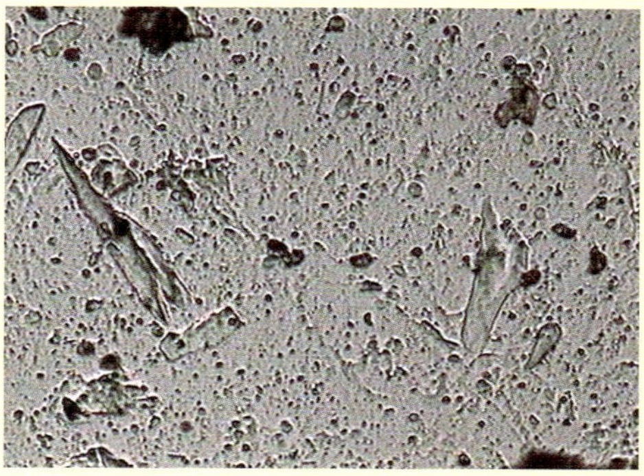

第一阶段：休情期（无结晶）

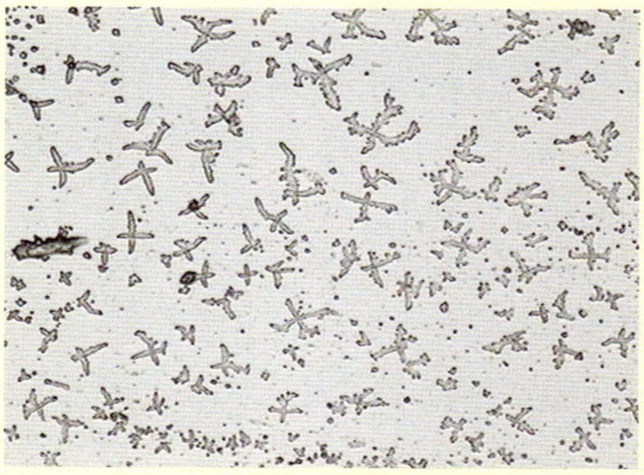

第二阶段：发情前期（少量结晶）

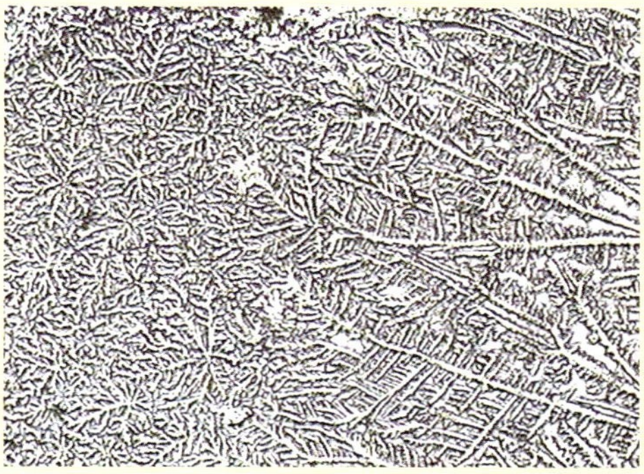

第三阶段：发情期（大量结晶）

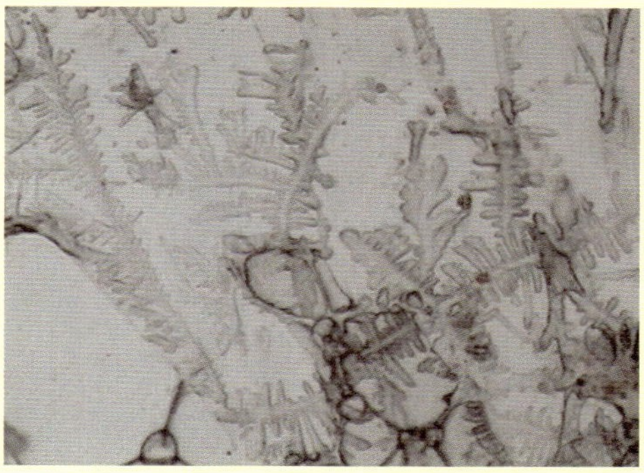

第四阶段：发情后期（少量结晶或无结晶）

4.3.3　利用阴道上皮涂片检测技术进行发情鉴定

4.3.3.1　工作原理

阴道上皮细胞的变化是由于生殖激素，特别是雌激素的作用引起的，这种变化可通过阴道涂片上的细胞表现出来。

4.3.3.2　方法步骤

1.采样

由繁育员牵犬，并让母犬背向下成半直立状态，实验员左手托住母犬臀部并分开其阴门，右手将浸泡过生理盐水的灭菌棉签斜向上（约与水平方向呈45°）插入阴道5 ~ 7 cm

后，水平插入阴道深处，轻轻旋转棉签2～3圈，以保证棉签头部沾有足量的阴道上皮细胞。采样后，将棉签头顺着载玻片长轴方向滚动，使棉签上的阴道内容物均匀涂抹在载玻片上，自然风干。

2.染色

滴加瑞氏–姬姆萨A液（约0.5～0.8 ml）于风干的载玻片上，让染色液覆盖整个标本进行染色1 min，再将B液（1.5～2 ml）滴加在A液上面，轻轻摇荡载玻片，使两液充分混合，染色5～10 min，之后用力拽掉载玻片上的染色液，风干备检。

3.观察

在显微镜下对阴道涂片进行观察，对角质化上皮细胞的边形、边缘、核膜界限模糊程度进行观察，并对角质化上皮细胞比例进行统计。

4.3.3.3 结果

科研人员通过采集来自公安部南昌警犬基地2015年3～5月共24只年龄在2～5岁之间的发情罗威纳母犬的阴道上皮细胞进行涂片镜检，并结合母犬外阴变化，探讨母犬发情时阴道上皮细胞与外阴的变化规律，为母犬发情鉴定及合理安排配种提供实践指导依据。

1.阴道涂片细胞形态变化

（1）红细胞

染色后的红细胞轮廓清晰，体积较大，发情第2天其数量占细胞总量的70%以上，之后逐日减少，到发情后期可降至30%以下。

（2）白细胞

染色后的白细胞，其细胞核为深粉红色，细胞质着色很淡，刚发情时占细胞总量的30%左右，随着发情的持续而逐渐下降，到配种时可降至10%以下，但在发情后期后又急剧增加到40%以上。

（3）有核上皮细胞

这类细胞呈圆形、四边形或角形，轮廓清晰，细胞质透明度高，细胞核呈深粉红色。发情前期其数量占比可达到80%，之后逐日减少，至配种时可降至20%以下，到发情后期以后又会有所上升。

（4）角质化上皮细胞

该细胞在整个涂片中为最大细胞，一般为多边形，边缘不规则，角质化程度不同的上皮细胞，其着色情况也不一致，不完全角质化的上皮细胞核膜界限模糊，完全角质化的细胞，其细胞核消失，整个细胞呈现均匀的淡粉色。随着发情的持续，至发情配种时，这类细胞数量占比可达到75%以上，发情期结束后会逐渐下降。

2.阴道涂片镜检

科研人员分别对发情的罗威纳母犬阴道出血后第2天、第6天、第9天、第11天、第14天、第17天和第20天的阴道涂片进行镜检，其结果如下图4–6。

图4–6　罗威纳母犬阴道出血后涂片镜检结果

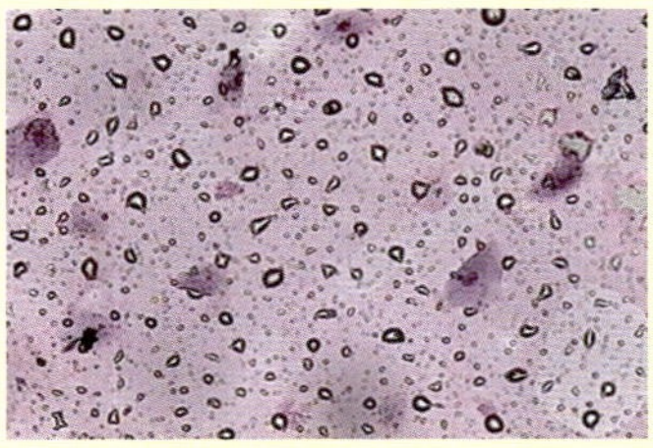

a.出血后第2天

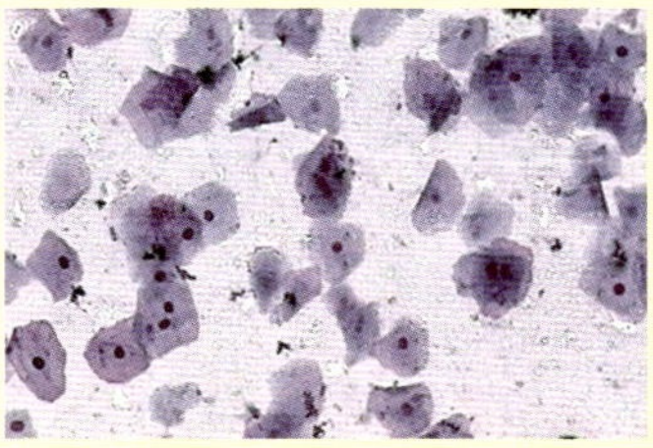

b.出血后第6天

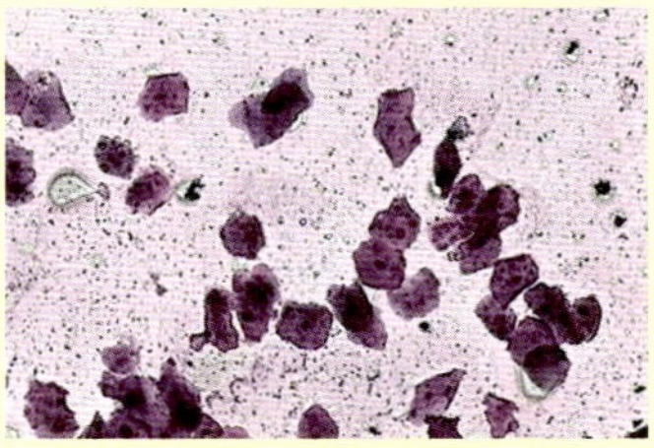

c.出血后第9天

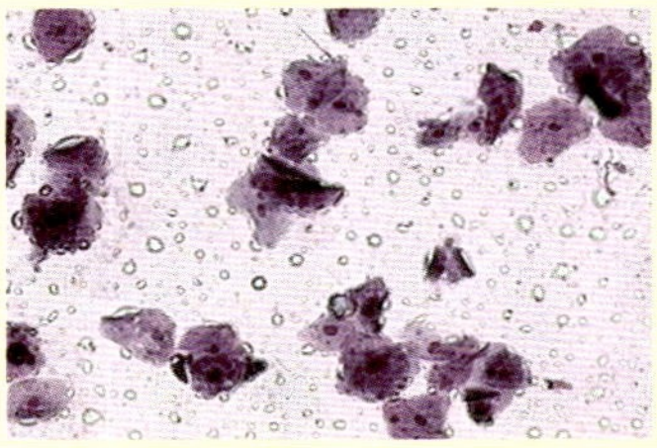

d.出血后第11天

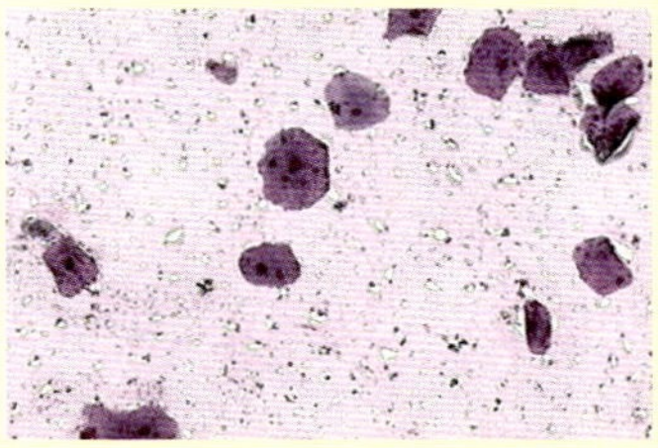

e.出血后第14天

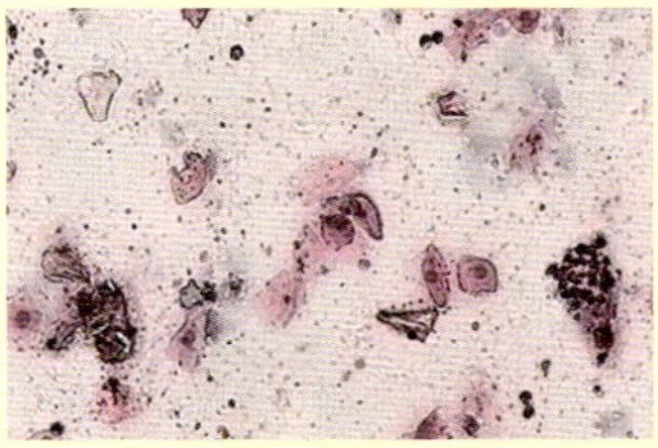

f.出血后第17天

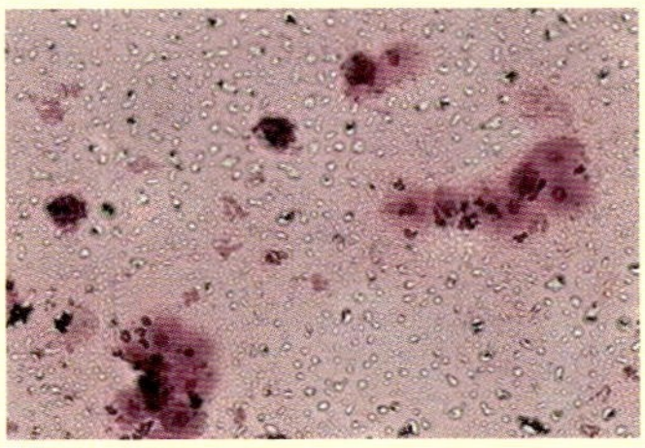

g.出血后第20天

3.阴道上皮细胞与阴部变化关系

对母犬发情各阶段阴道上皮细胞变化情况进行观察，科研人员发现，发情阶段不同，阴道上皮细胞与阴部都会有不同的变化，具体结果见表4–6。

表4-6 发情母犬阴道出血后不同时期阴道上皮细胞与阴部变化表

发情后出血时间	阴道分泌物变化	外阴充血及肿胀程度	接受公犬配种程度	阴道上皮细胞变化
第2天	量少，暗红色	外阴充血，发硬	拒绝公犬接近	细胞为圆形，细胞核可见
第6天	量多，深红色	外阴充血，肿胀，较硬	拒绝公犬接近	角质化细胞开始出现，细胞核可见，角质化细胞占比40%左右
第9天	量少，淡红色或淡黄色	外阴充血、肿胀，开始变软，出现皱褶，阴道呈粉红色	允许接近，但不配合交配	角质化细胞增多，细胞核可见，角质化细胞占比70%左右
第11天	量少，水样色	外阴充血、肿胀、松软，皱褶加剧，阴道呈白色	允许接近及交配	角质化细胞比例进一步增加，细胞核开始消失，角质化细胞占比75%左右
第14天	无分泌物或少量水样分泌物	外阴肿胀、松软，皱褶明显，阴道呈白色	允许接近及交配	大部分为无核的角质化细胞，角质化细胞占比80%左右
第17天	无分泌物	外阴开始收缩，阴道呈白色	允许接近，不配合交配	角质化细胞开始呈现出细胞碎片，角质化细胞占比30%左右
第20天	无分泌物	外阴基本缩回	拒绝公犬接近	没有角质化细胞，呈细胞碎片

根据母犬阴道分泌物、外阴充血及肿胀程度、阴道上皮细胞变化等实际情况，可安排母犬在阴道出血后第11～14天之间进行配种，但也要根据母犬年龄、发情状况等进行综合判断。为提高母犬受胎率，可采取同一公犬间隔48 h进行两次配种的方式安排母犬配种。

结果表明，依据母犬发情后阴道出血时间、阴道分泌物变化和外阴肿胀程度等阴部观察法与阴道上皮细胞检查法相结合可对母犬进行有效的发情鉴定。

4.3.4　利用内窥镜技术进行发情鉴定

4.3.4.1　原理

发情母犬的生殖激素水平变化会引起发情母犬阴道皱襞、颜色、黏膜等发生变化。内窥镜技术可以把人们的视距延长，并且能任意改变视线方向，准确地观察物体内表面的真实状况，利用内窥镜技术对母犬阴道形态进行观察，可对母犬的发情情况进行掌握（见图4-7）。

图4-7　内窥镜系统

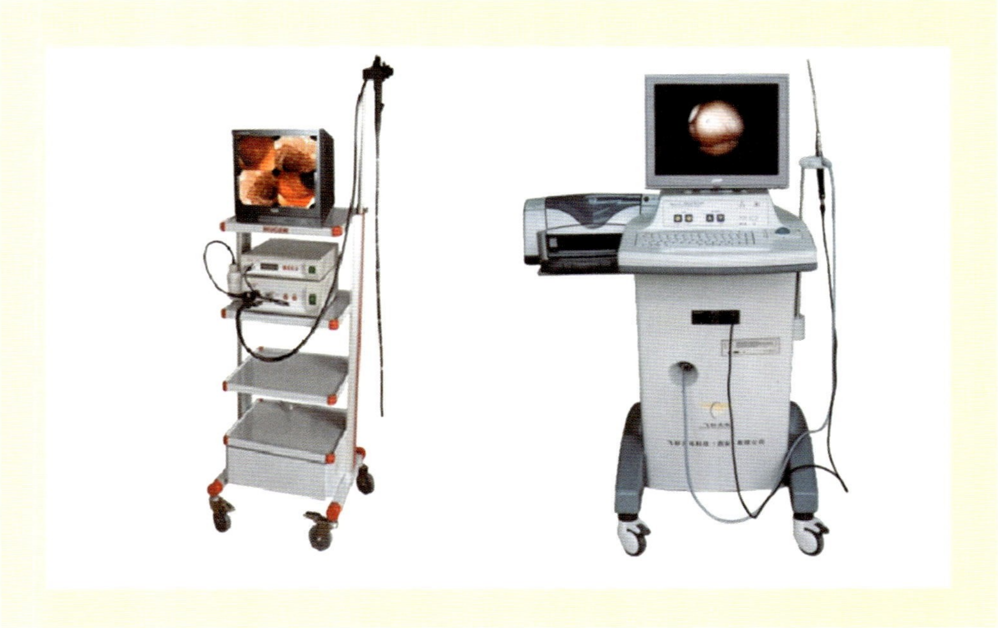

4.3.4.2　方法步骤

1.清洗消毒

用0.5%的高锰酸钾溶液擦洗母犬外阴，同时用75%的酒精溶液对内窥镜物镜进行擦拭消毒。

2.保定

让犬自然站立在手术操作台，并保定好犬。

3.内窥镜检测

将内窥镜物镜插入犬阴道内，并通过监视屏幕对发情母犬的阴道皱襞、颜色、黏膜进行观察。

4.3.4.3　结果

发情前期：由于此时雌激素水平较高，容易导致阴道黏膜肿胀，形成表面肿胀的皱襞，阴道壁充血和肿胀，此时阴道内窥镜检查阴道壁肿胀呈波涛式，如枕头状外观。

发情期：当黄体生成素的量接近峰值时，雌激素水平下降，孕激素水平上升使阴道肿胀程度减轻，先前阴道壁肿胀处消失，形成皱纹或圆齿状外观，随着发情期的临近，阴道黏膜出现疤状的白色和粉色表面，皱褶特征表现明显时便是最佳受孕时期。

发情后期：阴道黏膜上皮层变薄，皱襞变得光滑而长。

休情期：阴道黏膜表面不光滑。

母犬不同发情阶段体内窥镜显示结果见图4-8。

图4-8 母犬不同发情阶段阴道内窥镜结果

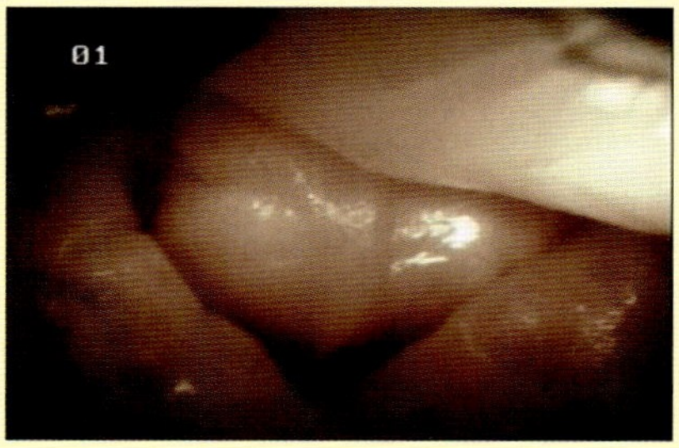

a.发情前期（阴道壁充血肿胀）

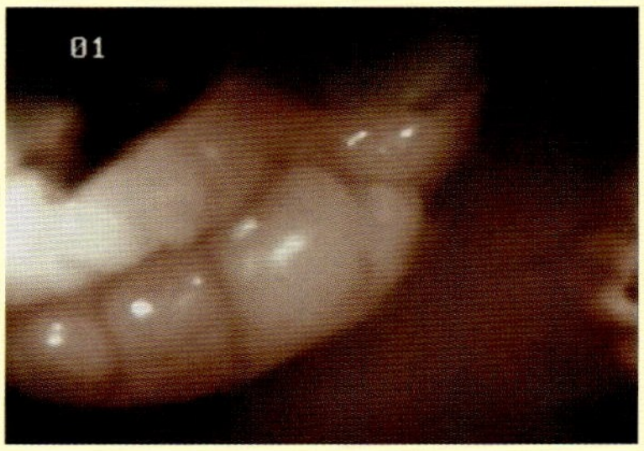

b.发情期（皱褶特征明显）

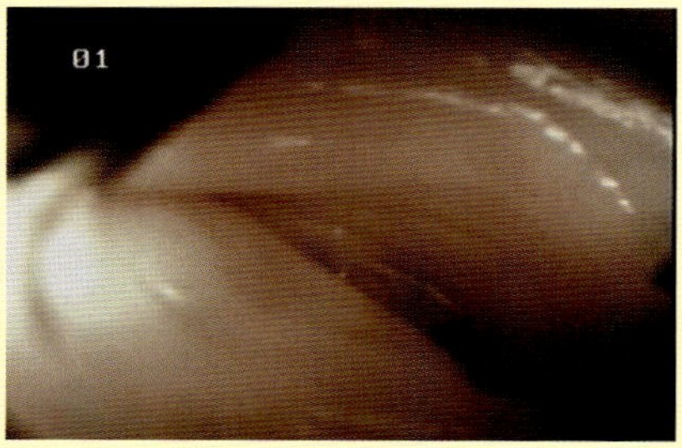

c.发情后期（皱襞光滑）

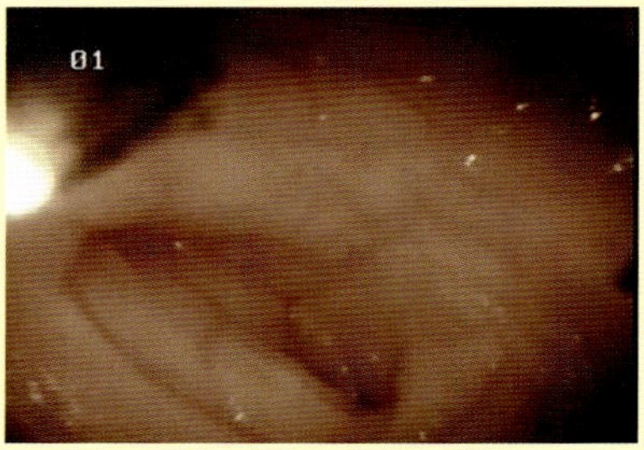

d.休情期（阴道黏膜表面不光滑）

4.3.5 动物感觉统合理论在罗威纳幼犬培训中的应用

感觉统合理论是美国加州大学心理学家艾尔斯博士在20世纪60年代最先提出的，一直到90年代，这一理论才被引入至我国，并应用于婴幼儿感觉机能的康复及训练。借鉴动物感觉统合训练理念，结合幼犬培训工作实践，开展警犬早期感觉统合训练技术的研究，能够有效解决我国警犬早期培训因缺乏一套科学的训练技术，导致警犬早期生长发育迟缓、视听觉反应迟钝、嗅觉不灵敏、运动协调能力差、胆量小、对外界环境被动敏感等实际问题。

罗威纳犬的幼犬培训是根据该品种犬早期主要感觉行为发育特征，在仔犬和幼犬生长

发育阶段的外部感觉（嗅觉、视觉、听觉和触觉）和内部感觉（前庭感觉和运动感觉）形成的重要时期，借鉴国内外婴儿和幼儿感觉统合训练的研究成果，针对仔犬和幼犬的生理特征和行为特点，而开展的一种"素质教育"训练。其目的是对罗威纳犬早期的警用性能进行有效开发利用。

4.3.5.1 罗威纳犬早期感觉统合训练

1.嗅觉感觉统合训练技术

根据幼犬行为特征和嗅觉培养的要求，我们选取寻找隐蔽食物、寻找隐蔽主人、寻找隐蔽物品和鉴别式找物四项与嗅觉开发紧密相连的科目进行感觉统合训练（见表4–7）。

表4–7 犬嗅觉感觉统合训练技术

训练项目	训练方法
寻找隐蔽食物	幼犬在饥饿的条件下寻找距离20 m处隐蔽的食物。要求犬自始至终保持高度注意力和寻找欲望，根据主人的指令兴奋搜索隐藏食物，并快速得到食物奖励
寻找隐蔽主人	幼犬在清静环境中寻找距离50 m处隐蔽的主人。主人隐蔽于树丛中，待完全隐藏好后助训员放犬，要求犬通过嗅认发现主人并得到主人奖励
寻找隐蔽物品	幼犬在充分逗引条件下寻找距离20 m处隐蔽物品。物品隐藏于深20 cm、直径13 cm的洞中，上面用瓦片等物品覆盖，同时旁边设置3个假藏点。要求犬自始至终保持高度注意力和寻找欲望，能够根据主人指令兴奋寻找隐藏物品，并快速得到物品
鉴别式找物	幼犬在充分逗引条件下平面鉴别式找物。在水泥地面上放置5个同一种类物品（如手套、木块等），主人拿出一个与地面物品相同的物品，逗引后抛入地面物品中间，主人可以调整物品位置。要求犬自始至终保持高度注意力和寻求欲望，能够根据主人指令进入形式嗅认寻找物品，并能够快速衔取主人物品并得到奖励

2.视觉感觉统合训练技术

根据幼犬行为特征及视觉行为发育特点，我们采用主人抚摸幼犬、在犬床板上方悬挂玩具娃娃逗引幼犬、采用滚动的球体逗引幼犬、不同物品逗引幼犬等不同感觉统合训练（见表4–8）。

表4-8　犬视觉感觉统合训练方法

训练项目	训练方法
主人抚摸幼犬	根据幼犬视觉发育特征，幼犬在13日龄左右才开始睁开眼睛，但此时的视觉发育还很不完善，还不具备通过视觉辨别主人的能力，因此在此期间，主人要通过多抚摸幼犬，来提高幼犬胆量，让幼犬逐渐适应主人的抚摸，减少对主人抚摸的应激反应，逐渐提高其使用视觉察看外界新鲜事物的能力，从而提高其视觉的发育
在犬床板上方悬挂玩具娃娃	仔犬在20日龄后，基本能使用视觉观察周边事物，但发育还不完善。主人可以抓住这个时期幼犬使用视觉察看周边环境的良好时机，通过在犬床板上方悬挂玩具娃娃，以提高其察看周边物品的兴奋性，从而提高其视觉发育
滚动球体逗引幼犬	幼犬在30日龄开始能随着球体的滚动而追赶物品，但此阶段幼犬的视野还不够开阔，盯着运动物品的能力也不强。此时，主人可用运动的球体逗引幼犬，以提高其运用视觉寻找物品的能力，促进其视觉的发育
多种物品逗引幼犬	幼犬在2月龄以后，能具备运用视觉寻找物品的能力。此后，主人要加强多种物品逗引幼犬的训练，以提高幼犬运用视觉察看物品的兴奋性，促进其视觉的进一步发育

3.听觉感觉统合训练技术

根据幼犬听觉发育特征，我们采用带响声的玩具娃娃逗引幼犬、主人拍手呼唤犬、陌生人群中唤犬等感觉统合训练方法来锻炼提高幼犬的听觉机能（见表4-9）。

表4-9　犬听觉感觉统合训练方法

训练项目	训练方法
带响声的玩具娃娃逗引	根据仔犬听觉发育特征我们得知，仔犬在15日龄左右能通过听觉辨别母犬。因此，我们可以通过使用带响声的玩具娃娃对仔犬进行逗引，以提高仔犬运用听觉的兴奋性
主人拍手呼唤犬	当仔犬发育到30日龄后，我们可以增加主人拍手呼唤仔犬的游戏，以提高仔犬运用听觉辨别主人的能力，促进其听觉的发育
陌生人群呼唤仔犬	幼犬发育到2月龄后，其听觉发育更加完善，我们增加在陌生人群中主人呼唤幼犬并令其前来的游戏，提高幼犬对声音的辨别能力

4.触觉感觉统合训练技术

我们可以借助包括水温控制器、弹簧压力器、电刺激脖圈等一些触觉感觉统合训练器材和陌生人抚摸手段对幼犬身体进行刺激适应性训练，培养幼犬的触觉功能（见表4–10）。

表4–10　犬触觉感觉统合训练方法

训练项目	训练方法
温度刺激	分别用注满0℃冷水、75℃热水的玻璃瓶，依次对犬体前胸、肩胛、腰角、吻部和腹部5个部位进行温度刺激适应性训练
机械刺激	用弹簧压力器依次对犬体前胸、肩胛、腰角、吻部和腹部5个部位进行差量级机械刺激适应性训练
电刺激	给犬戴上电刺激脖圈和背带，用牵引带连接背带挂钩对犬进行稳定性控制。训练测评时在距犬15 m处用低档电流对犬进行适应性刺激训练。
抚摸刺激	给犬戴上脖圈和牵引带，主人在旁边牵引固定并缓和犬的精神情绪，陌生人逐渐接近幼犬，并依次对犬体前胸、肩胛、腰角、吻部、腹部5个部位进行抚摸适应性训练

5.前庭感觉统合训练技术

我们可以借助前庭感觉眩晕测试仪、车辆、天桥和独木桥等幼犬感觉统合系列器材，对幼犬进行前庭感觉训练（见表4–11）。

表4–11　犬前庭感觉感觉统合训练方法

训练项目	训练方法
旋转训练	将犬固定在前庭感觉眩晕测试仪上，测试仪以2 s/r（2秒每圈）的速度均匀旋转10圈，停止后，主人在5 m远处呼唤犬名，训练犬的听觉反应、锁定主人方向和前来所用时间
加速训练	将犬带入车内，车辆在柏油路面上以60 km/h匀速行驶5 km，训练犬克服呕吐及延长每次呕吐行驶的距离
登高训练	利用天桥引导幼犬进行合理的攀爬运动，培养其登高状态下的适应能力，锻炼其胆量，以克服恐高症
平衡训练	利用独木桥平衡训练器材引导幼犬行走，培养犬的身体平衡适应能力，以提高其身体控制机能

6.运动感觉统合训练目的

我们可以借助跷跷板训练、绕迂回杆训练和跳跃障碍训练等三种运动感觉统合训练方法对幼犬的运动感觉进行训练（见表4–12）。

表4–12 犬运动感觉感觉统合训练方法

训练项目	训练方法
过跷跷板训练	该项训练可以使幼犬能熟练地通过跷跷板，以达到良好运动平衡性的目的
绕迂回杆训练	该项训练可以使幼犬能达到熟练绕迂回杆，从而培养其良好的运动敏捷性
越障碍训练	该项训练可以使幼犬达到跳跃一定高度障碍物的能力，从而培养其良好的运动协调性

4.3.5.2 罗威纳犬早期感觉统合训练器材

为了更有效地提高训练效果，根据犬的生理机能及生物反馈原理，科研人员分别研制了外部感觉统合训练仪和内部感觉统合训练仪。训练仪综合了犬感觉机能发育特征及行为特点，在训练中既能促进犬全方位感觉机能发育，又能提升犬的胆量和体能，还可以解决大量存栏犬运动不足的问题。

1.外部感觉统合训练仪

（1）硬件组成和设计原理

外部感觉统合训练仪由五部分组成，分别为上升登梯、入门帘、转室及光源供给窗和下降滑梯。上升登梯可以锻炼幼犬的登高适应能力，同时也是犬进入转室的必经之路。入门帘由无毒、无味的橡胶组成，幼犬进入的时候，可以对犬体进行抚触刺激，培养幼犬的触觉机能。转室由S形弯道组成，除对犬体进行触碰刺激外，还可以培养幼犬的方向感和敏捷性。光源供给窗由顶部和左右侧八个可以开关的窗户构成，根据仔幼犬视觉发育特征和训练进度，给予不同角度和强度的光源射入，培养幼犬的视觉辨认机能。下降滑梯是帮助幼犬走出转室的唯一通道，同时培养犬的平衡能力。训练时运用幼犬喜追逐物品的天性，将训练物品当着受训幼犬的面通过入门帘抛入转室内，然后引导幼犬通过上升登梯和入门帘，进入黑暗的转室内运用嗅觉寻找训练物品。当幼犬寻找并衔取到训练物品后，我们可以引导犬从转室的另一扇门出去。早期的训练可通过光源供给窗送入足够的光源，让幼犬运用视觉和嗅觉寻找训练物品，以克服幼犬进入黑暗转室带来的恐惧心理，提高幼犬嗅寻训练物品的信心和积极性。在这一系列的过程中，上升登梯培养了幼犬的登高能力，入门帘培养了幼犬的身体抚摸适应能力；转室锻炼了幼犬运用嗅觉、视觉、触觉及运动感觉寻找物品和辨别方向的能力；光源供给窗可以循序渐进地培养幼犬适应黑暗的自信心，下降滑梯锻炼幼犬的平衡运动能力，从而实现利用一个器材可以达到多种训练效果的目的，进一步提高幼犬培训工作的效率。

（2）功能用途

外部感觉统合训练仪是根据仔犬和幼犬外部感觉机能发育特征和警用性能培养的实际需求研制而成。运用仔犬和幼犬追寻训练物品的天性，让仔犬和幼犬通过训练仪的上登阶梯、入门帘、转室、光源供给窗及下降滑梯五个组成部分，对其视觉、嗅觉和触觉等外部感觉进行刺激训练。该训练仪对仔犬和幼犬的外部感觉机能的培养具有显著效果，同时对于仔犬和幼犬胆量、体能的锻炼具有良好效果。该训练仪对仔犬和幼犬很安全，可适用于警犬、军犬和救援犬等不同领域工作犬的训练使用。

（3）主要技术参数

重量：80 kg

外形尺寸：3800 mm（长）×1300 mm（宽）×1700 mm（高）

上升登梯尺寸：1045 mm（长）×522.5 mm（高）

下降滑梯尺寸：1000 mm（长）×522.5 mm（高）

图4–9　外部感觉统合训练仪示意图

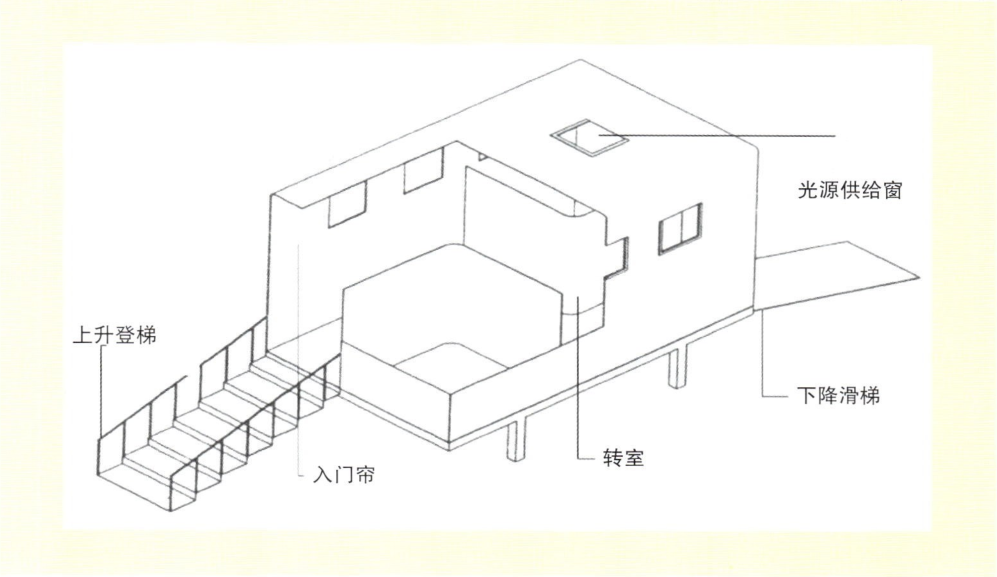

2.内部感觉统合训练仪

（1）硬件组成和设计原理

内部感觉统合训练仪由三部分组成，一是运动旋转器，二是支撑架，三是进出通道门。其工作原理是幼犬经过通道门进入旋转器内后，借助重力原理和人的逗引，引导犬在旋转器内跑动，进而带动旋转器不停地旋转运动，从而达到对幼犬的前庭感觉和运动感觉进行锻炼的目的。支撑架除具有固定旋转器的功能外，还可针对幼犬的日龄和体能，通过人为对旋转器的操作对其转速进行控制，以达到安全、有效地旋转运动的目的。使用该训练仪时，应先将训练仪的旋转器固定，诱导幼犬进入旋转器内后，及时将入口门关好，防止旋转器在运动的过程中幼犬跑出来受到伤害。幼犬进入旋转器后，其受重力作用为了保持身体平衡，需要随着旋转器的旋转不停地往前运动或奔跑，而且跑得越快转速越大。值得注意的是，有的幼犬酷爱跑步，兴奋性很高，跑步时还不断吠叫，这时应考虑幼犬的体能极限，适时人为停止训练。与人带犬运动比较，该训练仪除了能够有效锻炼幼犬的体能及胆量，还可以锻炼运动感觉及前庭感觉。

（2）功能用途

内部感觉统合训练仪运用动力学原理和训练员对犬的逗引，引导犬在旋转器内跑动，带动旋转器不停地旋转运动，从而达到对幼犬的前庭感觉和运动感觉等内部感觉机能进行刺激训练的目的。该训练仪对仔犬和幼犬的内部感觉机能的培养具有显著效果，同时对于仔犬和幼犬胆量、体能的锻炼具有良好效果。该训练仪对仔犬和幼犬很安全，可适用于警犬、军犬和救援犬等不同领域工作犬的训练使用。

（3）主要技术参数

重量：50 kg

外形尺寸：1300 mm（长）×1800 mm（宽）×1500 mm（高）

旋转器尺寸：1200 mm（直径），1800 mm（长）

支架尺寸：1300 mm（宽）

图4–10　内部感觉统合训练仪示意图

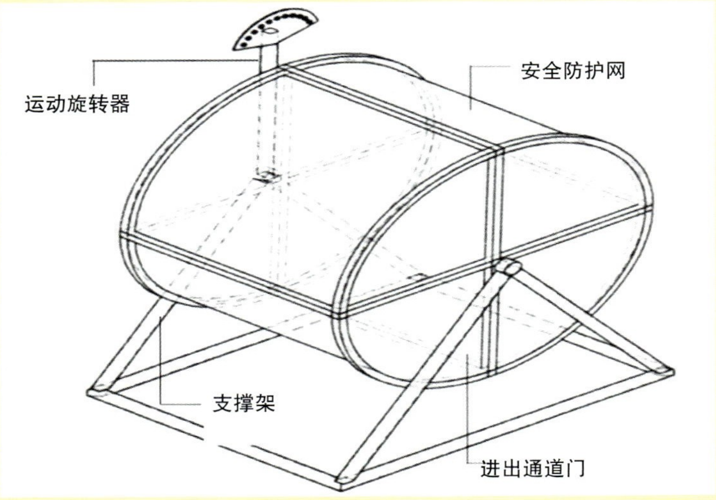

5

犬瘟热病的调查与实验免疫研究

5.1 犬瘟热病的诊断技术研究

5.1.1 犬瘟热病概述

犬瘟热是由犬瘟热病毒（CDV）引起的一种急性、传染性极强的病毒病。该病可感染多种动物。其临床特征是患病动物为双相热型，白细胞减少，胃肠道、呼吸道有卡他症状，常发肺炎和神经综合征（见图5-1）。本病的发病率、致死率都很高，且易感染多种动物，引起了许多动物饲养者及相关科研人员的广泛关注。许多研究者投入了很大力量，对本病进行系统研究。近二十年来，该病研究取得了新的进展，现概述于后。

图5-1 犬瘟热患病犬只

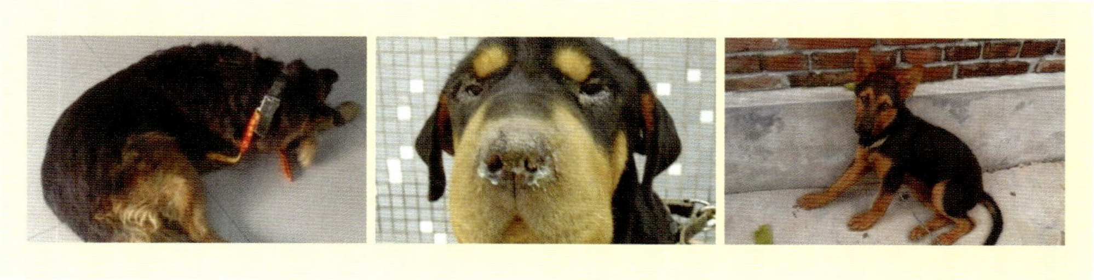

5.1.1.1 病原研究

1.理化学特性

犬瘟热病毒在病毒学分类地位是副黏病毒科，麻疹病毒属。病毒粒子经负染电镜观察，形态呈多形性，多数为球形。病毒粒子的直径为110～550 nm，大小相差很大，有时也能见到畸形或长段状的病毒粒子。该病毒为负链单股不分节的RNA病毒。其基因组为不分节、非重叠的负链RNA，由15616个核苷酸组成。CDV基因组编码的蛋白主要有核衣壳蛋白（nucleocapsid protein，N）、磷蛋白（phosphoprotein，P）、基质膜蛋白（matrix protein，M）、融合蛋白（fusion protein，F）、血凝素蛋白（hemagglutinin protein，H）和大蛋白（the large virus specified RNA directed RNA polymerase protein，L）6种。其中，与机体免疫应答有关的主要是F蛋白和H蛋白。

2.抵抗力

犬瘟热病毒对高温较敏感，50～60℃迅速灭活。干燥的犬瘟热病毒在室温下较稳定，32℃以上易于灭活，2～4℃可存活数周，–10℃可存活几个月，–60℃可存活7年以上，–70℃或冻干条件下可长期存活。

3.对各种药物的敏感性

犬瘟热病毒最佳存活pH值为7.0，pH值为4.5～9.0时，其也可存活。可见光容易将该病毒灭活。犬瘟热病毒对乙醚敏感，0.75%苯酚、0.3%季铵盐类消毒剂4℃10 min不能灭活该病毒，3%氢氧化钠能将该病毒迅速灭活。0.1%甲醛或1%煤酚皂溶液在数个小时内能灭活该病毒。该病毒经甲醛灭活仍保留一定的抗原性。

4.血凝性

关于犬瘟热病毒的血凝性，国外有关资料报道认为，犬瘟热病毒几乎没有任何血凝作用，与我国相关报道不一致。因此，犬瘟热病毒的不同毒株在血凝特性上的差异有待进一步研究。

5.体外培养特性

犬瘟热病毒能适应多种细胞培养，包括原代或继代犬肾细胞、雪貂肾细胞、鸡胚成纤维细胞和Vero细胞等。

研究表明，体外细胞多代培养，可使犬瘟热病毒毒力减弱，适用于鸡胚80～100代的犬瘟热病毒对犬和貂的毒力减弱，可以用作弱毒疫苗。

5.1.1.2　流行病学

1.易感动物

以前，研究者们认为，犬瘟热病毒的自然宿主为犬科动物（犬、狼、丛林狼、豺和狐等），鼬科动物（貂、雪貂、白鼬、臭鼬）及浣熊科的一部分动物（浣熊和蜜熊）。近年来，随着生态环境的改变，动物和病毒的进化以及犬瘟热诊断技术的日益成熟和进步，除以上3个科的动物可自然感染犬瘟热病毒外，还有猫科、灵猫科、大熊猫科、鬣狗科、海豹科和偶蹄目的猪科等10个科的40余种动物感染犬瘟热病毒的报道。我国科学家应用RT–PCR和基因探针、电镜技术、间接酶联免疫吸附测定、免疫荧光技术和中和实验等多种研究手段证实，我国大熊猫、虎、狮、狐、小熊猫、亚洲金猫、猞猁、犬、熊和狼等动物对犬瘟热病毒易感染（见图5–2）。

图5-2　犬瘟热病毒易感动物

2.传染源及传播途径

本病的传染源是发病动物或隐性感染的带犬瘟热病毒的动物。研究表明，犬瘟热病毒大量存在于鼻涕和唾液中，也存在于肝、脾、淋巴结及血液和各种体液中。据报道，犬感染犬瘟热病毒 60～90天后，尿液中仍有病毒存在，粪便中是否存在病毒尚无定论。

本病主要经呼吸道传播，直接接触的易感犬几乎100%被传染。研究表明，本病还可经胎盘垂直传播。科研人员应用发病早中期病犬与易感健康犬同居、隔犬舍而空气可相互流动的犬舍内饲养、用犬瘟热死犬肝、脾制成的匀浆上清液滴鼻、肌注等实验方式，均成功地复制了犬瘟热病例，发病率100%。

3.发病与流行规律

本病可发生于四季，一般2～3年大流行一次。1988～1997年，科研人员对国内两个大型犬场近十年来发生和流行犬瘟热的情况进行了回顾性调查。两个犬场10年共发生犬瘟热大流行7次，其中一个犬场发生4次，另一个犬场发生3次，平均2.5～3.3年左右发生一次较大的流行。发病季节为春夏之交3次，秋季2次，冬季2次。不同品种、年龄和性别的犬均可感染本病，引进的纯种犬发病率、死亡率高于本土种犬。成年犬发病率低于1岁以下的犬，同一个犬场发病康复犬未见再发病的病例。幼犬感染与否及其症状严重程度与血清中和抗体滴度有关。研究表明，当血清中和抗体效价高于1：100时，即可抵抗自然强毒的侵袭。

5.1.1.3　发病机理

人们对犬瘟热发病的机理进行了大量研究后发现，犬瘟热病毒通常与呼吸道上皮黏膜接触后感染，最初6天主要在淋巴系统内增殖，24 h内犬机体组织的巨噬细胞增殖并扩散至整个细胞，通过局部淋巴管到达扁桃体和支气管淋巴结。进入犬体内的犬瘟热病毒第2～3天存在于单核细胞内，大约6天以后，犬瘟热病毒在脾脏淋巴滤泡、胃及小肠固有层、肠系膜淋巴结和肝枯否氏细胞内增殖，导致犬体温升高和白细胞减少（主要表现为淋巴细胞减少）。犬瘟热病毒在感染犬体8～9天后，在上皮细胞和神经组织中增殖，破坏细胞组织结构。第9～14天后，由于犬体内产生特异性抗体及细胞介导免疫应答，临床症状因体内抗体滴度的升高而逐渐消失，但神经元中的病毒难以清除，可能使某些犬产生神经症状。免疫功能差、体内抗体滴度低的犬，在此期限内病毒继续扩散至全身各组织器官，破坏上皮细胞，引起严重的呼吸系统、消化系统及全身症状，表现为咳嗽、腹泻、精神沉郁等，最终导致其衰竭而死亡。

研究表明，病犬出现严重的呼吸道症状，往往与细菌感染有关。

5.1.1.4　临床症状

本病主要表现为双相热型，呼吸道、消化道卡他性炎症，神经症状等。慢性病例可有足垫肿胀。

本病潜伏期不同物种差异较大，病源来自于同种动物者一般为3～6天。实验感染表明，同舍感染或用强毒滴鼻一般3天左右即表现出临床症状。来源于异种动物的病原因需要一段适应期，潜伏期可达30～90天。

患犬瘟热病犬的症状严重程度与年龄、品种、免疫状况和毒种毒力密切相关。免疫力低下的幼犬症状严重、死亡率高，进口的纯种犬、长途运输处于应激状态的外地引进犬比当地土种犬发病率高、死亡率高。近年来，科研人员发现一些温和的患本病的病例，病犬表现症状较轻，呈现亚临床症状，表现为倦怠、厌食、发热、眼分泌物多和上呼吸道感染的症状。

大多数病犬初期体温升高至39.5～41℃，食欲不振，精神沉郁，眼鼻流出水样分泌物，打喷嚏，一过性腹泻，之后2～3天无症状期，此时白细胞减少到4000个/mm^{3}左右，约3～14天后，再次出现体温升高，临床症状严重，表现为精神沉郁、食欲废绝、严重的消化道、呼吸道及神经系统症状。

科研人员对1047例病犬观察统计，约有78.56%的病犬出现呼吸系统症状，表现为咳嗽，起初为干咳，后期为湿性重咳，流出黏稠至脓性鼻分泌物，带有臭味，呼吸急促，肺部听诊有湿性罗音或捻发音。

约71.72%的病犬出现消化系统症状，表现为食欲减退或废绝，腹泻，粪便呈水样、恶臭、混有黏液和血液。严重者出现脱水症状。有30%的病犬出现呕吐。

约17.55%的病犬出现神经症状，表现为癫痫样发作，共济失调，反射异常，或颈部强直，肌肉痉挛。多数病犬出现咀嚼肌群的反复阵发性抽搐，每次发作数秒钟至1 min不等，有时突然倒地，口吐白沫，四肢作游泳状，发作过后表现为疲劳、呆滞，有的病犬甚至会突然狂奔，撕咬器物，目光凶狠，攻击人或动物。发生神经症状的病犬大多愈后不良，死亡率为90%以上，少数病例症状消失后，往往遗留肢体瘫痪、麻痹。

孕犬感染本病后可发生流产、死胎和幼犬成活率下降。部分病犬在发病末期可见腹部、股内皮疹，足垫角质层增生。犬发病后，常见嗅觉细胞萎缩而导致嗅觉缺损，当病毒侵害眼神经和视网膜时，可使眼睛突然失明，瞳孔反射消失。

本病的病程多在2～3周，45日龄以内的仔犬大多在发病后10天内死亡。成年犬神经性症状者病程可长达40天以上。自然发病者死亡率在30%～80%之间。

5.1.1.5　病理变化

1.剖检变化

科研人员剖检381例犬瘟热死亡犬，有209例出现典型的肺部病变，实验感染未经治疗的犬100%（9/9）发生呼吸道病变，鼻腔内有多量脓性分泌物，带有血丝，气管、支气管内有多量脓性分泌物，肺充血，间质性肺炎，严重者可见化脓灶。消化道有胃肠道卡他性炎症，肠系膜淋巴结充血肿胀，胆囊充盈，脾有时肿大，新生幼犬胸腺萎缩呈胶冻状，有的病例出现脑膜充血，脑室扩张和脑水肿。

2.组织学病理变化

在病犬的呼吸道、消化道、膀胱等上皮细胞内、网状细胞、白细胞及神经胶质细胞和神经元中可见到嗜酸性犬瘟热病毒包涵体，多呈圆形或卵圆形。病犬的肺泡内会有脱落的上皮细胞和巨噬细胞，弥漫性间质性肺炎以增生的肺泡隔膜和肺泡上皮细胞增生为特征。病犬的膀胱上皮细胞肿胀，神经节细胞层可见渗出型色素上皮细胞增生。幼犬感染还可见黏质上皮细胞变性、坏死、水肿和炎性细胞浸润。有些表现为神经症状的病犬会出现脑血管袖套现象。

3.血液学检查

病犬发病初期，最明显的变化是白细胞减少，可降至3000～5000个/mm^3，其中淋巴细胞减少最为明显。继发感染犬在中后期白细胞明显增多，可达40000个/mm^{3}以上。据报道，实验感染新生幼犬可见血小板减少和再生性贫血。

5.1.1.6 诊断

本病根据临床症状、病理剖检和流行病学资料仅可做出初步诊断，确诊须依赖于实验室检查。

1.病毒抗原及核酸检查

（1）病毒分离培养

病毒分离培养常用原代培养细胞及传代细胞系两大类。原代培养细胞可选用鸡胚成纤维细胞和犬肺原代巨噬细胞，传代细胞可选用Vero细胞、DK细胞及FL细胞等。我们也可用病料接种雪貂作为犬瘟热病毒的中介动物载体。在用传代细胞单层培养病毒时，细胞形成单层的时间不宜过长，否则易影响病毒的敏感性。在分离病毒时，早期取病犬血液淋巴细胞，症状明显时取肺、肾上皮细胞、肺泡巨噬细胞，后期出现神经症状时取脑组织，可望分离到病毒。由于犬瘟热病毒对外界环境抵抗力很低，往往很难分离成功。分离成功与否受采样部位、时间、样品处理、患病动物的抗体水平等因素影响。我国科学家已分别从患病的水貂、犬、貉、狐及小熊猫等动物中成功地分离到犬瘟热病毒。

（2）电子显微镜检查

取犬粪、死犬新鲜肝脏、脾、淋巴结等，经处理后，直接用电子显微镜观察病毒粒子。该方法检出率受所采病料、病料保存方法、时间、病料中所含病毒粒子的密度，以及观察操作人员的经验影响。

（3）包涵体检查

选病犬血细胞（主要是淋巴细胞和嗜中性粒细胞）涂片，姬姆萨染色，可检出嗜酸性包涵体。其大小为1 ~ 2 μm，呈圆形或椭圆形，也可在肺和膀胱黏膜切片或印片中检出包涵体，但本方法的特异性和敏感性不高，不能依据包涵体的检查来确诊本病，只能作为一种辅助诊断方法。

（4）免疫荧光实验

利用免疫荧光实验可以从病犬血液的白细胞、结膜、瞬膜以及肝、脾、膀胱、肺、肾和淋巴结等多种组织涂片中检查出犬瘟热病毒抗原。此方法对急性死亡犬的检出率较高，但病程长者由于组织中的抗原消失，该方法的检出率较低。

（5）犬瘟热病毒特异性核酸检测

据报道，我国科学家根据犬瘟热弱毒株融合蛋白的基因序列，设计了基因片段引物，建立了犬瘟热RNA反转录聚合酶链式反应诊断方法，并用此方法与电镜检查方法相比较，初步用于临床诊断，其诊断的准确率高于电镜检查方法，具有快捷、准确的特点。此外，核酸探针、原位杂交及基因序列分析等方法可以对犬瘟热做出诊断。

2.血清学检查

（1）中和实验

通常用培养细胞或鸡胚绒毛囊膜进行中和实验，以测定犬体血清中和抗体水平。研究表明，当犬在感染犬瘟热病毒后7天内，其血清中和抗体仍在1：20以下，当犬感染犬瘟热病毒或接种疫苗14天以后，血清中和抗体才上升到1：100以上。本方法需要较长时间才能测定出抗体，实验方法和设备要求也比较严格，用此方法诊断犬瘟热病受到局限。目前，在开展犬的犬瘟热免疫力测定，评价犬瘟热疫苗免疫效果时，科研人员多采用本方法。另外，我们研究的结果与国外报道基本一致。当中和抗体效价达到1：100以上时，犬能抵抗强毒的攻击。

（2）补体结合实验

研究表明，当犬感染犬瘟热病毒21～28天后，机体将产生补体结合抗体，而此种抗体只持续数周。因此，本方法是诊断新感染犬瘟热病毒病例的一种方法。实验时，用感染病犬的脏器、感染鸡胚绒毛尿囊膜乳剂或感染细胞培养物进行补体结合实验。

（3）酶联免疫吸附测定

酶联免疫吸附测定被用来检测血清中IgG和IgM抗体。此方法是一种特异性高而且敏感性强的方法。

3.鉴别诊断

本病在临床中易与犬副流感、犬弓形体病、立克次氏体病、狂犬病及犬腺病毒II型感染相混淆，要注意区别。

（1）犬副流感

本病病原是犬副流感病毒，临床症状与犬瘟热很相似，要确诊需进行病原分离鉴定和血清学检查，可采取细胞培养以分离和鉴定病毒。用血凝抑制实验检测血清中抗体也可诊断本病。

（2）犬弓形体病

本病病原是粪地弓形体，为一种原虫。本病临床症状与犬瘟热很相似，患病孕犬易流产，本病确诊需做病原或特异性抗体检查。病原检查可用患犬体液涂片或组织切片，染色镜检，发现滋养体即可确诊。

（3）犬立克次氏体病

本病是由立克次氏体寄生于单核细胞和嗜中性粒细胞内所引起的一种败血病。临床症状主要表现为周期性发热，黏液脓性鼻汁和眼眵，咳嗽不明显。本病主要根据采血涂片和器官压片在单核细胞及嗜中性粒细胞内发现立克次氏体即可确诊。

（4）狂犬病

本病是狂犬病毒所致的急性传染病。患病犬只表现出对人畜的攻击性明显和喉头肌持续性的麻痹。患该病的犬几乎100%死亡。实验室以在病犬海马角能发现内基氏小体为诊断指标。

（5）犬腺病毒II型感染

本病表现为持续发热，刺耳的干咳或致死性肺炎。本病可通过病毒分离鉴定来确诊，也可采用血凝和血凝抑制实验等方法进行诊断。

5.1.1.7　治疗

本病在发病最初期，当病毒尚未侵入细胞内以前，大剂量使用高免血清或免疫球蛋白具有一定疗效。科研人员对应用血清和不用血清治疗本病做过对照，应用血清治疗的其治愈率比不用的高25%，但出现明显症状时，使用效果不佳。为增强犬体免疫力，可在本病发病早期适当应用胸腺素。

为控制继发感染，应对患病犬大剂量使用抗生素或磺胺类药物，如氨苄西林、卡那霉素、先锋霉素和磺胺嘧啶钠等。患病犬发病初期可适当使用地塞米松，该药具有消炎和解热的作用。

在给病犬使用抗生素的同时，宜补充大剂量的维生素B_1和维生素C，同时采取补液纠正脱水。本方法可强心利尿、解毒退热、止痛镇静、止吐止泻和止咳祛痰等。如病犬发生神经症状，应采取镇静抗癫痫疗法，可选用扑米酮或安定等药物。

5.1.1.8　预防

预防本病的重要措施是给易感犬免疫接种，使其产生免疫力。

关于本病免疫时机的选择：应充分考虑母源抗体对疫苗接种的影响。研究表明，幼犬母源抗体半衰期为8.4天，当犬血液中和抗体水平下降到1：50以下时，便难以抵抗强毒的感染。犬的免疫系统一般在6～8周龄时才逐渐形成。因此，通常所采用的免疫程序是，幼犬45～60日龄时第1次接种疫苗，间隔2～3周再接种1～2次。对于未吃到初乳或母犬犬瘟热中和抗体水平太低的仔犬，宜在仔犬出生后48 h内通过口服或皮下注射的方法，给予高免血清，以防止在此类犬接种疫苗前感染犬瘟热病毒而发病。为提高母源抗体水平，可在母犬妊娠40～45日龄时进行一次免疫接种。成年犬一般每年补注疫苗1次，以增强免疫力。

据报道，目前国内外所用的疫苗有犬瘟热病毒多种联苗。国外的犬疫苗有美国的七联苗（犬瘟热、犬细小病毒、犬传染性肝炎、犬腺病毒II型、犬副流感、犬钩端螺旋体以及出血型黄疸钩端螺旋体）、法国的三联苗（犬瘟热、犬传染性肝炎和狂犬病）、加拿大的三联苗（犬瘟热、貂病毒性肠炎和C型肉毒梭菌病）、荷兰的二联苗（犬瘟热和犬细小病

毒）、五联苗（犬瘟热、犬传染性肝炎、犬细小病毒、犬副流感和犬端螺旋体）。国内的犬疫苗有犬瘟热鸡胚细胞弱毒苗，犬瘟热和狂犬病二联苗，犬瘟热单苗，犬瘟热、犬细小病毒、犬传染性肝炎和犬副流感四联苗，还有在此四联苗的基础上加狂犬病苗的五联苗，再加冠状病毒苗的六联苗等。此外，公安部南京警犬研究所、公安部南昌警犬基地、第四军医大学及其他一些研究机构也开展了犬瘟热疫苗的研究，研究出中试产品试用于临床。

从我们进行的实验免疫研究和临床中试情况看：国外进口的疫苗中，荷兰英特威公司生产的犬瘟热和犬细小病毒二联苗效果较好。国产的以中国人民解放军军事医学科学院军事兽医研究所犬病中心研制的犬瘟热单苗，犬瘟热、犬细小病毒、犬传染性肝炎、狂犬病和犬副流感五联苗，以及中国农业科学院哈尔滨兽医研究所研制的犬瘟热、犬细小病毒和犬传染性肝炎三联苗效果较好。其中，前者是目前我国唯一获得国家颁发的新药证书的犬用疫苗，免疫实验及临床中试应用保护率达到90%以上。

我国科学家已从多种动物的犬瘟热病料中分离到9株犬瘟热病毒野毒株，从中筛选到一株小熊猫犬瘟热病毒强毒株，经过70代驯化，该毒株已失去对犬的致病性，但免疫原性好。科学家们应用该毒株研制出高效、安全、稳定的犬瘟热疫苗，经实验免疫及临床中试，其免疫保护率高于其他犬瘟热疫苗，应用前景看好。

当前国内外普遍应用犬瘟热弱毒苗，但弱毒疫苗对高温敏感，易影响其免疫效果，且种毒经多代传代后其免疫原性有可能降低，或产生变异出现返祖等。因此，近年来人们已开始使用分子生物学技术着手研制基因工程亚单位苗、重组病毒苗以及核酸疫苗等。如纯化的犬瘟热病毒F蛋白苗，犬瘟热病毒F蛋白和H蛋白基因的核酸疫苗等已在实验动物中实验，并已获得一定进展，可使实验动物产生免疫应答，保护动物不受强毒的攻击。但这些疫苗在临床中的使用还有待时日。

近年来，国内外犬瘟热疫苗免疫失败的现象时有发生，分析原因，主要与母源抗体影响，高温，疫苗运输保管不当，免疫时机掌握不好，使用的疫苗毒株，以及制备方法、免疫接种方法不当等因素有关。另外，犬瘟热病毒的变异以及本病的多宿主性可能是免疫失败、造成本病流行的重要原因。

疫苗免疫接种的途径常采用皮下或肌肉注射。据资料报道，瑞典、丹麦等国家进行了犬瘟热疫苗气雾免疫实验，且已取得良好效果。

一旦发生犬瘟热病，应对尚未发病的假定健康犬和受疫情威胁的犬立即采用犬瘟热高免血清紧急免疫注射，待疫情稳定后，再注射犬瘟热疫苗。同时，严格隔离病犬，对受污染的犬舍、环境、场地以及用具选用3%福尔马林、3%氢氧化钠或5%苯酚溶液彻底消毒，深埋或焚烧病犬尸体。

5.1.2 犬瘟热病毒血清抗体调查

犬瘟热是犬的一种常见的传染性很强的疾病，在我国广泛流行，对养犬业造成严重危害。犬瘟热临床表现为一种严重的多系统疾病，治愈率较低，犬科动物易感性强，通常发病死亡率在30%～60%，最高可达90%以上。为掌握犬瘟热的流行情况，有效防治犬瘟热的发生与流行，应用病毒实验室诊断的血清学方法——中和实验，对我国不同地区、不同年龄段幼犬、免疫犬和发病前后的犬血清中和抗体水平进行调查。

5.1.2.1 材料与方法

1.材料

（1）细胞培养板

40孔微量细胞培养板，每个孔1.0 ml，按常规方法洗涤消毒。

（2）Vero细胞

Vero细胞从中国兽医药品监察所细胞中心引进，按照常规传代培养。

（3）被检血清

实验材料共有6批387头份犬血清，其中，108头份为公安部南昌警犬基地以及西北、华东、华中10个省的公安机关来公安部南昌警犬基地集训的警犬血清；279头份为东北、华北、华南、西南等9个省的警犬血清。血清制备方法：无菌静脉采血，以3000 r/min离心10 min。分离血清，用生理盐水9倍稀释后，50℃ 30 min灭活，然后过滤除菌，置冰箱4℃备用。

（4）对照血清

阴性对照血清为健康犬血清；阳性对照血清为中国人民解放军军事医学科学院军事兽医研究所制备的抗犬瘟热病毒高免犬血清，中和效价为1：256。

（5）病毒

实验用病毒为中国人民解放军军事医学科学院军事兽医研究所制备的犬瘟热疫苗弱毒株，同步接种于Vero细胞，37℃培养24 h后换液1次，然后置于33℃培养3～5天，待75%细胞出现病变时，冻融收毒，保存于-20℃冰箱中备用。选取毒力为$10^{4.5}$ $TCID_{50}$的弱毒用于中和实验。

（6）实验分组

将387份不同来源的犬血清，分为免疫前后犬血清测定组（32份），发病前后血清测定组（30份），不同年龄组和不同地区血清组等。

2.实验方法

采用固定病毒稀释血清法，应用Vero细胞在总数量为1 ml的40孔微量细胞培养皿上进行。

（1）样品检验

待检血清用稀释液做3倍连续稀释，每个稀释度分别加入4个孔，每个孔0.1 ml，随后每个孔加入含200个$TCID_{50}$的MCDV稀释液0.1 ml，于25℃水浴2 h，每个孔再加入Vero细胞悬液0.8 ml，于二氧化碳培养箱37℃培养7天，每天观察1次细胞病变，中间换液1次。

（2）对照实验

阳性血清对照组：阳性血清对照用稀释液做2倍稀释，每个稀释度分别加入4个孔，每个孔0.1 ml，随后每个孔加入含200个$TCID_{50}$的MCDV稀释液0.1 ml，于25℃水浴2 h，培养并进行样品检验。

病毒对照组：取含100个$TCID_{50}$的MCDV稀释液分别加入4个孔，每个孔0.1 ml，另加入Vero细胞悬液0.1 ml，于25℃水浴2 h，培养并进行样品检验。

正常细胞对照组：取Vero细胞悬液分别加入4个孔，每个孔0.8 ml，另外，每个孔再加稀释液0.2 ml，培养观察并进行样品检验。

（3）判定与中和效价计算

实验以出现蜘蛛样细胞病变为病毒感染的指标，以细胞完全正常为中和指标，在阴性血清对照、正常细胞对照细胞完全正常，病毒对照出现典型病变的前提下，待检血清和阳性血清的中和效价根据各自的正常细胞与病变细胞孔数，按照Reed-Muench法计算其效价。

5.1.2.2　结果

实验结果见**表5-1**、**表5-2**、**表5-3**、**表5-4**、**表5-5**和**表5-6**。

表5-1　387头份不同地区来源犬血清抗犬瘟热中和抗体水平检测结果

地区	血清数量	中和抗体效价 <1：10	中和抗体效价 1：10～160	中和抗体效价 >1：160	地区	血清数量	中和抗体效价 <1：10	中和抗体效价 1：10～160	中和抗体效价 >1：160
江西	108	38	18	52	云南	36	16	15	5
河南	7	0	7	0	广东	21	3	12	6
新疆	12	2	8	2	重庆	8	1	6	1
湖南	11	1	9	1	山东	7	0	7	0
湖北	12	0	10	2	上海	6	0	6	0
陕西	6	0	6	0	福建	19	6	8	5
青海	6	0	6	0	黑龙江	66	18	8	40
甘肃	3	0	3	0	辽宁	30	12	8	10
宁夏	3	0	2	1	北京	26	7	15	4

表5-2　不同年龄犬血清抗犬瘟热中和抗水平体检测结果

年龄	血清数量	中和抗体效价<1：10	中和抗体效价1：10～160	中和抗体效价>1：160
2月龄以下	104	71	22	11
3～6月龄	109	21	62	26
6～24月龄	102	6	58	38
24月龄以上	72	6	12	54

表5-3　32只犬免疫前后血清中抗犬瘟热病毒中和抗体水平变化情况

时间	免疫前	免疫后（天数）					
		7	14	30	90	180	360
中和抗体效价	<1：10	1：10	1：20～40	1：160	>1：160	>1：160	1：80～160

表5-4　自然感染犬瘟热病毒犬发病前后血清中和抗体水平变化情况

发病时间	发病前	发病后（天数）					
		7	14	30	90	180	360
犬只数	30	30	24	18	18	16	1
中和抗体效价	<1：10	1：10	1：40～80	1：160	>1：160	>1：160	>1：160

表5-5　哺乳母犬与1周龄内幼犬血清抗犬瘟热病毒抗体滴度情况测定结果

母犬	犬只数	3	2	2	5	4	3	2
	中和抗体效价	<1：20	1：40	1：80	1：160	1：320	1：640	1：1280
幼犬	犬只数	6	4	3	6	6	6	5
	中和抗体效价	—	1：25	1：45	1：100	1：180	1：200	1：200

表5-6　12只2月龄幼犬血清抗犬瘟热病毒抗体变化情况测定结果

时间（日龄）	吸母乳前	2日龄	8日龄	16日龄	32日龄	40日龄	60日龄
中和抗体效价	0	1：90	1：45	1：26	1：10	1：5	<1：5

5.1.2.3　小结

表5-1结果表明：来自不同地区犬血清样品中抗犬瘟热抗体效价不同，在387份犬血

清样品中，抗体效价低于1：10的有104份，占总数的26.87%；抗体效价为1：10～160的有154份，占总数的39.8%；抗体效价高于1：160的有129份，占总数的33.33%。在抗体效价低于1：10的104份样品中，来自江西、云南、黑龙江、辽宁和北京地区的犬占总数的87.5%，而这些犬中有71只为2月龄以下购自民间的实验用犬。在18个省区不同用途犬的387份样品中，血清抗犬瘟热中和抗体效价高于1：10的犬有283只，其中接种过犬瘟热疫苗的有123只，未接种疫苗的有160只。未接种疫苗的犬中有部分犬血清中抗犬瘟热病毒抗体效价较高，多数为患过犬瘟热病或隐性感染过犬瘟热病毒。结果表明：我国大部分地区均有犬瘟热病的发生和流行。

表5-2结果表明：2月龄以上的犬血清中抗犬瘟热病毒抗体效价与年龄呈正相关，这与人工接种犬瘟热疫苗和自然感染犬瘟热病毒有关。在临床工作中，科研人员发现感染发生犬瘟热病的犬多数为6月龄以下的幼犬，而6月龄以上的犬发病率较低，这与犬血清中抗犬瘟热病毒中和抗体效价的测定结果相吻合。

表5-3为应用本课题组研制的犬瘟热疫苗进行免疫的32只实验犬，免疫前后血清中抗犬瘟热病毒中和抗体效价测定结果。血清中和抗体效价免疫前低于1：10，免疫后第7天上升不明显，第14天后明显上升，到第90天左右达到最高峰，第360天抗体水平仍保持在1：80～160。临床上有免疫7天内发病的病例。本次调查结果证明，犬在免疫注射后第7天，其血清中和抗体效价还未上升到可以抵抗犬瘟热自然感染的水平，这与临床所见一致。调查表明：应用本课题组研制的犬瘟热弱毒疫苗进行免疫接种，其保护力至少持续一年。对30只自然感染犬瘟热的病犬进行不同时间血清抗犬瘟热中和抗体调查也得出同样的结果（**表5-4**），即在患病初期其血清中抗犬瘟热中和抗体效价很低，而在第14天后达到较高水平。这一结果提示在瘟热病治疗的早、中期应用大剂量的高免血清可有效提高治疗效果，而发病10天以后再用高免血清治疗意义不大。

表5-5是对抗犬瘟热病毒抗体水平不同的21只哺乳母犬与其所生产的1周龄内的36只仔犬血清中和抗体水平关系调查结果。结果表明：母犬与仔犬血清中抗犬瘟热病毒中和抗体效价呈正相关。仔犬血清中抗犬瘟热病毒中和抗体效价相当于母犬血清中的60%，当母犬血清抗犬瘟热抗体效价达到1：160时，方可使仔犬在整个哺乳期得到有效保护。因此，应注意提高母犬的抗犬瘟热病毒抗体水平，在母犬怀孕40～50天加强免疫1次，能有效提高母乳中抗犬瘟热病毒抗体效价，使仔犬得到有效保护。

表5-6是对12只2月龄内幼犬，测定其吃初乳前后不同日龄血清中抗犬瘟热抗体效价的结果。结果表明：幼犬吃初乳前血清中抗犬瘟热抗体水平很低，几乎难以测出，而吃到初乳后幼犬血清中抗体水平明显升高。幼犬的抗体水平与日龄呈负相关，当幼犬45日龄时，其血清抗体效价下降到1：5左右，不能有效保护幼犬抵抗犬瘟热病毒自然毒株的感染。因此，在制定抗犬瘟热病毒感染的免疫程序时，应计划在幼犬45日龄时进行首次免疫

接种，以防母源抗体干扰。同时，幼犬的免疫系统一般要到6～8月龄时才发育成熟，可对免疫原的刺激产生免疫应答，这一结果与相关研究基本一致。

5.1.3 犬瘟热病毒的分离培养与鉴定

病毒的分离和鉴定是病毒学实验室诊断的一个重要方法，是病毒学研究的重要前提。分离病毒的载体有动物、鸡胚和组织培养，三个层次不同的病毒应用载体的类型也不相同。根据资料报道，用于分离犬瘟热的载体有组织块与传代细胞共同培养、犬肺原代巨噬细胞、原代鸡胚成纤维细胞和Vero细胞系等。在犬瘟热的研究过程中，科学家们曾应用了多种方法对犬、貂、貉、狐、熊、小熊猫、大熊猫、狼、狮、虎、金猫和猞猁等12种动物的65份材料进行了病毒的分离，并获得了犬、貉、狐、小熊猫等4种动物的9株犬瘟热病毒。

5.1.3.1 材料和方法

1.病料及其处理

各种动物病料的份数分别为：犬36份、貂5份、貉3份、狐4份、熊1份、小熊猫3份、大熊猫1份、狼1份、狮2份、虎5份、金猫2份和猞猁2份。根据病料送检情况，分别取肺、肝、脾、脑和粪便，用Hank's液或MEM营养液制成10%的悬浊液，以3000 r/min离心30 min，取上清液，加入5%的三抗（青霉素、链霉素和两性霉素B），4℃过夜待用；有的加入2%的恩诺沙星液，4℃过夜待用；有的用0.45 μm硝酸纤维素膜过滤待用。

2.接种病毒用载体的制备

（1）脑组织块与传代细胞共同培养

取刚死亡或捕杀的发病动物的脑，用眼科剪剪成1～5 mm大小的组织块，经多次洗涤后加入到传代的Vero细胞或MDCK细胞上，加入含10%牛血清的MEM营养液进行培养。每5天进行1次传代，培养至第8代。

（2）犬胚原代细胞的制备

取怀孕30～50天的母犬，用手术刀切开腹壁，将子宫拉到体外，用欲分离病毒的悬浊液给每个胚胎进行注射，注射完毕后，将子宫送回腹腔，继续妊娠4～5天后，将母犬捕杀，取出子宫放到培养皿内，在无菌罩内切开子宫，取出胚胎，根据胚胎大小取整个胚胎或肾、肺等组织，用剪刀剪碎，用Hank's液洗3～5次，加入0.25%胰酶，在4℃消化过夜或37℃消化30 min，加入营养液，进行吹打，随后将此悬浊液经过4层灭菌纱布过滤，将滤过的细胞液经过适当稀释，分装培养。4～6天后可进行第2次传代。

（3）肺巨噬细胞的制备

取健康犬或发病犬、狐的肺脏。首先用含抗生素的Hank's液洗3次，再剪碎，再用Hank's液洗2次，加入适量的Hank's液，在室温下放置30～60 min，使巨噬细胞游走到液体中，吸取液体，以3000 r/min离心20 min，弃上清液，沉淀用含10%～15%牛血清的MEM营养液稀释至适当浓度，直接进行培养或加入营养后培养。

（4）犬、猫腹腔巨噬细胞的制备

选2～3月龄幼犬或幼猫，用注射器向腹腔注射80～150 g Hank's液，15 min后，将腹腔液抽出，用3000 r/min离心20 min，弃上清液，沉淀用含10%～15%牛血清的MEM营养液稀释至适当浓度，接种病料进行培养，每5～6天传代1次，同时加入新的巨噬细胞，培养至第5代。

（5）鸡胚原代细胞的制备

取9～11日龄的鸡胚按照常规方法进行原代细胞的制备，加入5%的病毒悬浮液进行培养。

（6）传代细胞的制备

取Vero细胞、MDCK细胞和CRFK细胞按照常规的方法进行传代，在传代的同时接入病料悬浮液，或与肺巨噬细胞、腹腔巨噬细胞进行共同培养。每5～6天传代1次，培养至第8代。

3.分离病毒的鉴定

（1）细胞形态鉴定

巨噬细胞主要看能否形成多核巨噬细胞，原代和传代细胞主要看细胞是否有变圆融合、拉网、脱落等情况。

（2）电子显微镜鉴定

取分离病毒的细胞液进行电子显微镜负染检查，以观察病毒粒子的形态。

（3）荧光抗体检查

在细胞传代的同时吸出浓细胞液1滴，或直接在培养瓶内放入1小玻璃片，3～4天后取出，按照常规方法进行抗犬瘟热病毒和犬细小病毒荧光抗体染色。

（4）RT-PCR检查

该检查按照常规方法进行。

（5）细胞毒力测定

该项测定按照常规的方法在该病毒适应细胞内进行毒力测定。

（6）动物回归实验

取得10^5 $TCID_{50}$的病毒液，给2～3月龄的健康幼犬肌肉注射、滴鼻或点眼接种，每日观察临床症状，测定体温。部分犬5～6天后捕杀做病理检查，部分存活犬在15天后采血测定抗犬瘟热病毒抗体效价。

5.1.3.2 结果

从12种动物的65份送检材料中分离到犬瘟热病毒9株，其中，犬6株，貉、狐、小熊猫各1株，这些毒株在细胞上均出现细胞病变，出现病变的传代次数在3～7代间。这些毒株均经过电子显微镜检查、荧光抗体检查和细胞毒力测定，有的还做了RT–PCR和动物回归实验。

5.1.3.3 小结

1.关于分离犬瘟热病毒用载体

将12种动物的65份材料应用不同的载体进行病毒分离，最终取得了9个犬瘟热病毒株。科研人员用健康犬肺巨噬细胞和发病动物的肺巨噬细胞进行病毒分离，获得了4个犬瘟热病毒株。由于肺巨噬细胞获得较难，且经常被污染，有许多多核巨噬细胞，很难与有病毒繁殖后的多核巨噬细胞相区分。科研人员试图用犬腹腔巨噬细胞作为从犬、虎、狮、小熊猫等病料中分离病毒的载体，用猫腹腔巨噬细胞作为分离虎、狮、金猫、猞猁等猫科动物病毒分离载体，但未成功。其他细胞载体用于犬瘟热病毒分离成功率不高。

2.分离犬瘟热野毒株的特征

在分离到的9株犬瘟热病毒中，其在传代细胞上形成的病变均有细胞变圆、形成多核巨噬细胞、拉网、脱落等情况，但各毒株每种病变出现的先后顺序、比例、代次和规律性也是有差别的。在动物回归实验中，有的在临床上能引起明显的发病，有的则不能。但在病理剖检上均有程度不同的变化。如从小熊猫获得的毒株仅能引起肺脏、肺部淋巴结、膀胱黏膜的少量出血，但其刺激产生中和抗体的能力，却较其他毒株强得多，经过驯化其有可能成为1株具有很好免疫原性的疫苗毒株。

3.关于分离病毒的鉴定

由于分离病毒引起细胞形态的改变不尽相同，因此，细胞形态的变化不能确定所分离病毒的种类。在电子显微镜下，副黏病毒与冠状病毒的差别是很难区分的。在免疫荧光抗体实验中，检测的特异性主要依赖于血清的纯度，而用犬制备的高免血清大多数均含有一定效价的犬冠状病毒抗体，再加上这类方法的敏感度限制，对于鉴定病毒的确切种类显然是不够的。而用RT–PCR则能准确确定病毒种类。尽管RT–PCR鉴定病毒比较可靠，但是受到所选引物的限制，目前尚不能得出分离株之间，以及分离株与标准毒株之间有多大的异同点，查明这些关系还需要进行分子水平的鉴定工作。

5.1.4　犬瘟热病毒反转录聚合酶链式反应（RT-PCR）诊断技术

根据犬瘟热病毒Onderstepoort弱毒株F基因的序列，遵循引物设计的原则，科研人员选择了能扩增F蛋白融合区部位基因片段的一对引物，位于F1蛋白的N'末端，Primer 1（P1）（位于F基因mRNA的第773 ~ 792 bp）5'-ACTTGCAGGTGTAGCTTTAGG-3'；P2（位于F基因的第1095 ~ 1075 bp）5'-AATAGGATCACGTAAACTCGG-3'。P2为病毒的基因序列。

1.细胞总RNA的分离

按照“异硫氰酸胍-酚-仿抽提分离RNA一步法”，参照Promega公司生产的细胞总RNA分离试剂盒的说明书进行细胞总RNA的分离。

2.反转录生成cDNA的第一条链

按常规方法加入P1和P2 进行反转录生成cDNA的第一条链。

3.PCR 扩增条件

科研人员对PCR循环参数和PCR反应体系中各要素用量进行了选择，最后确定PCR的循环参数为：96℃变性30 min，50℃退火1 min，72℃延伸30 s，最后延伸5 min。关于循环次数，科研人员曾每5个循环取5 μl反应液进行电泳，结果从第10个循环开始才能检出PCR产物，至第35个循环，PCR产物产量最高，因此PCR的循环次数定为35次。PCR反应体系中各要素的用量为：去离子水3 μl，10 × PCR反应缓冲液5 μl，4种dNTP 3 μl，P1和P2各1 μl，反转录产物5 μl，经100℃混合10 min后，加2 μl *Taq* DNA聚合酶（0.5 U/μl）。PCR产物的大小约320 bp，与设计的324 bp相似。

PCR产物用Pst Ⅰ 酶切后产物约280 bp，与理论上的276 bp相似。通过RT-PCR技术对犬瘟热病毒的扩增，表明这一对引物能特异性地扩增出犬瘟热病毒的F基因片段。建立起的PCR方法能检出经100倍稀释的细胞培养病毒的反转录产物，以及经10倍稀释的肝细胞和粪便总RNA的反转录产物。

从应用结果看，该方法在临床诊断中若是阳性结果，即可以确诊；若是阴性结果则暂时不能排除患病的可能。本方法与电子显微镜检查结果一致。但本方法的明显优点是，只要是阳性的，即可确诊，而电子显微镜检查仅根据病毒的形态，很难与同科的其他病毒区分。

5.2 犬瘟热病的调查

5.2.1 我国警犬犬瘟热病流行情况调查研究报告

5.2.1.1 调查方法

1.各地发生和流行犬瘟热病基本情况调查

科研人员采取到实地调查、发放调查表、电话调查、利用有关会议和犬病防治培训班进行座谈调查、记录有关临床情况、查阅病历、病料实验室检查结果记录等方式进行调查，分类统计各地犬瘟热病的流行情况、发病季节、发病率和死亡率等。

2.犬瘟热病临床调查

科研人员对2个警犬基地、2个肉犬场和2个犬病医院犬瘟热病临床病例进行调查，对本病流行规律、临床症状、病理检查结果进行分析和归纳总结。

3.感染动物种类的调查

科研人员对不同动物发生疑似犬瘟热病的病料应用电镜、血清学方法（中和实验、间接ELISA和免疫荧光实验）以及本研究组研究的犬瘟热病毒反转录聚合酶链式反应方法进行实验室检查，以查明我国感染犬瘟热病的动物种类。

4.犬瘟热中和抗体调查

科研人员采用抗体微量中和实验方法，对不同地区、不同年龄和不同免疫状态的犬进行血清学调查，分析当前我国各类犬血清中犬瘟热中和抗体水平，并分析其与犬免疫力的关系。

5.防治措施调查

科研人员对犬瘟热病采取不同防治制剂，观察记录并分析其效果。

5.2.1.2 结果

1.各地发生和流行犬瘟热病的情况

科研人员共调查了27个省区共计57个警犬、军犬基地（队）及民间宠物犬、肉用犬场，并连续3年统计了这些犬场发生和流行犬瘟热病的情况。在27个省区的57个调查统计点中，华北有4个，东北有3个，华东有7个，华南有2个，西南有4个，西北有7个；其中，有23个是警犬、军犬基地（队），34个是民间犬场。在调查统计的这3年中，有53个犬场发生了犬瘟热病，占被调查犬场数的92.98%（53/57），其中连续3年发生和流行犬瘟热病的占31.57%（18/57），隔1年流行1次的占31.57%（18/57），间隔2年以上流行的占35.84%（19/57），3年内未发病的占7%（4/57）。53个发生和流行犬瘟热的单位共计易感犬数为17216只，其中发病14584只，发病率为84.71%（14584/17216），因该病死亡和致残犬有6647只，致死（残）率为45.57%（6647/14584）。53个发病犬场3年总计发生和流行犬瘟热109次据统计，其中1～3月份发生15次，占13.76%（15/109），4～6月份发生69次，占63.30%（69/109），7～9月份发生17次，占15.59%，10～12月发生8次，占7.61%（8/109）。

2.临床病例调查结果

科研人员对公安部南昌警犬基地2次流行犬瘟热病的205只发病犬的临床观察表明，第1只犬发病后，同窝犬在1～3天内发病，该病在同群易感犬中3～7天内迅速蔓延流行，两次疫病发生的流行期持续时间都在3个月以上。科研人员对84只犬从发病到痊愈或死亡的时间做统计，其中，病程7～10天的占15.48%（13/84），10～15天的占26.19%（22/84），15～20天的占39.29%（33/84），20天以上的占19.05%（16/84）。

科研人员对42只犬发生犬瘟热后第1～3天和第7天以后的白细胞数进行了测定，结果前3天有88%（37/42）的病犬，其白细胞下降到5000/mm^3以下，7天后有69.8%（29/42）的病犬，其白细胞数上升到20000个/ mm^3以上。

科研人员对2个门诊部及4个犬场3年来6次发生犬瘟热病流行记录的1047份病例临床症状分析后发现，有78.51%（822/1047）的病犬出现呼吸系统症状，表现为咳嗽，起初为干咳，后期为湿性重咳，流黏稠至脓性鼻分泌物，带有臭味，呼吸急促，肺部听诊有湿性罗音或捻发音；有71.63%（750/1047）的病犬出现消化系统症状，表现为食欲减退或废绝，腹泻，粪便呈水样、恶臭、混有黏液和血液，严重者出现脱水症状；有30%（314/1047）的病犬出现呕吐症状；有17.48%（183/1047）的病犬出现神经症状，表现为癫痫样发作，共济失调，反射异常，或颈部强直，肌肉痉挛，多数出现咀嚼肌群的反复阵发性抽搐，每次发作数秒钟至1 min不等，有时突然倒地，口吐白沫、四肢呈游泳状，发作过后表现为疲劳，呆滞，有的突然狂奔，撕咬器物，目光凶狠，攻击人或动物。发生神经症状的病犬大多愈后不良，死亡率为92.1%以上，少数未死亡的病例症状消失后，往往遗留肢体瘫痪、麻痹。

病理学检查主要表现为呼吸道、消化道卡他性炎症，剖检381只犬瘟热病犬，有54.86%（209/381）的病犬出现典型肺部病变。这些患病犬多表现为鼻腔内有多量脓性分泌物，气管、支气管内有多量脓性分泌物，肺充血、实变，间质性肺炎，严重者可见化脓。

组织学检查32只病犬，其中，这些病犬的呼吸道上皮（71.8%）、消化道上皮（53%）、膀胱上皮（32.12%）及网状细胞（18.9%）和白细胞（15.61%）均发现嗜酸性犬瘟热包涵体。有的病犬肺泡内有脱落的上皮细胞和巨噬细胞。

3.感染动物的种类的调查与研究

科研人员利用电子显微镜技术检查了17种毛皮动物和野生动物的676份材料，从犬、貂、狐、熊、小熊猫、大熊猫、狼、狮、虎、猞猁和金猫等12种动物病料中，检出含有犬瘟热病毒的材料487份，检出率为72.04%（487/676）。应用间接ELISA、免疫荧光实验和中和实验等技术检测了8种动物158份血清，其中从犬、狐、小熊猫、虎、金猫和狼等6种动物的106份血清中检出了抗犬瘟热病毒抗体，阳性率为67.09%（106/158）。应用RT-PCR和基因探针检查了4种动物的37份材料，其中有29份呈阳性，阳性率为78.38%（29/37）。本研究证实，大熊猫、虎、狮、小熊猫、金猫、猞猁、熊和狼等动物对犬瘟热病毒易感。

4.犬瘟热中和抗体调查结果

科研人员利用犬瘟热病毒血清中和实验，对我国华东、西南、东北和华北等地区18个省份的犬进行了犬瘟热的血清学调查。结果显示，我国各地均有犬瘟热病存在，不同地区犬瘟热血清中和抗体水平高低不一；不同年龄阶段的犬血清抗体水平有明显差异；发病后康复犬均能维持较高的中和抗体效价（1：100以上）；免疫后犬的抗体水平有不同程度上升，但有的还不能达到足够的保护力，免疫失败的现象时有发生；哺乳母犬与仔犬血清中犬瘟热病毒中和抗体水平呈正相关，未吃到初乳的仔犬血清犬瘟热病毒中和抗体效价低于1：4；幼犬血清中犬瘟热病毒中和抗体效价与日龄呈负相关，到45日龄时下降到1：4以下，不能抵抗自然野毒的侵袭。

5.防治措施的调查

据调查，在被调查的57个犬场中，有38.60%（22/57）的犬场按规定的免疫程序注射了国内生产研制的犬瘟热单联苗、二联苗、三联苗、四联苗或五联苗，有38.60%（22/57）的犬场只使用了1～2次犬瘟热水剂苗（主要是肉犬场），有22.81%（13/57）的犬场没有注射犬瘟热疫苗。其中，所用的疫苗来源有华北、东北、华东和西北等地区6个教学科研单位生产的中试产品，均为复制弱毒苗或引进毒种研制的弱毒苗，从免疫效果来看，保护率均较低（不足20%）。另有7家警犬、军犬单位应用了国外引进的犬用七联

苗、五联苗等，免疫效果也不理想。

部分发生和流行犬瘟热病的单位采用了血清疗法作为本病的主要治疗方法，并结合抗菌、抗病毒以及支持疗法一起使用，有的单位试用胸腺素、转移因子等治疗方法，均具有一定的临床效果，但死亡率仍然较高，犬场及门诊治愈率平均低于65%。

5.2.1.3　小结与讨论

1.我国各地犬瘟热病流行严重

调查结果表明：我国各地都有犬瘟热病的发生和流行，且发病率、致死率很高，是当前对整个养犬业及毛皮动物养殖业发展危害最大的一种传染病，对熊猫、老虎和狮子等野生动物危害也很严重，应引起相关养殖单位的足够重视。

2.临床症状较为一致

从调查结果看，75%左右的犬瘟热病犬的临床症状主要表现为双相热型，并出现呼吸道、消化道卡他性炎症和神经症状，这与有关文献记载基本一致。从发病季节看，3～6月份本病发病率大大高于其他季节，这可能与这一季节气温较适宜病毒的繁殖和传播有关。

3.易感动物种类多

科研人员对发病动物调查发现，犬瘟热不仅在犬科动物中广泛流行，而且在貂、狐等毛皮动物以及熊猫、老虎、狮子等野生动物中发生和流行也较严重。据报道，新疆近年来发生大面积水貂犬瘟热病，因病死亡水貂达3000余只。本课题结果显示，大熊猫也会发生犬瘟热，科研人员还从中分离到病毒，这一发现属国内外首次报道。

4.血清中和抗体检测阳性率高

对387份犬血清中和抗体检测表明，我国大部分地区成年犬血清中和抗体水平较高，阳性率达73.13%。

5.现用疫苗效果不理想

目前，国内各养犬单位使用的各种犬瘟热疫苗效果均不理想。这主要是疫苗质量达不到要求，大部分是复制苗，其免疫原性不强，不能使免疫犬产生足够的保护抗体。再者就是保管运输不符合要求，初免时机掌握得不好，受母源抗体干扰等因素，也会使免疫效果受到严重影响。此外，变异的强毒株可能是造成各地大面积流行犬瘟热病的原因，这有待进一步的研究。

基于以上原因，尽快组织研制高效、安全、稳定的犬瘟热疫苗是满足国内养犬业实际工作的迫切需要。

5.2.2 我国犬瘟热病毒的生态学调查

犬瘟热病毒是副黏病毒科麻疹病毒属的成员。按照1995年国际病毒分类委员会（ICTV）第六次报告，它包含7个成员，其中有3个成员是近10年来被新发现的，即海豹瘟热病毒（phocine distemper virus，PDV）、海豚瘟热病毒（dolphin distemper virus，DDV）和鼠海豚瘟热病毒（porpoise distemper virus，PMV），这3个新成员均来自水生哺乳动物。不仅如此，人们还发现犬瘟热病毒的感染范围也在不断地扩大，或者说人们又发现了犬瘟热病毒的许多新宿主，如狮、虎、豹、西猫、日本猕猴和人。此外，引起贝尔加湖海豹致死性感染的海豹瘟热病毒Ⅱ型（PDV2）也被认为是犬瘟热病毒。通过对中国犬瘟热病毒野毒株部分融合蛋白基因的序列分析，科研人员发现它们之间的同源性在93%以上，也就是说犬瘟热病毒能引起水生哺乳动物的死亡。

在我国，人们早已知道犬瘟病毒能感染貂、狐和貉等毛皮动物，而且它曾给许多饲养场带来了灭顶之灾，给从事毛皮动物饲养、繁殖和疫病防治的工作者留下了深刻的印象。因此，科研人员对我国犬瘟热病毒流行情况进行了生态学调查。

5.2.2.1 材料和方法

1.病料及血清

自1985年以来，科研人员先后收到毛皮动物和野生动物等的送检材料共656份（其中犬398份、貂65份、貉21份、狐78份、熊5份、浣熊1份、小熊猫6份、大熊猫3份、狼12份、狮6份、虎27份、豹18份、金猫4份、猞猁5份、鹿2份、熊狸1份、水豚4份）；收到各种动物血清共计158份（其中犬87份、狐31份、小熊猫6份、虎14份、金猫4份、狼12份、大袋鼠1份、鹿3份）。

2.电子显微镜检查法

将病料用研磨器研碎，用PBS液稀释成10倍悬浮液，经4000 r/min离心30 min，取上清液用200目铜网蘸取，经磷钨酸染色后进行电子显微镜观察。

3.其他检查

对样品的其他检查包括免疫荧光抗体技术检查，免疫酶标法或间接ELISA法检查，中和实验检查以及RT-PCR和基因探针检查。

5.2.2.2 结果

1.电子显微镜检查结果

表5–7 电子显微镜结果

动物种类	犬	貂	貉	狐	熊	浣熊	小熊猫	大熊猫	狼	狮	虎	豹	金猫	猞猁	鹿	熊狸	水豚
检查总数	398	65	21	78	5	1	6	3	12	6	27	18	4	5	2	1	4
阳性数	328	51	17	63	2	0	4	2	5	2	8	0	2	3	0	0	0

从表5–7中可以看出，科研人员检查17种动物的656份材料中，从犬、貉、狐、熊、小熊猫、大熊猫、狼、貂、虎、狮、金猫和猞猁等12种动物中检出阳性材料487份。而有5种动物的材料未检出犬瘟热病毒。

2.动物血清中犬瘟热病毒抗体的检查结果

表5–8 其他检查检查结果

动物名称	免疫荧光	免疫酶标	间接ELISA	中和实验	总数
犬	13/18	26/35	41/60	18/25	62/87
狐	7/11	5/8	17/23	5/7	22/31
小熊猫	—	—	4/6	—	4/6
虎	—	—	8/14	—	8/14
金猫	—	—	2/4	—	2/4
狼	—	—	8/12	—	8/12
大袋鼠	—	—	0/1	—	0/1
鹿	—	—	0/3	—	0/3

科研人员用4种免疫学方法检查8种动物的158份血清样品（表5–8），其中犬、狐、小熊猫、虎、金猫、狼等6种动物的106份血清为阳性，大袋鼠的1份血清和鹿的3份血清检查结果均为阴性。

3.犬瘟热病毒核酸检查结果

表5-9　4个物种的RT-PCR和基因探针检查结果

动物名称	RT-PCR	基因探针	总数
犬	20/24	5/6	20/24
狐	5/8	—	5/8
大熊猫	2/3	—	2/3
小熊猫	2/2	—	2/2

科研人员用RT-PCR和基因探针检查4种动物的37份病料中的犬瘟热病毒（**表5-9**），检出29份阳性个体。

5.2.2.3　小结

1.病毒生态学

生态学是研究生物与所处环境相互关系的一门科学，其特点是运用层次观和系统论的方法，从微观到宏观的各个方面认识生物和环境。生态学发展到今天已成为一个学科群，拥有上百个分科，各个分科彼此联系，但又有各自的理论和方法。病毒生态学是生态学的一个分科，目前尚没有一个能确切表达其含义的概念，但它至少应包括病毒本身、病毒生存繁殖的环境及病毒与环境之间的关系。本研究仅对病毒生态学的宿主问题进行了初步探讨，其他方面的特性有待进一步研究。

2.犬瘟热病毒的生态宿主

近年来，由于人们逐渐发现了犬瘟热病毒的许多新宿主，使犬瘟热病毒的生态学研究成为一个热点问题，如科研人员从患Paget's疾病的病人组织中检出犬瘟热病毒核酸，这使得犬瘟热病有可能成为犬传播给人的第二种疫病，该研究发现引起了医学界的密切关注。

科研人员在犬瘟热的研究和临床诊断中，曾对全国许多动物园和特种动物饲养场的17种动物的病料，应用电子显微技术、免疫学诊断技术和核酸检测技术，从犬、貂、貉、狐、熊、小熊猫、大熊猫、狼、狮、虎、金猫和猞猁等12种动物的病料中检出了犬瘟热病毒，大熊猫犬瘟热病毒的致死性感染是国内外的首次证实，小熊猫犬瘟热病毒的感染仅见于日本同一学者的2次报道，狮、虎等犬瘟热的感染也是近几年才引起重视的，我国的金猫、猞猁、熊和狼等野生动物能被犬瘟热病毒感染也是首次证实。因此，本课题组的研究填补了我国犬瘟热病毒生态学研究的空白，为开展这些野生动物的犬瘟热病防治研究提供了依据。

5.2.3 犬瘟热病毒基因序列测定

5.2.3.1 引物

科研人员对GenBank中已有的犬瘟热病毒F基因、H基因和L基因的保守序列分析后，设计合成了8 条引物（见表5–10）。

表5–10 8条引物序列及其在犬瘟热病毒mRNA上的位置

引物	位置	序列（5'→ 3'）
P1	F (2051 ~ 2067)	AAATCCTATGTGAGATC
P2	H (635 ~ 616)	TAATGAGACTGATAGGGGGA
P3	H (436 ~ 455)	GCATTAACCCGCCTAGTAAG
P4	H (1013 ~ 994)	AATGTGATCCATAGGTGTTG
P5	H (901 ~ 920)	CCTTGTGTGTAGAAGAGAGC
P6	H (661 ~ 1642)	ATAAGAAATCGTCCGGATTG
P7	H (1599 ~ 1618)	ATATCCCGGGGCGATCATGC
P8	L (74 ~ 56)	ATCTAGATGGACCTCAGGG

5.2.3.2 RT反应

取提取的总RNA 2 μg，加入RT反应液（50 mmol/L Tris–HCl，pH=8.3，室温，50 mmol/L KCl，10 mmol/L $MgCl_2$，10 mmol/L DTT，0. 25 U/μl AMV反转录酶，0.5 mmol/L dNTP，1 U/μl RNA酶抑制剂，1 μmol/L引物P1或P5）20 μl，于42℃反应1 ~ 1.5 h。

5.2.3.3 PCR反应

取RT产物2 μl，加入扩增反应液（0.2 mmol/L dNTP，50 mmol/L KCl，2.5 mmol/L $MgCl_2$，10 mmol/L Tris–HCl，pH=8.3，室温，0.01%明胶，上游引物1 μmol/L，下游引物1 μmol/L，0.03 U/μl *Taq*酶）48 μl。PCR反应条件：94℃变性30 s，52℃退火50 s，72℃延伸60 s，共35个循环。扩增产物用1.5%琼脂糖凝胶电泳检测。PCR使用的引物配对是P1–P2、P3–P4、P5–P6、P7–P8，依次对应的反转录所使用引物分别是P1、P1、P5和P5。

5.2.3.4 PCR产物测序

PCR产物的纯化，按购自日本宝生物工程公司（大连）的PCR Fragment Recovery Kit使用说明书操作；纯化的PCR产物序列测定，由日本宝生物工程公司（大连）完成。

5.2.3.5 基因的序列测定结果

将基因的4个PCR片段所测序列拼接后，得到1个由2180个核苷酸组成的基因序列，去掉侧翼的F基因3'端和L基因5'端序列，得到H蛋白的全基因序列。H蛋白基因全长为1946 bp，开放阅读框架始于第21～23位的ATG，终止于第1842～1844位的TGA，编码607个氨基酸。

1AGGGCTCAGGTAGTCCAACAATGCTCTCCTACCAAGATAAGGTGGGTGCCTTCTATAAGGATAATGCAAGAGCTAATTTATCCAAGCTGT

91CCTTAGTGACAGAAGAGCAAGGGGGCAGGAGACCACCCTATTTGCTGTTTGTCCTTCTCATCCTACTGGTTGGAATCCTGGCTTTGCTTG

181CTATCACTGGAGTCCGATTTCACCAGGTATCAATTAGCAATATGGAATTTAGCAGATTGTTGAAAGAGGATATGGAGAAATCAGATGCCG

271TACATCACCAAGTCATAGATGTCTTGACACCGCTCTTCAAAATTATCGGAGATGAGATTGGGTCACGGTTGCCACAAAAACTAAACGAGA

361TCAAACAATTTATCCTTCAAAAGACTAACTTCTTCAATCCGAACAAGGAATTCGACTTCCGCGATCTCCACTGGTGCATTAACCCGCCTA

451GTAAGGTCAAGGTGAATTTTACTAATTACTGTGATACAATTGGGATCAGAAAATCCATTGCATTGGCAGCAAATCCCATCCTTTTGTCAG

541CACTCTCCGGAGGCAGAAGTGACATATTCCCACCACACAGATGCAGTGGAGCTACTACTTCAGTAGGCAAATCTTTCCCTCTATCAGTAT

631CATTATCCATGTCTTTGATCTCAAGAACTTCAGAGATAATCAATATGCTGACCTCTATCTCAGACGGAGTGTATGGTAAAACTTATTTGC

721TAGTGCCTGATTATATTGAAGGGGAGTTCGACACGCAAAAGATTCGAGTCTTTGAGATAGGGTTCATCAAAAGGTGGCTGAATGACATGC

811CATTATTCCAGACAACCAACTATATGATCCTCCCGGAGAATTCTAAAACCAAGGTATGTACTATAGCAGTGGGAGAGTTGATACTGGCTT

901CCTTGTGTGTAGAAGAGAGCACCGTATTATTATATCATGACAGCAATGGTTCACAAGGTGGTATTCTAGTAGTGACGCTAGGAATCTTTG

991GGGCAACACCTATGGATCAAGTCGAAGAGGTGATACCTGTCGCTCACCCATCAGTCAAAAAAATACATATAACAAATCACCGTGGTTTCA

1081TAAAAGATTCAGTAGCAACCTGGATGGTGCCTGCATTGGTCTCTGAGAACCTAGAGGAACAAAAAAATTGTCTGGAGTCGGCTTGTCAAA

1171GAAAATCCTACCCTATGTGCAACCAAACATCATGGGAACCCTTTGGAGGAGGACA

GTTGCCATCTTATGGGCGGTTGACGTTACCTCTAG

1261ATGCAAGCATTGACCGTCAACTTAACATATCATTTACGTACGGTCCGGTTATACTGAATGGAGATGGTATGGATTATTATGAAAGCCCAC

1351TTTTGGACTCCGGATGGCTTACCATTCCTCCTAAGAATGGAACAATTCTTGGATTGATAAACAAAGCAAGTAGAGGAGACCAGTTCACTG

1441TGATCCCTCATGTGTTGTCATTTGCGCCCAGGGAATCAAGTGGAAACTGTTATTTACCTATTCAAACATCTCAGATTATGGATAAAGATG

1531TCCTTACTGAGTCCAATTTAGTTGTGTTGCCTACACAGAATTTTAGATATGTCATAGCAACATATGATATATCCCGGGGCGATCATGCGA

1621TTGTTTATTATGTTTATGACCCAATCCGGACGATTTCTTATACGTACCCATTTCGACTAACTACCAAGGGTAGACCTGATTTCCTAAGGA

1711TTGAATGTTTTGTGTGGGATGACGATCTGTGGTGTCACCAATTTTACAGATTCGAGGCTGACATCACCAACTCTACAACCAGTGTTGAGA

1801ATTTAGTCCGTATAAGATTCTCATGTAACCGTTCAAAACCTTGACAGTATGATGATACACATCTCAATTGGACTTAGATATGATGACTGT

1891GGTGAGAAATCCCTTACTGACTATTGAATTAAACCATCTCCAGCATTATAAAAAAA

5.3 筛选并驯化犬瘟热病弱毒疫苗株

5.3.1 犬瘟热病毒小熊猫株的驯化致弱及其免疫研究

犬瘟热病毒呈世界性分布，其自然感染宿主众多，以可进行种间传播，犬瘟热病的预防主要是以接种弱毒疫苗进行主动免疫。目前，国内使用的犬瘟热弱毒疫苗有的是从国外进口的、有的是进口产品的复制品。进口疫苗价格昂贵，且免疫接种犬仍有发病的可能。国内生产疫苗的种毒来源及其背景不清，经过多次传代后，已超出作为疫苗种毒所限定的代次，免疫原性可能减弱或发生变化。因此，无论是用进口疫苗还是用其复制品预防犬瘟热病，虽然有一定的效果，但都不能彻底控制犬瘟热病的发生和流行。用犬腹腔巨噬细胞复壮的犬瘟热病毒（R-20/8）弱毒株，其免疫力和保护率虽然较原复制品有所提高，但保护率也只有90%。鉴于上述原因，培育更适合我国预防犬瘟热病毒流行且保护力强的犬瘟热病毒疫苗弱毒株显得尤为重要。为此，科研人员对分离的犬瘟热病毒小熊猫株（LP）低代强毒（LPV_9）进行了驯化致弱及其免疫研究。

5.3.1.1 材料与方法

1.病毒

LPV_9是犬瘟热病毒LP株的第9代MDCK细胞培养物，是1株免疫原性强的强毒株，用于驯化致弱及免疫原性实验；CDV R-20/8株为犬瘟热疫苗弱毒复壮株，作为免疫原性实验的弱毒对照株。

2.传代细胞和实验动物

MDCK细胞、CRFK细胞及Vero细胞均按常规方法传代培养；实验动物为2～3月龄健康犬，其血清中抗犬瘟热病毒中和抗体效价低于1：2。

3.中和实验和RT-PCR检查

中和实验和RT-PCR检查按照常规方法进行。

4.蚀斑克隆

采用同步接毒方法，先将LPV_{60}株（LPV_9连续传51代）接种Vero细胞，10 h后加入第1层营养琼脂（含20 ml/L牛血清，10 g/L琼脂，无酚红的DMEM培养基，pH=7.2）继续培养；培养到第5天时，加入1/4体积的第2层营养琼脂染色（含20 ml/L牛血清，10 g/L琼脂、6 g/L中性红，8 g/L胰酶，无酚红的DMEM培养基，pH=7.2）；至第6天时便形成肉眼可见的蚀斑。

5.LPV_9株的传代驯化

取待驯化的LPV_9，按体积5%同步接种MDCK细胞，置于37℃静置培养5天，待75%以上细胞出现融合性或拉网状等细胞病变时，冻融收毒，一部分置于-80℃保存，一部分按上述方法再次同步接种MDCK细胞，于37℃静置培养、收毒，如此传21代，即为LPV_{30}。按照上述方法再接着用CRFK细胞培养20代，即为LPV_{50}，再用Vero细胞培养10代（LPV_{60}）后，通过蚀斑克隆病毒，然后经24孔细胞培养板扩大培养，重复克隆2次，在Vero细胞上传代至总代次为70代（LPV_{70}），置-80℃保存待检。

6.驯化毒致弱程度鉴定

科研人员分别用30代、50代、70代传代毒，各接种5只犬，每只犬滴鼻2×10^6 $TCID_{50}$，肌肉注射8×10^6 $TCID_{50}$，共1×10^7 $TCID_{50}$，另设不接种的对照组，隔离饲养，每日观察犬的精神、食欲、体温与粪便情况。科研人员于接种当天和第7天进行血液白细胞总数检查，

比较白细胞总数的变化，同时在接种的第7天每组各捕杀2只犬做病理解剖学检查及RT-PCR检查，余者观察至第21天。

7.免疫原性实验

选取健康幼犬25只，随机分为5组，每组5只。第1～3组犬分别接种LPV_{70} 1×10^5 $TCID_{50}$、1×10^4 $TCID_{50}$和1×10^3 $TCID_{50}$，第4组接种CDV R-20/8株1×10^4 $TCID_{50}$，第5组不接种作为对照。隔离饲养观察，于接种的当天和第14天采血测定犬瘟热病毒中和抗体效价，并于第14天对每只犬用强毒CDV LPV_9 1×10^7 $TCID_{50}$攻毒，观察至第28天，记录攻毒后犬发病和死亡的情况。

8.遗传稳定性实验

Vero细胞传代实验：将LPV_{70}在Vero细胞上连续传20代，进行安全性和免疫原性实验（后者只做1×10^4 $TCID_{50}$接种量）。

易感犬传代实验：选取健康幼犬8只，随机分为2组，每组4只，第1组为实验组，每只犬接种LPV_{70} 1×10^4 $TCID_{50}$，第2组不接种作为对照。隔离观察，于接种后第7天捕杀实验组中的2只犬，取肺淋巴结和肠系膜淋巴结，经RT-PCR检查和病毒分离检查均为犬瘟热病毒感染阳性，将其制成1：10的乳剂，再次接种健康幼犬4只，每头犬滴鼻5 ml，肌肉注射15 ml，隔离饲养观察，余者继续观察至第21天。如此连续传5代，分别回收各代次病毒进行安全性和免疫原性实验（后者只做1×10^4 $TCID_{50}$接种量）。

5.3.1.2　结果

1.传代驯化

LPV_9经MDCK细胞、CRFK细胞和Vero细胞分别传21代、20代和20代，其细胞克隆形成率（CFE）十分显著。

2.致弱程度鉴定

接种LPV_{30}的犬，于接种后第5～9天全部发病，表现为体温升高，精神沉郁，鼻镜干燥、食欲减退，但未死亡；白细胞总数减少，肺出血，肠黏膜出现炎性反应，肺泡间隔明显增厚；RT-PCR检查肝、脾、肺、肠系膜淋巴结、膀胱均为阳性。接种LPV_{50}的犬出现一过性体温反应，食欲稍减；白细胞总数减少，未见明显的剖检变化，部分肺泡间隔增厚；RT-PCR检查肝、脾、肺、肠系膜淋巴结、膀胱均为阳性。接种LPV_{70}的犬观察21天，临床表现、病理剖检和病理组织学检查均未发现任何异常，白细胞总数也在正常范围内；RT-PCR检查，仅肺淋巴结、肠系膜淋巴结为阳性。对照组的各项检查均未发现异常；RT-PCR检查各组织均为阴性。

3.免疫原性实验

接种不同剂量LPV_{70}和CDV R-20/8株幼犬的血清中和抗体效价及攻毒结果见**表5-11**。

表5-11　免疫原性实验结果

组别	接种弱毒	犬数	接种量	血清中和抗体平均效价	攻毒结果	
					发病	死亡
1	LPV_{70}	5	1×10^5 $TCID_{50}$	1∶280（1∶120～360）	0/5	0/5
2	LPV_{70}	5	1×10^4 $TCID_{50}$	1∶400（1∶120～240）	0/5	0/5
3	LPV_{70}	5	1×10^3 $TCID_{50}$	1∶60（1∶40～120）	2/5	0/5
4	CDV R-20/8	5	1×10^4 $TCID_{50}$	1∶100（1∶80～160）	1/5	0/5
5	对照	5	未接种	＜1∶2	5/5	1/5

4.遗传稳定性实验

LPV_{70}经Vero细胞传20代后，给5只健康幼犬接种，未出现犬瘟热病临床症状，白细胞总数正常，血清中和抗体效价为1∶120～180，剖检未发现异常，攻毒后犬未发病也没有死亡。LPV_{70}经犬传5代，每代在接种第7天，白细胞正常，捕杀2只，剖检均未发现异常变化，其肺淋巴结和肠系膜淋巴结样品经RT-PCR检测均为阳性，并分离回收到病毒；另有2只犬观察到第21天也未见异常。对照组的犬在实验期间表现正常。LPV_{70}经犬传5代，分离回收病毒，接种5只犬，其临床症状、白细胞总数及病理剖检均无异常，血清中和抗体效价为1∶160～240，攻毒后全部保护，这表明LPV_{70}的免疫原性、安全性与经犬传代前相比无明显改变。

5.3.1.3　小结

1.LP株的驯化致弱

病毒驯化致弱可通过细胞、鸡胚或动物反复传代进行。本实验利用MDCK细胞、CRFK细胞和Vero细胞交叉传代的方法，对LPV_9株驯化致弱，每传20代进行1次安全性检测，传至第70代时，获得1株对幼犬无致病性的犬瘟热病毒驯化致弱株。该方法较鸡胚和实验动物传代简便，实验条件易控制，是犬瘟热病毒驯化致弱的优选方法。

2.免疫原性

病毒的免疫原性可通过其刺激动物机体产生体液免疫和细胞免疫，免疫应答水平可直接用强毒攻击后产生的免疫保护率来衡量。攻毒用的强毒最好不用待测病毒致弱前的低代毒。但因我国犬瘟热病毒种毒保存很少，更缺乏背景清楚的强、弱毒标准株，且LP株是经

本实验室分离、背景清楚且经过系统鉴定的毒株，其低代毒是目前能够用于实验的最好强毒株，所以应用其低代毒LPV_9作为攻毒实验的强毒。每只犬按照1×10^4 $TCID_{50}$接种量接种LPV_{70}和弱毒复壮株CDV R-20/8后，其中和抗体效价分别为1：120和1：80以上，用LPV_9攻毒以后，保护率分别为100%（5/5）和80%（4/5）。尽管攻毒用的是接种毒的低代毒，但LPV_{70}刺激幼犬产生的中和抗体效价均大于1：100的完全保护价。而接种CDV R-20/8株的犬中和抗体效价则低于1：100。因此，从体液免疫的角度来看，攻毒实验的结果还是比较客观的，即驯化致弱的LPV_{70}的免疫原性要优于CDV R-20/8株。

3.LPV_{70}的遗传稳定性

将LPV_{70}连续在Vero细胞传代20次后，其免疫原性基本不变，对接种犬依然无致病性。在LPV_{70}接种幼犬的连续传代过程中，鉴于犬瘟热病毒的潜伏期为3～5天，以及动物机体的免疫应答时间，我们于接种后第7天捕杀部分犬。同时，我们对捕杀犬的相关组织采用RT-PCR检测，结果显示，只有肺淋巴结和肠系膜淋巴结为阳性，而且能从中分离到病毒；用捕杀犬的肺淋巴结和肠系膜淋巴结制备成病毒悬液，继续用幼犬传代，连续传代5次后，从动物体内分离回收的病毒的免疫原性及安全性实验结果表明，致弱的LPV_{70}的遗传稳定性良好。

4.犬瘟热病毒驯化致弱的意义

目前，预防犬瘟热病主要是接种弱毒疫苗。我国使用的弱毒疫苗或直接从国外进口，费用较高；或是国外疫苗的复制品，种毒的背景不清。另外，国际上也常有免疫犬仍发生犬瘟热的报道，排除免疫失败的因素，这也可能是犬瘟热病毒流行株发生变异所造成。鉴于上述原因，我们对分离的犬瘟热病毒LP株进行传代驯化，获得了对幼犬无致病性，且免疫原性好、能稳定遗传的弱毒疫苗候选株，为我国自行研制拥有自主知识产权的犬瘟热弱毒疫苗奠定了良好的基础。

5.3.2 犬瘟热驯化弱毒株弱毒疫苗的免疫实验

犬瘟热病是犬的一种烈性传染病，发病率、致死率高。为了有效地预防该病的发生，本课题组研制出了犬瘟热弱毒疫苗。为了摸索出该弱毒疫苗的最佳免疫程序，探讨不同免疫剂量及不同免疫年龄对犬的免疫效果，证实和评价该疫苗的安全性及免疫效果，科研人员特进行了以下实验。

5.3.2.1 材料与方法

1.犬瘟热疫苗

中国人民解放军军事医学科学院军事兽医研究所研制的犬瘟热弱毒冻干苗CDV/R，批号为98010306，系已临床应用的中试产品。该产品用含2%新生犊牛血清的E-MEM营养液稀释，经透析后置-30℃待用。

2.犬瘟热弱毒

日本引进的犬瘟热弱毒株，同步接种于Vero细胞，37℃培养24 h后换液1次，然后转33℃培养3～5天，待75%的细胞出现病变时，冻融收毒，保存于-20℃冰箱中备用。选取毒力为$10^{4.5}$ $TCID_{50}$的弱毒用于中和实验。

3.犬瘟热强毒

该强毒由中国人民解放军军事医学科学院军事兽医研究所提供的LP CDV细胞所培养，毒力为10^{6} $TCID_{50}$，攻毒用。

4.细胞与培养

实验所用的细胞为中国兽药监察所引进的无支原体与外源病毒的Vero细胞F6株细胞系，按常规方法进行培养。

5.对照血清

阳性对照血清为科研人员已制备的犬瘟热病毒高免血清，中和效价为1：256；阴性对照血清为已保存的健康犬血清。

6.其他

小牛血清购自哈尔滨某生物制品公司，MEM为日本进口的培养细胞用营养粉剂， 每瓶100 g，按说明配制使用。其他常规试剂均购自当地化学试剂供应站。

7.实验动物及分组

实验用犬购自非疫区的无犬瘟热病史的健康幼犬，均为35～90日龄，共50只，公母不限。实验前用盐酸左旋咪唑按10 mg/kg剂量口服驱虫1次。每日测量体温，观察其精神、食欲和粪便等1周，并做详细记录，确定健康者作为实验犬，接种疫苗前，静脉抽血分离血清，测定其血清犬瘟热病毒中和抗体效价，并分为若干组。

（1）免疫原性及免疫剂量组

选20只幼犬，随机分成5组，每组4只，第1～4组每只犬分别接种CDV R-20/8 $10^{5.0}$ $TCID_{50}$、$10^{4.0}$ $TCID_{50}$、$10^{3.0}$ $TCID_{50}$和$10^{2.5}$ $TCID_{50}$。第5组不接种作为对照组。第3次接种后第22天，用强毒对所有犬滴鼻攻毒，逐日观察21天。以能保护90%实验犬的CDV R-20/8最低用量为最小免疫剂量，此时的抗体效价为其最低血清中和抗体保护价。

（2）安全性实验组

选4只45～90日龄的幼犬，每只犬用正常接种量的10倍（10剂量）分别于静脉和皮下各注射5剂量。另以免疫程序组中第4组作对照，每天观察犬的精神、食欲、体温和粪便状况，并于第21天全部捕杀，进行病理学与组织学检查。

（3）免疫程序实验组

选用16只70～90日龄的幼犬，随机分成4组，每组4只。第1、2、3组分别以1周、2周和3周为间隔，以每次1个免疫剂量连续接种3次犬瘟热弱毒疫苗，第4组不注射疫苗，分别测定其血清中和抗体效价。

8.免疫期实验

利用免疫程序实验组中的6只实验犬进行免疫期实验。在免疫程序实验结束后，继续于第60天、第90天、第180天、第250天和第360天，分别测定犬瘟热病毒中和抗体效价，以保持最低抗体保护价的最长时间为免疫期。

9.血清样品的采集及处理

科研人员分别于免疫前、首免后1周、2周、3周、4周、2个月、3个月、4个月、5个月和6个月无菌静脉采血，以3000 r/min离心10 min分离血清，用生理盐水作9倍稀释后，56℃ 30 min灭活，然后滤过除菌，置于−20℃备用。

5.3.2.2 结果

1.安全性观察

按正常接种量的10倍接种4只幼犬，观察21天，与2只未接种的对照犬一样，未见任何犬瘟热病临床症状，剖检未发现任何病理变化。

2.免疫原性及免疫剂量实验

接种10^5 $TCID_{50}$和10^4 $TCID_{50}$的CDV R−20/8的第1、2组8只实验犬，其血清中和抗体效价于21天后由接种前的小于1∶10上升到1∶40以上，最高的达1∶512，用犬瘟热病毒强毒攻毒后，观察21天未见异常，接种10^3 $TCID_{50}$和$10^{2.5}$ $TCID_{50}$的CDV R−20/8的第3、4组8只幼犬第21天后，血清中和抗体效价上升到平均1∶28（1∶10～50），用犬瘟热强毒攻毒后，3只犬呈现典型的犬瘟热病临床症状（其中第3组1只，第4组2只），死亡1只，另外5只犬正常。第5组4只犬未进行疫苗免疫，其血清中和抗体效价始终在1∶10以下，用犬瘟热强毒攻毒后，4只犬全部发病，出现典型的临床症状，表现为呼吸道、消化道卡他性炎症，眼结膜炎和神经症状等。剖检死亡的3只犬发现其主要病理变化为：皮下脱水，浆膜、黏膜苍白，胸腺萎缩、出血，肺可见新鲜或陈旧性出血点和水肿，心肌肿胀，右心室扩张、衰竭。其中1只犬脑组织不同区域、不同程度瘀血、出血，脑垂体、海马回及延髓出血严重，脾、肠系膜淋巴结微肿、出血，肠各段不同程度出血、水肿，肾呈紫红色、肿大、被膜不易剥离。

3.免疫程序实验

免疫前各组犬的血清中和抗体效价均在1∶10以下。免疫后第7天，各组犬血清中和抗体效价仍在1：10以下。免疫后第14天，第1组1只犬，第2组和第3组各有2只犬，其血清中和抗体效价高于1：20。免疫后第21天，第1组有1只犬，第2组有2只犬，第3组有3只犬，其血清中和抗体效价高于1：40。免疫后第35天，第1组有3只犬，第2组有4只犬，第3组有4只犬，其血清中和抗体效价高于1：160，最高者达1：640（3/12），平均达1：220。而未注射疫苗的对照组，其血清中和抗体效价始终低于1：10。

4.免疫期实验

用免疫程序实验组中的第2组4只，第3组2只，共6只实验犬，于实验60天后，分别于第90天、第180天、第250天和第360天，测定其血清中和抗体效价，结果360天后平均效价仍在1：50以上，其中，有2只达1：160，4只达1：80。

5.3.2.3 小结

该疫苗安全性良好，接种后所有实验犬均未见发生任何毒副作用。

该疫苗免疫原性良好，接种最低剂量为10^4 $TCID_{50}$，能产生良好的保护效果。攻毒实验证明，当犬体内血清中和抗抗体效价达到1：20时，即可使犬受到良好保护。

免疫程序实验证明：当犬血清中和抗体效价在1：10以下，以2～3周为间隔，连续接种3次，效果最佳。

该疫苗免疫期至少能达1年。

从本实验结果看，随着免疫剂量的增加，血清中和抗体效价上升的速度和幅度不断加快和增大，当免疫剂量为$10^{2.5}$ $TCID_{50}$时，其血清中和抗体效价上升较慢，于免疫后第21天，才有50%（2/4）达到1：20以上，攻毒实验的保护率为50%。当免疫剂量达到10^3 $TCID_{50}$时，其血清中和抗体效价达到1：20的有75%（3/4），攻毒实验保护率为75%（3/4）。而免疫剂量为10^4 $TCID_{50}$和10^5 $TCID_{50}$的两个免疫组8只犬血清中和效价在免疫后21天达到1：40以上，攻毒实验保护率100%（8/8）。这证明在一定范围内，免疫剂量越大，免疫应答越强，而免疫剂量过小，其免疫应答则相应弱，免疫效果差。至于免疫剂量过大是否会引起免疫耐受性，本实验未进行进一步实验，该问题还有待研究。在实际临床应用时，免疫剂量应达到10^4 $TCID_{50}$，以保证免疫效果。

本实验以1周、2周和3周为间隔连续3次免疫。结果显示，间隔1周免疫的犬，其血清中和抗体效价上升较慢，上升的幅度也较小，而以2周、3周为间隔进行免疫的实验组，其血清中和抗体效价明显高于第1组（间隔1周免疫）。这两组组抗体产生的时间、上升的速度和幅度等方面高于第1组，且这两个组的抗体水平均没有明显的差别。通常，动物对抗原刺激的应答，短时间内连续免疫只能起到大剂量初次免疫的效果，如想获得回忆免疫应答效果，两次免疫的间隔不应少于10天。

关于免疫接种时机的选择经研究表明，经由胎盘转移的免疫球蛋白仅占幼犬体内免疫球蛋白量的5%～10%，而90%～95%的免疫球蛋白来源于初乳。犬的免疫系统需在出生后6～8周龄时才逐渐成熟。科研人员在实验中发现，4只幼犬35日龄时进行第1次免疫，21天后测血清中和抗体效价，上升不明显，仅在1：10左右，而4只8周龄幼犬免疫后第21天，其血清中和抗体效价上升至1：50～256之间，两组差异明显。上面两组免疫效果不同，主要原因一是35日龄时，其母源抗体水平较高，足以干扰抗体的形成。二是幼犬免疫系统尚未发育成熟，不能有效地产生免疫应答。这一结果与国外研究报道的一致。为了提高免疫效果，科研人员建议在该疫苗运用时，最好在幼犬6～8周龄接种第1次，以后间隔2～3周再连续接种2次。大型养犬场如有条件，最好能检测犬群中的母源抗体水平，当幼犬血清中和抗体效价在1：10以下时接种为宜。

5.3.3　6种犬瘟热疫苗的免疫效果比较实验研究

我国目前用于预防犬瘟热的疫苗有多种，既有国内研制生产的，也有国外引进的；既有弱毒疫苗，也有灭活疫苗。但国内生产的大多为中试产品，临床应用效果不一。为了进一步证明和评价几种犬瘟热疫苗的效果，科研人员选用了6种犬瘟热疫苗分别在昆明和南昌进行免疫效果的比较实验研究，现将研究结果报告于下。

5.3.3.1　材料与方法

1.疫苗

实验用犬瘟热疫苗共6种，分别编号为A、B、C、D、E和F。A疫苗为引进的犬瘟热弱毒疫苗种毒株经8代复壮后的疫苗种毒培养的弱毒疫苗，该疫苗为本研究组生产的中试产品。B疫苗为西北某单位研制的犬瘟热弱毒疫苗，为中试产品。C疫苗为华东某单位用分离获得的犬瘟热病毒强毒LPCD208株，经培养其毒价为10^6 $TCID_{50}$，用0.1%的福尔马林灭活制备的犬瘟热灭活疫苗。D疫苗为西南某科研单位用犬瘟热病犬中期病料，用BEI（二乙烯亚胺）灭活后制备的病毒组织灭活疫苗。E疫苗为引进的犬瘟热和犬细小病毒二联弱毒疫苗（荷兰英特威公司生产的商品疫苗）。F疫苗为中国农业科学院哈尔滨兽医研究所生产的犬瘟热弱毒疫苗。

2.犬瘟热强毒

LPCD208株是从死亡小熊猫病料中所分离到的一株强毒。

3.实验动物

实验动物为2～3月龄的犬瘟热病毒易感犬。实验前先观察1周，检查其精神、食欲、粪便和体温等，无任何异常者用于实验，并按10 mg /kg体重剂量用盐酸左旋咪唑驱虫。科研人员对实验犬在接种疫苗前静脉抽血，分离血清，测定犬瘟热病毒中和抗体效价。

4.免疫效果实验

选2～3月龄的犬瘟热病毒易感犬65只，分为7组，第1～6组为实验组，每组10只犬，分别用A、B、C、D、E和F6种疫苗按使用说明接种，第7组5只犬不接种疫苗，作为对照组。以上各组犬以组为单位隔离饲养，并分别于接种最后一次疫苗后的第14天、第21天采血作犬瘟热病毒中和抗体效价测定实验。第21天采血后，所有犬均肌肉注射LPCD208强毒2 ml（其毒力为10^6 $TCID_{50}$）观察15天，每天记录其精神、食欲、粪便、体温和其他症状，判定各种疫苗的保护效果。

5.3.3.2 结果

各组犬接种疫苗以前，其血清犬瘟热病毒中和抗体效价均在1：10以下。接种后第14天，第21天分别采血，测定血清中犬瘟热病毒中和抗体效价，结果见表5-12和图5-3。

表5-12 6种犬瘟热疫苗接种免疫效果对比结果

组别	疫苗代号	疫苗名称	犬数	免疫次数	免疫前血清中和抗体效价	第14天血清中和抗体效价	第21天血清中和抗体效价	备注
1	A	复壮弱毒疫苗	10	2	<1：10	1：160（1：80～320）	1：185（1：80～640）	第1组接种后第5天1只幼犬人为事故死亡；第4组接种后第7天、第10天有2只幼犬误食驱虫药中毒死亡
2	B	弱毒株疫苗（中试产品）	10	3	<1：10	1：86（1：10～160）	1：96（1：40～160）	
3	C	福尔马林灭活苗	10	3	<1：10	1：30（1：10～80）	1：30（1：10～80）	
4	D	BEI组织灭活苗	10	3	<1：10	1：25（1：10～80）	1：50（1：10～160）	
5	E	英特威二联苗	10	2	<1：10	1：156（1：80～160）	1：178（1：80～640）	
6	F	犬瘟热弱毒苗	10	3	<1：10	1：148（1：10～160）	1：170（1：10～320）	
7	对照组	—	5	—	<1：10	<1：10	<1：10	

图5-3　各组犬免疫后攻毒的保护情况

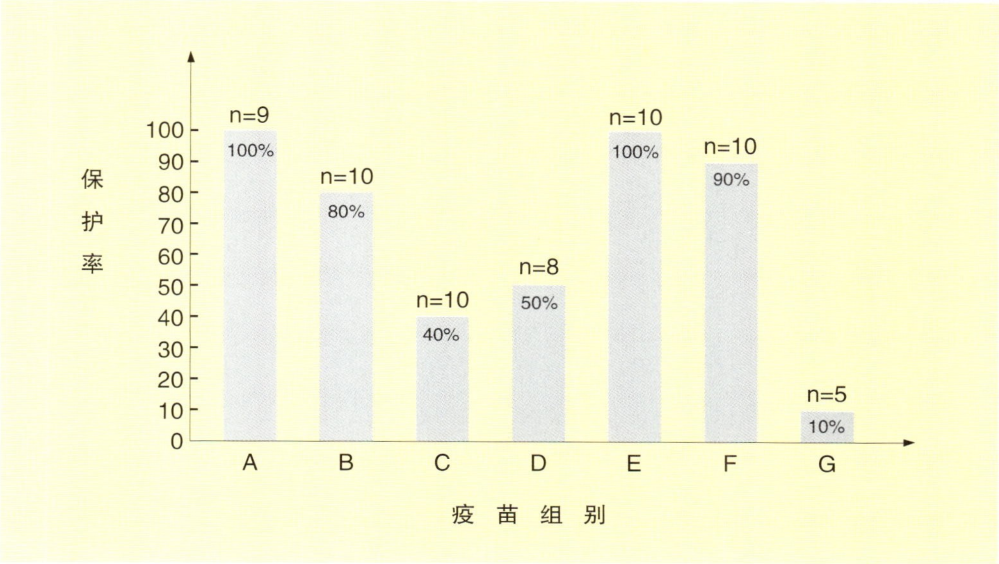

由表5-12可以看出，6组犬分别接种A、B、C、D、E和F6种疫苗后，其血清中犬瘟热病毒中和抗体效价除F组的1只犬外，其他所有犬均比免疫接种前有不同程度的上升，其中第1、5、6组接种A、E和F疫苗后抗体总体水平最高，接种后第14天测血清犬瘟热病毒中和抗体效价分别平均在1∶160、1∶156和1∶148，第21天采血测定血清犬瘟热病毒中和抗体效价分别为1∶185、1∶178和1∶170，均可以抵抗犬瘟热强毒的攻击。而第2组应用B疫苗后，其血清中的犬瘟热病毒中和抗体效价于第14天和第21天分别是平均1∶86和1∶96。第3、第4组分别接种C、D两种疫苗后，其血清中的犬瘟热病毒中和抗体效价上升的幅度较小，其中第3组接种C疫苗后，第14天和第21天采血测得的犬瘟热病毒中和抗体平均效价都是1∶30，而第4组接种D疫苗以后，第14天和第21天血清中犬瘟热病毒中和抗体效价分别是1∶25和1∶50。从测得的抗体效价看，第1、5、6组最高，第2组次之，第3、4组最低，未接种的对照组5只犬血清中犬瘟热病毒血清中和抗体效价始终低于1∶10。

由图5-3可以看出，第1、5两组实验犬分别用A、E两种疫苗免疫后攻毒，其保护率最高，均达到100%，而第6组保护率达90%，第2组保护率达到80%，比以上两组低，第3、4组免疫效果不理想，保护率仅分别为40%和50%，未免疫的5只对照犬100%发病，死亡3只。

5.3.3.3　小结

本实验结果表明，本科研组研制的A疫苗和进口的E疫苗及中国农业科学院哈尔滨兽医研究所生产的F疫苗的免疫效果明显高于另外3种疫苗。在临床实际应用中，A、E和F3种疫苗的临床效果明显优于其他疫苗，这说明国产的弱毒疫苗免疫效果已达到国外同类产品的先进水平。国产的A疫苗是中国人民解放军军事科学院军事兽医研究所犬病研究中心将一株犬瘟热疫苗株病毒经过Vero细胞传20代（CDV R-20）后，又用敏感的犬腹腔巨噬细胞通过8代传代复壮，获得的一株免疫原性更高的弱毒株（CDV R-20/8），并将其作为种毒研制出的犬瘟热病毒弱毒疫苗。E疫苗为英特威公司生产的犬瘟热和犬细小病毒二联苗。F疫苗为中国农业科学院哈尔滨兽医研究所生产的犬、貂用犬瘟热弱毒疫苗三种疫苗的免疫效果都很好。但E疫苗的价格高于A疫苗数倍，而且要依赖进口，不能确保随时供应。A、F疫苗现已有单联、二联和多联疫苗供应，效果优良。因此，我们建议在临床应用中选用A、F疫苗。

第6组F疫苗接种实验犬后，有一只体重最轻的犬，在整个实验期几乎未增重，生长发育严重不良，该犬接种疫苗后，其血清中和抗体效价也始终未升高，攻毒后发病死亡。经调查分析，该犬可能属先天发育不良的侏儒犬，其免疫系统未能健康发育，因此不能产生免疫应答。

B疫苗在实验中保护率为80%，与临床应用效果基本一致。该疫苗的免疫效果较差，可能是该疫苗的种毒经过多次传代后，其免疫原性下降所致。因此，在进行犬瘟热病毒疫苗研制过程中，选择安全性好、免疫原性强的种毒至关重要。

本次实验所用的C、D两种疫苗效果不理想，保护率很低，其中C疫苗是用福尔马林灭活强毒制成的。由于福尔马林易使病毒表面融合蛋白抗原受到破坏，从而减弱其免疫原性，因此其免疫效果不理想。BEI（二乙烯亚胺）可破坏病毒的核酸，使病毒完全丧失感染力，而不损害其蛋白质衣壳，得以保留其保护性抗原，故而病毒的免疫原性几乎不受影响。应用BEI灭活犬瘟热强毒，从理论上说，可以制成高效安全的灭活犬瘟热病毒疫苗，科研人员也曾应用BEI灭活LPCD208细胞培养强毒制成灭活苗，免疫效果良好。但本次实验该疫苗免疫效果不理想，很可能是由于本次所使用的犬瘟热病犬脏器所含的病毒量达不到足够的数量，病料研磨剂中的毒力，含毒量没有严格测定。另外，在病料处理过程中，如何使组织细胞中的病毒粒子充分释放出来，以提高病料中的含毒量，也值得研究。

从实验结果看，当犬体内血清中犬瘟热病毒中和抗体效价达到1：20以上时，就能使犬得到有效保护。在日常工作中，有条件的单位可以定期对犬群的犬瘟热病毒中和抗体水平进行监测，随时掌握犬群的免疫状况，并根据测定结果，采取必要的措施。

5.3.4 疫苗效果、安全性与免疫期的研究

为了证明和评价本课题组应用驯化致弱的LD株犬瘟热病毒种毒研制犬瘟热疫苗的效

果安全性，科研人员选用了另外4种犬瘟热弱毒疫苗进行免疫效果比较实验，并将几年来临床应用免疫效果及安全性进行比较。

5.3.4.1　材料与方法

1.疫苗

实验用疫苗共5种，分别编号为A、B、C、D和E。A疫苗为本研究组应用分离的LPV_{70}驯化致弱株研制的疫苗，中试产品。B疫苗为引进的犬瘟热弱毒疫苗种毒株，经8代复壮后的疫苗种毒培养的五联弱毒疫苗，为本研究组产的正式产品。C疫苗为西北某单位研制的犬瘟热五联弱毒疫苗，中试产品。D疫苗为本研究组应用引进的犬瘟热病毒弱毒苗中分离的毒种复制的犬瘟热弱毒疫苗。E疫苗为中国农业科学院哈尔滨兽医研究所生产的犬瘟热、犬传染性肝炎和肠炎三联弱毒疫苗。

2.犬瘟热强毒

LPV_9株培养物，含毒量为10^6 $TCID_{50}$，为本课题组在死亡小熊猫病料中所分离到的一株犬瘟热病毒强毒。

3.实验动物

实验动物为6～8月龄的犬瘟热病毒易感犬。接种疫苗前，对实验用犬采用静脉抽血，并分离血清，测定犬瘟热病毒血清中和抗体效价。

4.免疫效果实验

选55只实验犬，分为6组，第1～5组为实验组，每组10只犬，分别用A、B、C、D和E 5种疫苗按使用说明接种，第6组5只犬不接种疫苗，作为对照组。以上各组犬以组为单位隔离饲养，并分别于接种最后一次疫苗后的第14天和第21天采血，做犬瘟热病毒血清中和抗体效价测定实验。第21天采血后，所有犬均肌肉注射LPV_9强毒2 ml，观察21天，每天记录其精神、食欲、粪便、体温和其他症状，判定各种疫苗的保护效果。

5.临床应用效果比较

科研人员对2个养犬场1991～2000年应用各种犬瘟热疫苗的结果进行统计，分析比较其免疫效果。

5.3.4.2　结果

1.血清中和抗体测定结果

由表5-13可以看出，各组犬接种疫苗以前，其血清犬瘟热病毒中和抗体效价均在1：4以下，接种后第14天和第21天分别采血测定6组犬血清中犬瘟热病毒中和抗体效价，其血清犬瘟热病毒中和抗体效价除E组1只犬外，其他所有犬均比免疫接种前有不同程度的上升。其中，接种A疫苗的犬抗体上升最高，接种B、E两种疫苗的犬抗体上升平均水平次之，接种C、D两种疫苗的犬抗体效价最低。未接种的对照组5只犬血清中犬瘟热病毒中和抗体效价始终低于1∶10。

表 5–13　5种犬瘟热疫苗毒株研制的疫苗免疫效果对比结果

组别	疫苗代号	疫苗名称	犬数	免疫次数	免疫前血清中和抗体效价	第14天血清中和抗体效价	第21天血清中和抗体效价	备注
1	A	LPV_{70}	10	2	<1∶4	1∶155 （1∶80～320）	1∶185 （1∶120～360）	第1组接种后第6天1只幼犬因肠扭转死亡；第6组接种后第3天和第7天有2只幼犬误食驱虫药中毒死亡；LPV_{70}为小熊猫驯化弱毒珠，CDV R–20/8为复壮CDV毒株，CDV–R–1为从日本引进的疫苗中分离的犬瘟热病毒毒株，CDV–R–2为从澳大利亚引进的犬瘟热弱毒苗中分离的毒株，CDV–M为水貂犬瘟热弱毒株
2	B	CDV R– 20/8	10	2	<1∶4	1∶120 （1∶50～160）	1∶180 （1∶80～240）	
3	C	CDV–R–1	10	3	<1∶4	1∶30 （1∶10～80）	1∶30 （1∶10～80）	
4	D	CDV–R–2	10	3	<1∶4	1∶25 （1∶10～80）	1∶50 （1∶10～160）	
5	E	CDV–M	10	3	<1∶4	1∶140 （1∶10～160）	1∶140 （1∶10～320）	
6	对照组	—	5	—	<1∶4	<1∶4	<1∶4	

2.攻毒保护实验结果

由图5–4可以看出，第1组实验犬用A疫苗免疫后攻毒，其保护率最高，达到100%，而第2组应用B疫苗的实验犬保护率达90%，第5组保护率达到87.5%，第3、4组免疫效果不理想，保护率仅分别为40%和50%，未免疫的5只对照犬100%发病，死亡3只。

图5-4　各组犬免疫后攻毒的保护情况表

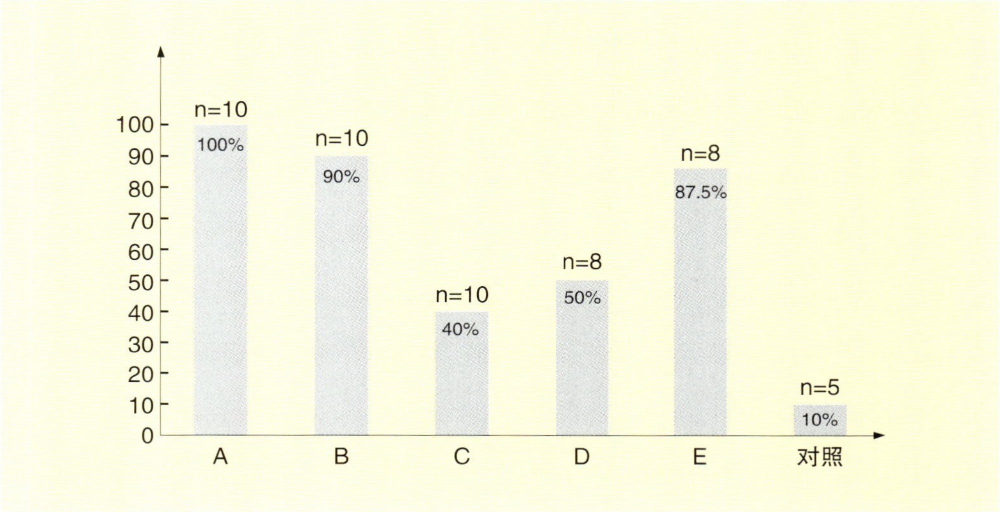

3.临床应用结果

从表5-14可见，1991年至1997年3月份，科研人员先后应用了多种犬瘟热疫苗株研制的犬瘟热疫苗，其疫苗毒株包括进口疫苗中分离到的种毒，引进的毒种，以及引进毒株复壮后的种毒，其临床保护率为19.9%～61.27%，平均为28.98%，而1997年4月份以来应用LPV_{70}毒株研制的弱毒疫苗，其保护效果平均达到94.89%（1189/1253），同时，未发现被接种犬出现毒副反应，所有注射疫苗犬安全。

表5-14　2个养犬场应用几种不同犬瘟热疫苗毒种的疫苗临床效果观察

年份	应用疫苗毒种	免疫犬数	发病数	保护率/%	死亡数	死亡率/%	备注
1991～1993	CDV-R-2	986	790	19.90	253	32.00	CDV-R-2为本课题组从进口苗中分离的毒株；CDV R- 20/8为复壮毒株；LPV_{70}为本课题组分离驯化的小熊猫株弱毒
1994	CDV-R-2	389	281	27.80	89	31.20	
1995	CDV-R-2	216	168	22.20	50	29.80	
1996	CDV-R-2	261	142	45.60	28	19.70	
1997（1～3月）	CDV R- 20/8	204	79	61.27	19	24.10	
1997（4月后）	LPV_{70}	316	12	96.20	4	1.26	
1998	LPV_{70}	331	31	90.63	10	3.02	
1999	LPV_{70}	305	6	98.03	3	0.98	
2000	LPV_{70}	301	15	95.01	5	1.66	

5.3.4.3 小结与讨论

以LPV_{70}为种毒的犬疫热弱毒疫苗保护率较高。本实验结果表明，本课题组研制的A疫苗接种后产生免疫应答强烈，抗体升高快。B疫苗和E疫苗的免疫效果也明显高于另外2种疫苗。在临床实际应用中，A、B和E3种疫苗的临床效果明显优于其他疫苗。国产的A疫苗是本课题组选用一株分离到的小熊猫毒株LPV_9，经70代驯化致弱所得的种毒研制的中试产品。B疫苗是本课题组将一株犬瘟热疫苗株病毒经过Vero细胞20代传代（CDV R–20）后，又用敏感的犬腹腔巨噬细胞通过8代传代复壮，获得的一株免疫原性更高的弱毒株（CDV R–20/8），并将其作为种毒研制出的CDV弱毒疫苗。E疫苗为中国农业科学院哈尔滨兽医研究所生产的犬、貂用犬瘟热、犬传染性肝炎和犬细小病毒三联弱毒疫苗。

第5组E疫苗接种实验犬后，有一只体重最轻的犬，在整个实验期几乎未增重，生长发育严重不良，该犬接种疫苗后其血清犬瘟热病毒中和抗体效价也始终未升高，攻毒后发病死亡。这可能是由于该犬属先天发育不良的侏儒犬，其免疫系统未能健康发育，不能产生免疫应答所致。

B疫苗在实验中保护率为90%，与临床应用效果不一致。这可能是因为该批疫苗运输时日较长，且未采取低温保存措施，导致其免疫原性下降。

本次实验所用的C疫苗和D疫苗效果不理想，保护率很低，其疫苗种毒是从日本和澳大利亚进口苗中分离的毒株，免疫原性不强。

从实验结果看，当犬体内血清中犬瘟热病毒中和抗体效价达到1：100以上时，就能使犬得到有效保护。在日常工作中，有条件的单位，定期对犬群的犬瘟热病毒血清中和抗体水平进行监测，随时掌握犬群的免疫状况，并根据测定结果，采取必要的措施。

5.3.5 犬瘟热中试疫苗的推广应用情况

本课题组应用分离获得的犬瘟热病毒自然野毒株，筛选LPV_9株进行驯化致弱，获得LPV_{70}弱毒株。在经过安全性、免疫原性、遗传稳定性研究后，科研人员应用该毒株作为种毒，研制出犬瘟热弱毒疫苗进行中试应用。

5.3.5.1 用户使用情况

自1997年以来，科研人员先后在全国20多个省区各级公安机关警犬工作部门，民间养犬场，小动物医院，以及各大军区军犬基地（队），武警、边防部队的工作犬队（所）进行该疫苗的中试应用，并同时将其应用于水貂、狐狸等经济动物，及动物园的熊猫、老虎、狮子等濒危珍稀动物，以预防犬瘟热病。科研人员共计研制了犬瘟热弱毒疫苗40余万

剂量，累计免疫以上各种易感动物15万余只。经临床应用观察及各地用户使用结果的反馈证明，该疫苗免疫效果良好，安全，遗传稳定。经对10个单位1万余只犬中试应用情况统计，总保护率达到平均94.5%。

5.3.5.2　效益分析

应用该疫苗后，犬瘟热的发病率和死亡率均得以有效降低。按使用15万只动物，保护率94.5%，每只动物平均费用1000元计，则减少因死亡造成的损失共计约合人民币3675万元。

此外，各养犬单位还节省了大笔的医疗费，节省了大量的人力物力。

应用本疫苗后，由于大大降低了犬瘟热的发病率和死亡率，因此，警犬的正常繁殖和训练得以确保。犬的健康素质提高了，才能保证警犬在参加侦察破案，打击预防犯罪，维护社会治安，保卫经济建设方面发挥应有的作用；才能使军犬正常完成边防守卫，警戒巡逻及其他军事任务。该疫苗应用于经济动物后，有力地支持了城郊和农村特种养殖业的发展，为促进经济建设做出了贡献。该疫苗应用于熊猫、老虎和狮子等濒危动物，保护了生态平衡，使物种丰富性得以保存。

参考文献

[1] Feuk L, Carson AR, Scherer SW. Structural variation in the human genome [J]. Nature reviews Genetics, 2006, 7(2): 85-97.

[2] Redon R, Ishikawa S, Fitch K R, et al. Global variation in copy number in the human genome [J]. Nature, 2006, 444(7118): 444-454.

[3] Alkan C, Coe B P, Eichler EE. Genome structural variation discovery and genotyping [J]. Nature reviews Genetics, 2011, 12(5): 363-376.

[4] 杜仁骞，金力，张锋. 基因组拷贝数变异及其突变机理与人类疾病［J］. 遗传 HEREDITAS，2011，33（8）：857–869.

[5] Schaschl H, Aitman T J, Vyse T J. Copy number variation in the human genome and its implication in autoimmunity [J]. Clinical and experimental immunology, 2009, 156(1): 12-16.

[6] Sha B Y, Yang T L, Zhao L J, et al. Genome-wide association study suggested copy number variation may be associated with body mass index in the Chinese population [J]. Journal of human genetics, 2009, 54(4): 199-202.

[7] Pagnamenta A T, Wing K, Sadighi Akha E, et al. A 15q13.3 microdeletion segregating with autism [J]. European journal of human genetics : EJHG, 2009, 17(5): 687-692.

[8] Tam G W, Redon R, Carter N P, et al. The role of DNA copy number variation in schizophrenia [J]. Biological psychiatry, 2009, 66(11): 1005-1012.

[9] Johansson A, Pielberg G, Andersson L, et al. Polymorphism at the porcine Dominant white/KIT locus influence coat colour and peripheral blood cell measures [J]. Animal genetics, 2005, 36(4): 288-296.

[10] Pielberg G, Olsson C, Syvanen A C, et al. Unexpectedly high allelic diversity at the KIT locus causing dominant white color in the domestic pig [J]. Genetics, 2002, 160(1): 305-311.

[11] Wright D, Boije H, Meadows J R, et al. Copy number variation in intron 1 of SOX5 causes the Pea-comb phenotype in chickens [J]. PLoS genetics, 2009, 5(6): e1000512.

[12] Rosengren Pielberg G, Golovko A, Sundstrom E, et al. A cis-acting regulatory mutation causes premature hair graying and susceptibility to melanoma in the horse [J]. Nature genetics, 2008, 40(8): 1004-1009.

[13] Norris B J, Whan V A. A gene duplication affecting expression of the ovine ASIP gene is responsible for white and black sheep [J]. Genome research, 2008, 18(8): 1282-1293.

[14] Salmon Hillbertz N H, Isaksson M, Karlsson E K, et al. Duplication of FGF3, FGF4, FGF19 and ORAOV1 causes hair ridge and predisposition to dermoid sinus in Ridgeback dogs [J]. Nature genetics, 2007, 39(11): 1318-1320.

[15] Parker H G, Kukekova A V, Akey D T, et al. Breed relationships facilitate fine-mapping studies: a 7.8-kb deletion cosegregates with Collie eye anomaly across multiple dog breeds [J]. Genome research, 2007, 17(11): 1562-1571.

[16] Olsson M, Meadows J R, Truve K, et al. A novel unstable duplication upstream of HAS2 predisposes to a breed-defining skin phenotype and a periodic fever syndrome in Chinese Shar-Pei dogs [J]. PLoS genetics, 2011, 7(3): e1001332.

[17] Gill J L, Capper D, Vanbellinghen J F, et al. Startle disease in Irish wolfhounds associated with a microdeletion in the glycine transporter GlyT2 gene [J]. Neurobiology of disease, 2011, 43(1): 184-189.

[18] Handsaker R E, Van Doren V, Berman J R, et al. Large multiallelic copy number variations in humans [J]. Nature genetics, 2015, 47(3): 296-303.

[19] Sudmant P H, Mallick S, Nelson B J, et al. Global diversity, population stratification, and selection of human copy-number variation [J]. Science, 2015, 349(6253): aab3761.

[20] Zarrei M, Macdonald J R, Merico D, et al. A copy number variation map of the human genome [J]. Nature reviews Genetics, 2015, 16(3): 172-183.

[21] Chen C, Qiao R, Wei R, et al. A comprehensive survey of copy number variation in 18 diverse pig populations and identification of candidate copy number variable genes associated with complex traits [J]. BMC genomics, 2012, 13(1):733-742.

[22] Ramayo-Caldas Y, Castello A, Pena R N, et al. Copy number variation in the porcine genome inferred from a 60 k SNP BeadChip [J]. BMC genomics, 2010, 11(1):593-602.

[23] Graubert T A, Cahan P, Edwin D, et al. A high-resolution map of segmental DNA copy number variation in the mouse genome [J]. PLoS genetics, 2007, 3(1): e3.

[24] Fontanesi L, Martelli P L, Beretti F, et al. An initial comparative map of copy number variations in the goat (Capra hircus) genome [J]. BMC genomics, 2010, 11(1):639-653.

[25] Liu G E, Hou Y, Zhu B, et al. Analysis of copy number variations among diverse cattle breeds [J]. Genome research, 2010, 20(5): 693-703.

[26] Berglund J, Nevalainen E M, Molin A M, et al. Novel origins of copy number variation in the dog genome [J]. Genome biology, 2012, 13(8): R73.

[27] Chen W K, Swartz J D, Rush L J, et al. Mapping DNA structural variation in dogs [J]. Genome research, 2009, 19(3): 500-509.

[28] Nicholas T J, Baker C, Eichler E E, et al. A high-resolution integrated map of copy number polymorphisms within and between breeds of the modern domesticated dog [J]. BMC genomics, 2011, 12(1): 414-423.

[29] Nicholas T J, Cheng Z, Ventura M, et al. The genomic architecture of segmental duplications and associated copy number variants in dogs [J]. Genome research, 2009, 19(3): 491-499.

[30] Molin A M, Berglund J, Webster M T, et al. Genome-wide copy number variant discovery in dogs using the CanineHD genotyping array [J]. BMC genomics, 2014, 15(1) :210-219.

[31] Wang K, Li M, Hadley D, et al. PennCNV: an integrated hidden Markov model designed for high-resolution copy number variation detection in whole-genome SNP genotyping data [J]. Genome research, 2007, 17(11): 1665-1674.

[32] Diskin S J, Li M, Hou C, et al. Adjustment of genomic waves in signal intensities from whole-genome SNP genotyping platforms [J]. Nucleic acids research, 2008, 36(19): e126.

[33] Livak K J, Schmittgen T D. Analysis of relative gene expression data using real-time quantitative PCR and the 2(-Delta Delta C(T)) Method [J]. Methods, 2001, 25(4): 402-408.

[34] Koressaar T, Remm M. Enhancements and modifications of primer design program Primer3 [J]. Bioinformatics, 2007, 23(10): 1289-1291.

[35] S Denise, E Johnston, J Halverson, et al. Power of exclusion for parentage verification and probability of match for identity in American kennel club breeds using 17 canine microsatellite markers [J]. Animal Genetics, 2004, 35 (1) :14-17.

[36] 王海生，王祥，张文平，等. 湖北地区德国牧羊犬10个微卫星DNA基因座遗传多样性研究［J］. 刑事技术，2003（2）：12-14.

[37] 叶俊华，麻俊武，杨前勇，等. 利用10个STR-DNA的多态性进行警犬亲子鉴定［J］. 江西农业大学学报，2005，27（1）：110-113.

[38] 胡萌，叶健，姜成涛，等. 9个犬STR基因座在犬类鉴定中的应用［J］. 刑事技术，2006（3）：20-22.

[39] 郭景元，李伯龄. 中国刑事科学技术大全法医物证学分册［M］. 2002.

[40] 冯明亮，季芸，陆琼，等. 用多重PCR检测上海地区汉族人群9个STR基因座的多态性［J］. 遗传，2002，24（4）：403-406.

[41] R Asahina, S Maeda. A review of the roles of keratinocyte-derived cytokines and chemokines in the pathogenesis of atopic dermatitis in humans and dogs[J]. Veterinary Dermatology, 2016, 28 (1): 16-20.

[42] AD Short, A Boag, B Catchpole, et al. A candidate gene analysis of canine hypoadrenocorticism in 3 dog breeds[J]. Journal of Heredity, 2013, 104 (6) :807-820.

[43] Axelsson E, Ratnakumar A, Arendt MJ, et al. The genomic signature of dog domestication reveals adaptation to a starch-rich diet[J]. Nature, 2013, 495 (7441) :360-364.

[44] H Buczkowski, M Muniraju, S Parida, et al. Morbillivirus vaccines: recent successes and future hopes[J]. Vaccine, 2014, 32 (26) :3155-3161.

[45] K Sakai, N Nagata, Y Ami, et al. Lethal canine distemper virus outbreak in cynomolgus monkeys in Japan in 2008[J]. Journal of Virology, 2013, 87(2) :1105-1114.

[46] JA Hoyland, JA Dixon, JL BerryA, et al. A comparison of in situ hybridisation, reverse transcriptase-polymerase chain reaction (RT-PCR) and in situ-RT-PCR for the detection of canine distemper virus RNA in Paget's disease[J]. Journal of Virological Methods, 2003, 109(2) :253-259.

[47] 夏咸柱，池元开. 犬瘟热病毒高压灭活疫苗的制备与应用［J］. 中国兽药杂志，2000（2）：6–8.

[48] DT Nguyen, M Ludlow, AG Van, et al. Evaluation of synthetic infection-enhancing lipopeptides as adjuvants for a live-attenuated canine distemper virus vaccine administered intra-nasally to ferrets[J]. Vaccine, 2012, 30(34) :5073-5080.

[49] TH Jensen, L Nielsen, B Aasted, et al. Early life DNA vaccination with the H gene of Canine distemper virus induces robust protection against distemper[J]. Vaccine, 2009, 27(38) :5178-5183.

[50] TH Jensen, L Nielsen, B Aasted, et al. Canine distemper virus DNA vaccination of mink can overcome interference by maternal antibodies[J]. Vaccine, 2015, 33(11) :1375-1381.

[51] RD de Vries, M Ludlow, RJ Verburgh, et al. Measles vaccination of nonhuman primates provides partial protection against infection with canine distemper virus[J]. Journal of Virology, 2014, 88(8) :4423-4433.

[52] E Bronson, SL Deem, C Sanchez, et al. Serologic response to a canarypox-vectored canine distemper virus vaccine in the giant panda (Ailuropoda melanoleuca)[J]. Journal of Zoo & Wildlife Medicine Official Publication of the American Association of Zoo Veterinarians, 2007, 38(2) :363-366.

[53] L Fischer, JP Tronel, C Pardo-David, et al. Vaccination of puppies born to immune dams with a canine adenovirus-based vaccine protects against a canine distemper virus challenge[J]. Vaccine, 2002, 20(30) :3485-3497.